实战 09 立方体：制作小飞船模型 28页
- 教学视频　实战09 立方体：制作小飞船模型.mp4
- 学习目标　掌握立方体工具的使用方法

实战 10 圆柱：制作化妆品瓶子模型 32页
- 教学视频　实战10 圆柱：制作化妆品瓶子模型.mp4
- 学习目标　掌握圆柱工具的使用方法

实战 11 球体：制作星球模型 36页
- 教学视频　实战11 球体：制作星球模型.mp4
- 学习目标　掌握球体工具的使用方法

实战 12 文本、挤压：制作2019文字模型 39页
- 教学视频　实战12 文本、挤压：制作2019文字模型.mp4
- 学习目标　掌握文本工具的使用方法和生成器挤压的思路

实战 13 圆环、放样：制作灯罩模型 43页
- 教学视频　实战13 圆环、放样：制作灯罩模型.mp4
- 学习目标　掌握圆环工具的使用方法和生成器放样的思路

实战 14 画笔、旋转：制作玻璃
- 教学视频　实战14 画笔、旋转：制作
- 学习目标　掌握画笔工具的使用方法

实战 15 螺旋、扫描：制作冰激凌模型 50页
- 教学视频　实战15 螺旋、扫描：制作冰激凌模型.mp4
- 学习目标　掌握螺旋工具的使用方法和生成器扫描的思路

实战 16 减面：制作低面植物模型 56页
- 教学视频　实战16 减面：制作低面植物模型.mp4
- 学习目标　掌握减面生成器的使用方法

实战 17 克隆：制作创意广告展示图 58页
- 教学视频　实战17 克隆：制作创意广告展示图.mp4
- 学习目标　掌握克隆生成器的使用方法

实战 18 布尔：制作化妆品包装盒模型 62页
- 教学视频　实战18 布尔：制作化妆品包装盒模型.mp4
- 学习目标　掌握布尔生成器的使用方法

实战 19 体积网格、体积生成：制作奶酪模型　　65页
- 教学视频　　实战19 体积网格、体积生成：制作奶酪模型.mp4
- 学习目标　　掌握体积网格生成器和体积生成生成器的使用方法

实战 20 融球：制作水滴模型　　69页
- 教学视频　　实战20 融球：制作水滴模型.mp4
- 学习目标　　掌握融球生成器的使用方法

实战 21 样条约束：制作橡皮泥字模型　　72页
- 教学视频　　实战21 样条约束：制作橡皮泥字模型.mp4
- 学习目标　　掌握样条约束变形器的使用方法

实战 22 扭曲：制作扭曲的弹簧模型　　75页
- 教学视频　　实战22 扭曲：制作扭曲的弹簧模型.mp4
- 学习目标　　掌握扭曲变形器的使用方法

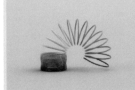

课外练习：制作棱面空间样条模型　　75页
- 教学视频　　课外练习21：制作棱面空间样条模型.mp4
- 学习目标　　熟练掌握样条约束变形器的使用方法及空间样条的制作思路

课外练习：制作L形背景板模型　　78页
- 教学视频　　课外练习22：制作L形背景板模型.mp4
- 学习目标　　熟练掌握扭曲生成器的使用方法

实战 25 细分曲面：制作装饰气球模型　　85页
- 教学视频　　实战25 细分曲面：制作装饰气球模型.mp4
- 学习目标　　掌握细分曲面生成器的使用方法及转换为高模的思路

实战 26 优化：制作空气净化器模型　　89页
- 教学视频　　实战26 优化：制作空气净化器模型.mp4
- 学习目标　　掌握优化工具的使用方法

实战 27 多边形画笔：制作猫咪角色模型　　92页
- 教学视频　　实战27 多边形画笔：制作猫咪角色模型.mp4
- 学习目标　　掌握多边形画笔工具的使用方法

实战 28 分裂：制作卡通森林模型　　98页
- 教学视频　　实战28 分裂：制作卡通森林模型.mp4
- 学习目标　　掌握分裂工具的使用方法

实战 29 循环/路径切割、线性切割：制作魔镜模型　　102页
- 教学视频　实战29 循环/路径切割、线性切割：制作魔镜模型.mp4
- 学习目标　掌握循环/路径切割工具和线性切割工具的使用方法

实战 30 挤压、内部挤压：制作卡通大楼模型　　107页
- 教学视频　实战30 挤压、内部挤压：制作卡通大楼模型.mp4
- 学习目标　掌握挤压工具和内部挤压工具的使用方法

实战 31 倒角：制作智能音箱模型　　111页
- 教学视频　实战31 倒角：制作智能音箱模型.mp4
- 学习目标　掌握倒角工具的使用方法

实战 32 缝合：制作耳机包装盒模型　　115页
- 教学视频　实战32 缝合：制作耳机包装盒模型.mp4
- 学习目标　掌握缝合工具的使用方法

实战 34 颜色：制作促销广告字的材质　　124页
- 教学视频　实战34 颜色：制作促销广告字的材质.mp4
- 学习目标　掌握颜色通道技术及广告字的制作思路

实战 35 透明、发光：
制作水晶灯具的材质　　129页
- 教学视频　实战35 透明、发光：制作水晶灯具的材质.mp4
- 学习目标　掌握透明和发光通道技术

实战 36 反射：制作金属电风扇的材质　　132页
- 教学视频　实战36 反射：制作金属电风扇的材质.mp4
- 学习目标　掌握反射通道技术和GGX的用法

实战 37 凹凸、法线贴图：
制作瓷杯的材质　　136页
- 教学视频　实战37 凹凸、法线贴图：制作瓷杯的材质.mp4
- 学习目标　掌握凹凸和法线通道技术

实战 38 Alpha贴图：
制作飘落的叶子材质　　139页
- 教学视频　实战38 Alpha贴图：制作飘落的叶子材质.mp4
- 学习目标　掌握Alpha通道技术

实战 39 置换贴图：制作草地的材质　　143页
- 教学视频　实战39 置换贴图：制作草地的材质.mp4
- 学习目标　掌握置换通道技术

精彩案例展示

实战 40 毛发：制作毛绒球 146页
- 教学视频 实战40 毛发：制作毛绒球.mp4
- 学习目标 掌握添加毛发生成器的用法

实战 41 羽毛：制作螺旋羽毛 150页
- 教学视频 实战41 羽毛：制作螺旋羽毛.mp4
- 学习目标 掌握羽毛对象生成器的用法

实战 42 金属类材质：制作不锈钢水管 156页
- 教学视频 实战42 金属类材质：制作不锈钢水管.mp4
- 学习目标 掌握抛光不锈钢材质的制作方法

实战 43 塑料类材质：制作气球 157页
- 教学视频 实战43 塑料类材质：制作气球.mp4
- 学习目标 掌握塑料材质的制作方法

实战 44 透明类材质：制作宝石 160页
- 教学视频 实战44 透明类材质：制作宝石.mp4
- 学习目标 掌握磨砂玻璃材质的制作方法（内部粗糙）

课外练习：制作玻璃杯的材质 161页
- 教学视频 课外练习44：制作玻璃杯的材质.mp4
- 学习目标 掌握磨砂玻璃材质的制作方法（外部粗糙）

实战 45 石材类材质：制作大理石摆件 161页
- 教学视频 实战45 石材类材质：制作大理石摆件.mp4
- 学习目标 掌握大理石材质的制作方法

实战 46 皮革类材质：制作办公椅 164页
- 教学视频 实战46 皮革类材质：制作办公椅.mp4
- 学习目标 掌握皮革材质的制作方法

实战 47 木材类材质：制作木地板 167页
- 教学视频 实战47 木材类材质：制作木地板.mp4
- 学习目标 掌握木材类材质的制作方法

实战 48 点光源：使用泛光灯 170页
- 教学视频 实战48 点光源：使用泛光灯.mp4
- 学习目标 掌握灯光的创建方法、模拟点光源的方法

实战 49 环境光：使用HDR 175页
- 教学视频 实战49 环境光：使用HDR.mp4
- 学习目标 掌握模拟环境光的方法、载入外部贴图的方法

实战 50 面光源：使用区域光 178页
- 教学视频 实战50 面光源：使用区域光.mp4
- 学习目标 掌握模拟面光源的方法

实战51 平行光：使用无限光 183页
- 教学视频　实战51 平行光：使用无限光.mp4
- 学习目标　掌握半封闭空间的照明方法、模拟日光的方法

实战52 三点布光：石膏人像 187页
- 教学视频　实战52 三点布光：石膏人像.mp4
- 学习目标　掌握三点布光的方法

实战54 标准渲染器：渲染公园长凳 197页
- 教学视频　实战54 标准渲染器：渲染公园长凳.mp4
- 学习目标　掌握标准渲染器的使用方法

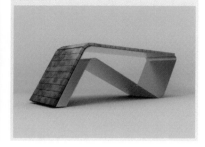

实战55 全局光照：渲染咖啡机 198页
- 教学视频　实战55 全局光照：渲染咖啡机.mp4
- 学习目标　掌握全局光照渲染场景的方法

实战56 环境吸收：渲染玩具模型 201页
- 教学视频　实战56 环境吸收：渲染玩具模型.mp4
- 学习目标　掌握环境吸收渲染场景的方法

实战57 多通道渲染：渲染复古竹椅 203页
- 教学视频　实战57 多通道渲染：渲染复古竹椅.mp4
- 学习目标　掌握多通道渲染渲染场景的方法

实战58 物理渲染器：渲染早间室内场景 205页
- 教学视频　实战58 物理渲染器：渲染早间室内场景.mp4
- 学习目标　掌握物理渲染器的使用方法、采样器的使用方法

实战60 刚体、碰撞体：让几何体塞满杯子 212页
- 教学视频　实战60 刚体、碰撞体：让几何体塞满杯子.mp4
- 学习目标　掌握刚体和碰撞体的用法、刚体和碰撞属性的动画制作方法

实战61 柔体：制作充气的立方体模型 216页
- 教学视频　实战61 柔体：制作充气的立方体模型.mp4
- 学习目标　掌握柔体的用法、模拟充气效果

实战62 布料：制作窗帘模型 221页
- 教学视频　实战62 布料：制作窗帘模型.mp4
- 学习目标　掌握布料标签的用法

实战63 湍流：制作指示箭头模型 227页
- 教学视频　实战63 湍流：制作指示箭头模型.mp4
- 学习目标　掌握湍流力场技术

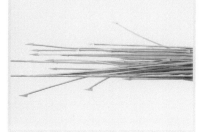

实战64 风力：制作飘扬的旗帜 232页
- 教学视频　实战64 风力：制作飘扬的旗帜.mp4
- 学习目标　掌握风力力场技术、域的用法

实战 66 摄像机：制作桌面一角特写动画   240页

- 教学视频　实战66 摄像机：制作桌面一角特写动画.mp4
- 学习目标　掌握关键帧动画基础设置

实战 67 摄像机变换：制作旋转的人像动画   246页

- 教学视频　实战67 摄像机变换：制作旋转的人像动画.mp4
- 学习目标　掌握动画的快速切换技术

实战 68 舞台：制作观看台镜头切换动画   251页

- 教学视频　实战68 舞台：制作观看台镜头切换动画.mp4
- 学习目标　掌握用舞台工具切换画面的方法

实战 69 对齐曲线：制作灯球环绕镜头动画   255页

- 教学视频　实战69 对齐曲线：制作灯球环绕镜头动画.mp4
- 学习目标　掌握路径动画技术

实战 70 函数曲线：制作自由落体运动动画   258页

- 教学视频　实战70 函数曲线：制作自由落体运动动画.mp4
- 学习目标　掌握函数曲线动画及物体自由落体的制作技巧

实战 71 电商字体海报　　　　　　　　　　　　　　　　　　　　　　　　　　264页

• 教学视频　实战71 电商字体海报.mp4
• 学习目标　掌握电商字体海报的制作方法

实战 72 室内艺术效果　　　　　　　　　　　　　　　　　　　　　　　　　　276页

• 教学视频　实战72 室内艺术效果.mp4
• 学习目标　掌握室内艺术效果图的制作方法

实战 73 装置艺术效果　　　　　　　　　　　　　　　　284页

• 教学视频　　实战73 装置艺术效果.mp4
• 学习目标　　掌握装置艺术效果的制作方法

课外练习： 简约装饰摆件　　　　　　　　　　　　　　295页

• 教学视频　　课外练习73：简约装饰摆件.mp4
• 学习目标　　熟练掌握装置艺术效果的制作方法

实战 74 场景展示动画　　　　　　　　　　　　　　　　296页

• 教学视频　　实战74 场景展示动画.mp4
• 学习目标　　掌握场景展示动画的制作方法

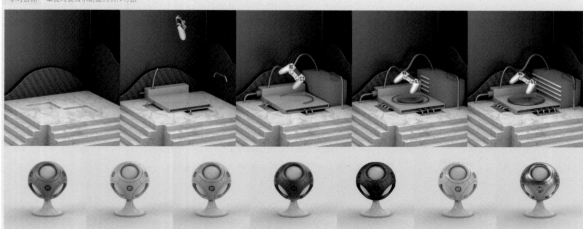

宋夏成 黄辉荣 黄立婷 编著

中文版

CINEMA 4D R20
实战基础教程

 845分钟
教学视频

（全彩版）

人民邮电出版社

北　京

图书在版编目（CIP）数据

中文版CINEMA 4D R20实战基础教程：全彩版 / 宋
夏成，黄辉荣，黄立婷编著. -- 北京：人民邮电出版社，
2021.3（2023.7重印）
ISBN 978-7-115-55031-6

Ⅰ．①中… Ⅱ．①宋… ②黄… ③黄… Ⅲ．①三维动
画软件－教材 Ⅳ．①TP391.414

中国版本图书馆CIP数据核字(2020)第192727号

内 容 提 要

本书针对零基础读者，介绍了 CINEMA 4D R20 的常用功能及实际运用，主要讲解 CINEMA 4D R20
基础知识、基础建模技术、运动图形与效果、多边形建模技术、材质与纹理技术、常用材质的制作方法、
灯光技术、渲染技术、粒子与动力学技术和关键帧动画等，配有 74 个实战案例（包括 4 个商业综合实战
案例），是指导初学者快速掌握 CINEMA 4D R20 的实用参考书。

全书内容以各种实用技术为主线，通过工具剖析和步骤演示帮助读者快速上手，熟悉软件功能和制
作思路。经验总结可以帮助读者拓宽知识面，了解更多的制作技巧。课外练习可以拓展读者的实际操作
能力，使读者做到举一反三。实战案例制作的都是实际工作中经常会遇到的项目，既能达到强化训练的
目的，又可以让读者更多地了解实际工作中出现的问题和处理方法。随书附赠书中所有实战案例与课外
练习的工程文件，供读者参考学习。另外，本书所有内容均以中文版 CINEMA 4D R20 为基础进行编写，
建议读者使用此版本进行学习。

本书适合作为初学者自学 CINEMA 4D R20 的参考书，也适合作为数字艺术培训机构及相关院校的专
业教材。

♦ 编　　著　　宋夏成　黄辉荣　黄立婷
　　责任编辑　　张丹阳
　　责任印制　　马振武

♦ 人民邮电出版社出版发行　　北京市丰台区成寿寺路 11 号
　　邮编　100164　　电子邮件　315@ptpress.com.cn
　　网址　https://www.ptpress.com.cn

北京九州迅驰传媒文化有限公司印刷

♦ 开本：787×1092　1/16　　　　彩插：4
　　印张：19.5　　　　　　　2021 年 3 月第 1 版
　　字数：597 千字　　　　　2023 年 7 月北京第 7 次印刷

定价：89.90 元

读者服务热线：(010)81055410　印装质量热线：(010)81055316
反盗版热线：(010)81055315
广告经营许可证：京东市监广登字 20170147 号

前言

　　CINEMA 4D是一款三维设计和动画制作软件，它拥有强大的功能和较强的拓展性，且操作极为简单。随着CINEMA 4D功能的不断加强和更新，它的应用范围也越来越广，涉及影视制作、平面设计、建筑包装、创意图形和艺术设计等多个行业。近年来，越来越多的设计师进入CINEMA 4D的世界，为行业带来了不同风格的设计作品。

　　为了给读者提供一本好的CINEMA 4D教材，我们精心编写了本书，并对图书的体系做了优化。根据内容需求，全书除个别章节外，均按照"工具剖析→实战介绍→思路分析→步骤演示→经验总结→课外练习"这一顺序进行编写，力求通过工具剖析使读者深入了解相关工具或技术，通过功能介绍和重要参数讲解使读者快速掌握软件相关功能，通过实战介绍使读者快速了解该技术在行业内的应用，通过思路分析使读者理解案例制作的精髓，通过步骤演示使读者掌握案例制作的过程和工具使用方法，通过经验总结回顾并巩固案例的知识点，通过课外练习拓展读者的实际操作能力。在内容编写方面，力求通俗易懂、细致全面；在文字叙述方面，注意言简意赅、重点突出；在案例选取方面，强调案例的针对性和实用性。

　　本书的学习资源包含了书中所有实战案例与课外练习的工程文件，读者打开工程文件，可以通过自行分析快速思考如何制作案例。同时，为了方便读者学习，本书还配备了所有案例、课外练习和工具演示的教学视频，这些视频由专业人士录制，详细记录了每一个步骤，尽量让读者一看就懂。另外，为了方便教学，本书还配备了PPT课件等丰富的教学资源，任课老师可直接使用。

　　本书参考课时为64课时，其中讲授环节为40课时，实训环节为24课时，各章的参考课时如下表所示。

章节	课程内容	课时分配	
		讲授	实训
第1章	初识CINEMA 4D R20	2	—
第2章	基础建模技术	2	2
第3章	运动图形与效果	4	2
第4章	多边形建模技术	6	4
第5章	材质与纹理技术	4	2
第6章	常用材质的制作方法	2	2
第7章	灯光技术	4	2
第8章	渲染技术	2	2
第9章	粒子与动力学技术	4	2
第10章	关键帧动画	4	2
第11章	商业综合实战	6	4
课时总计		40	24

　　本书所有学习资源均可在线获得。扫描封底或资源与支持页上的二维码，关注我们的微信公众号，即可得到资源文件的获取方式。

　　由于作者水平有限，书中难免会有一些疏漏，希望读者能够谅解，并欢迎读者批评指正。

编者

2020年12月

资源与支持

本书由"数艺设"出品，"数艺设"社区平台（www.shuyishe.com）为您提供后续服务。

资源内容

配套资源：实战/课外练习的实例文件、场景文件、在线视频

教师专享资源：PPT教学课件、教学规划参考、上机+拓展练习文件、教学大纲、配套测试题（含答案）

附赠资源：IES灯光文件、高清贴图、模型素材库

资源获取请扫码

"数艺设"社区平台，	为艺术设计从业者提供专业的教育产品。

与我们联系

我们的联系邮箱是 szys@ptpress.com.cn。如果您对本书有任何疑问或建议，请您发邮件给我们，并请在邮件标题中注明本书书名及ISBN，以便我们更高效地做出反馈。

如果您有兴趣出版图书、录制教学课程，或者参与技术审校等工作，可以发邮件给我们；有意出版图书的作者也可以到"数艺设"社区平台在线投稿（直接访问 www.shuyishe.com 即可）。如果学校、培训机构或企业想批量购买本书或"数艺设"出版的其他图书，也可以发邮件联系我们。

如果您在网上发现针对"数艺设"出品图书的各种形式的盗版行为，包括对图书全部或部分内容的非授权传播，请您将怀疑有侵权行为的链接通过邮件发给我们。您的这一举动是对作者权益的保护，也是我们持续为您提供有价值的内容的动力之源。

关于"数艺设"

人民邮电出版社有限公司旗下品牌"数艺设"，专注于专业艺术设计类图书出版，为艺术设计从业者提供专业的图书、U书、课程等教育产品。出版领域涉及平面、三维、影视、摄影与后期等数字艺术门类，字体设计、品牌设计、色彩设计等设计理论与应用门类，UI设计、电商设计、新媒体设计、游戏设计、交互设计、原型设计等互联网设计门类，环艺设计手绘、插画设计手绘、工业设计手绘等设计手绘门类。更多服务请访问"数艺设"社区平台www.shuyishe.com。我们将提供及时、准确、专业的学习服务。

目 录

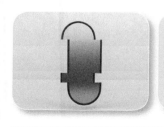   

5

中文版CINEMA 4D R20实战基础教程（全彩版）

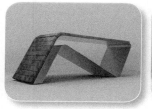

第 1 章
初识 CINEMA 4D R20

CINEMA 4D凭借简单快捷的操作方式，深受广大用户的喜爱，在很多新兴行业都可以看到该软件的应用。下面就带领读者一同进入这神奇而又富有生命力的三维动态软件的世界。本章介绍CINEMA 4D R20的基础知识，包括工作界面、常规界面操作、常规设置、常规文件操作、常规视图操作和常规对象操作。虽然这些操作比较简单和固定，但是它们在效果图制作中的使用频率非常高，掌握这些操作可以为模型的制作打下良好的基础。

本章技术重点

- » 熟悉CINEMA 4D R20的工作界面
- » 掌握CINEMA 4D R20的界面操作
- » 掌握CINEMA 4D R20的视图操作
- » 掌握CINEMA 4D R20的文件操作
- » 掌握CINEMA 4D R20的常规对象操作

实战 01	场景位置	无
	实例位置	无
认识界面结构	教学视频	实战01 认识界面结构.mp4
	学习目标	认识CINEMA 4D R20的工作界面

双击计算机桌面上的快捷方式启动CINEMA 4D R20，打开图1-1所示的工作界面。

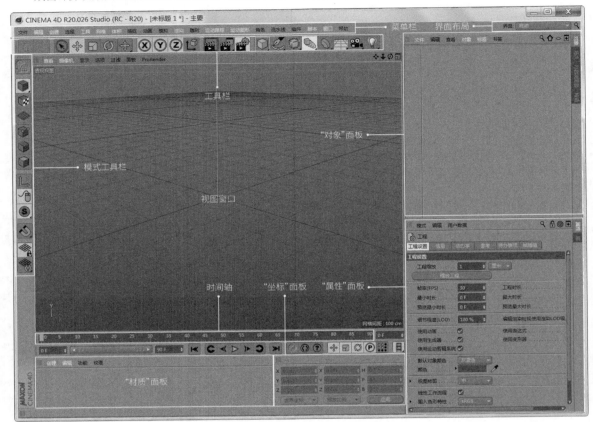

图1-1

技巧与提示

本书讲解的是简体中文版，该版本对于初学者来说比较实用。首次启动CINEMA 4D R20打开的界面默认是英文的，可通过设置切换为中文界面。

执行"Edit>Preferences"菜单命令，打开"Preferences"面板，在"Interface"选项卡中，设置"Language"为"Chinese (cn)"，如图1-2所示。然后关闭面板和软件，再次打开软件即可切换为中文界面。

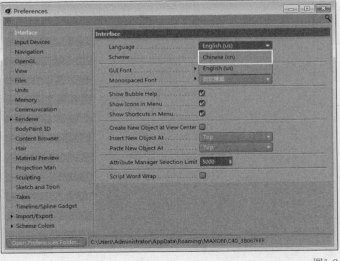

图1-2

CINEMA 4D R20的工作界面分为菜单栏、工具栏、模式工具栏、视图窗口、"对象"面板、"属性"面板、时间轴、"材质"面板、"坐标"面板9个部分。

下面进行简单介绍。

菜单栏：菜单栏位于工作界面的顶端，包含"文件""编辑""创建""选择""工具""网格""体积""捕捉""动画""模拟""渲染""雕刻""运动跟踪""运动图形""角色""流水线""插件""脚本""窗口""帮助"20个主菜单，如图1-3所示。

文件 编辑 创建 选择 工具 网格 体积 捕捉 动画 模拟 渲染 雕刻 运动跟踪 运动图形 角色 流水线 插件 脚本 窗口 帮助

图1-3

----- 技巧与提示 -----

菜单栏汇集了所有的命令，包括安装的插件。常用的命令也会以按钮的形式出现在工具栏中，以便用户更加直观、方便地进行操作。

工具栏：工具栏中集合了常用的一些编辑工具，在日常制作中使用频率很高，需要读者重点掌握，如图1-4所示。某些工具按钮的右下角有一个三角形图标，长按该按钮就可以打开下拉工具列表。以灯光为例，长按"灯光"按钮■就会打开灯光下拉工具列表，如图1-5所示。

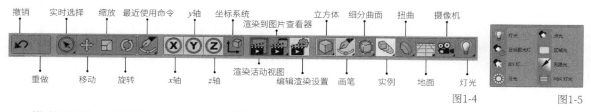

图1-4   图1-5

模式工具栏：与工具栏的功能相似，其中包含一些常用命令和工具的快捷方式，如图1-6所示。读者需要重点掌握切换模型的点、边和多边形，以及调整模型的纹理和轴心等功能。

视图窗口：它是工作界面中最大的一个区域，也是CINEMA 4D R20中的工作区域，用于编辑和观察模型，如图1-7所示。

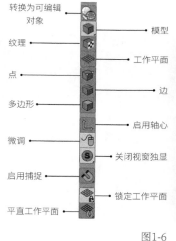

图1-6

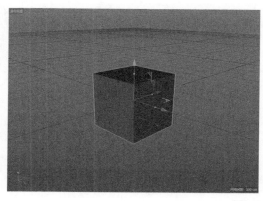

图1-7

"对象"面板：用于显示所有的对象，也会清晰地显示各物体之间的层级关系，如图1-8所示。对象层的概念和Photoshop中的图层概念相似。

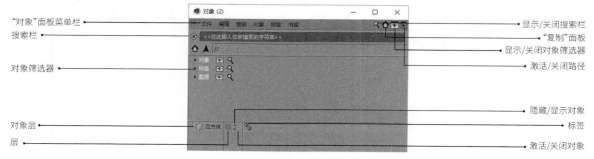

图1-8

"属性"面板：用于调节所有对象、工具和命令的参数属性，如图1-9所示。

时间轴：用于调节与动画相关的功能，它的单位是F（帧），如图1-10所示。在动画相关章节中会详细介绍时间轴的使用方法。

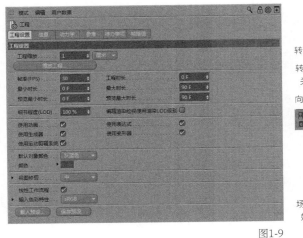

图1-9

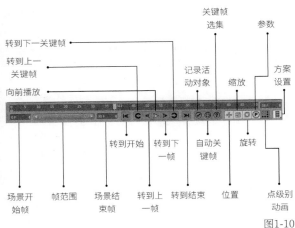

图1-10

"材质"面板：用于管理和创建材质球，双击空白区域即可创建材质球，如图1-11所示。在材质相关章节中会详细介绍材质的制作方法。

"坐标"面板：用于调节物体在三维空间中的坐标、尺寸和旋转角度，如图1-12所示。

界面布局：用于快速切换CINEMA 4D R20的界面布局，默认界面为"Standard"（标准），用户也可以自定义界面布局，如图1-13所示。

图1-11

图1-12

图1-13

实战 02 初始设置	场景位置	无
	实例位置	无
	教学视频	实战02 初始设置.mp4
	学习目标	掌握CINEMA 4D R20初始设置的方法

□ 设置分析

CINEMA 4D R20的初始设置包括界面颜色和自动保存的设置，它们都可以通过菜单命令进行设置。

□ 重要命令

本例所用到的是"编辑>设置"菜单命令，如图1-14所示。

图1-14

□ 操作步骤

01 启动CINEMA 4D R20，此时的用户界面是默认界面，如图1-15所示。

02 执行"编辑>设置"菜单命令（快捷键为Ctrl+E），打开"设置"面板，在"用户界面"选项卡中，设置"界面"为"明色调"，如图1-16所示。

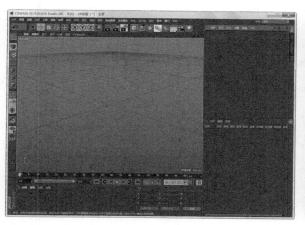

图1-15

图1-16

03 这时CINEMA 4D R20自动更换界面显示，如图1-17所示。

04 新版本的CINEMA 4D R20的新增功能用亮黄色标记，若不需要标记这些新增功能，可以在"设置"面板"用户界面"选项卡中设置"高亮特性"为"关闭"，如图1-18所示。此时CINEMA 4D R20的界面更换为纯灰色，如图1-19所示。

05 为了防止软件自动退出导致正在制作的文件丢失，在"设置"面板中，切换到"文件"选项卡，勾选"保存"选项（根据个人的工作习惯，保存的时间间隔可以自行设置），然后设置"保存至"为"自定义目录"，最后单击"加载"按钮■选择文件保存的路径，如图1-20所示。

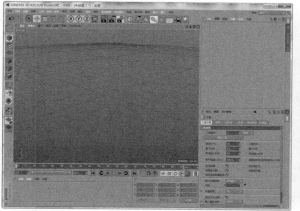

图1-17

图1-18

图1-19

> **技巧与提示**
>
> 关闭"设置"面板后，设置的信息将自动保存。如果需要恢复默认设置，单击面板左下方的"打开配置文件夹"按钮，然后在弹出的窗口中删除所有文件并关闭软件再重启即可。

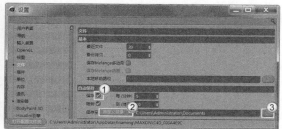

图1-20

🔲 经验总结

本例介绍了界面颜色和自动保存的设置方法，该功能在实际的工作中非常实用，同时也是基础的设置。当然，除了本例介绍的功能外，在"设置"面板中还可进行单位的设置，只不过CINEMA 4D R20通常使用默认的单位参数，无须进行调节。

实战 03 自定义布局	场景位置	无
	实例位置	无
	教学视频	实战03 自定义布局.mp4
	学习目标	掌握自定义布局的方法

🔲 设置分析

在"界面"下拉列表中选择相应的布局方式，即可更改界面布局方案。

🔲 重要命令

本例所用到的工具是"界面"的下拉列表，在其中选择相应的布局方案来更改界面布局，如图1-21所示。

图1-21

🔲 操作步骤

01 启动CINEMA 4D R20，此时默认的界面布局是"Standard"。将右上角的"界面"下拉列表中选择"启动"选项，即可对界面布局进行修改，如图1-22所示。

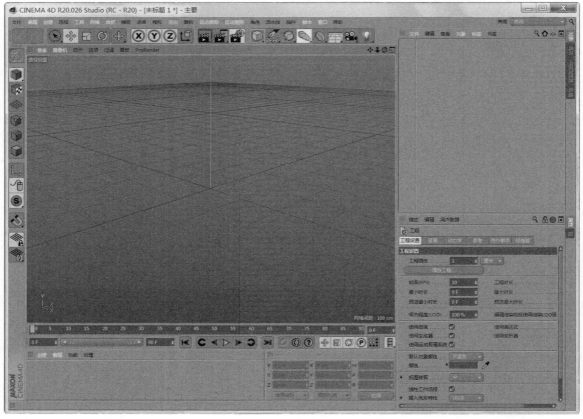

图1-22

02 先将组件解锁。在每一个界面的左上角或顶部，都会有一排点阵图标。例如，打开"运动图形"菜单，然后单击菜单顶部的点阵图标，就能将这个面板独立出来，如图1-23所示。

图1-23

━━ 技巧与提示

"属性"面板的解锁方式与其他组件不同，在"属性"面板的"点阵"图标上单击后，需要在弹出的菜单中执行"解锁"命令，如图1-24所示。

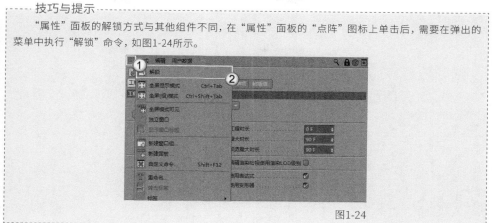

图1-24

03 将解锁的"运动图形"菜单拖曳到视图窗口的右侧，这时右侧边会出现一条高亮显示的线，如图1-25所示，松开鼠标，"运动图形"菜单就被固定在视图窗口的右侧了，如图1-26所示。这样就完成了布局的更改，其他布局也是同样的设置方式。

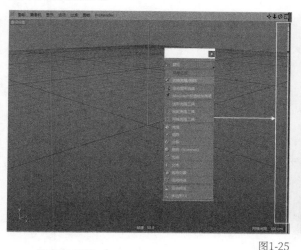

图1-25

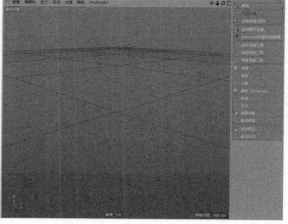

图1-26

━━ 技巧与提示

学会自定义布局能够提高工作效率。在早期的学习过程中，读者可能不能感受到自定义布局的意义，随着工作的经验越来越丰富，设置界面布局的重要性也会逐渐体现出来。而在使用第三方插件时经常会自定义一部分布局，如果每次工作都要更改一次布局，那么工作流程将会变得更加烦琐，所以保存布局也是很重要的。

04 执行"窗口>自定义布局>另存布局为"菜单命令，打开"保存界面布局"对话框，将"文件名"命名为"属性"，单击"保存"按钮 保存(S) 即可保存布局，如图1-27所示。

图1-27

━━ 技巧与提示

除此之外，执行"窗口>自定义布局>保存为启动布局"菜单命令也可以将自定义的界面布局保存下来。虽然两者的功能相似，但是使用"另存布局为"命令可以为自定义的布局重命名，且不会覆盖常用的标准布局，因此推荐使用"另存布局为"命令。

05 保存了新的界面布局后，如果想使用自定义的"属性"布局，将"界面"设置为"属性（用户）"即可，如图1-28所示。这样既不会改变默认参数，又可以使用自定义的布局。

图1-28

经验总结

本例主要介绍通过"界面"下拉列表自定义布局的方法，读者可以根据自己的工作需求设置不同的布局方案。

实战 04 文件的基本操作		
场景位置	场景文件>CH01>场景.c4d、怪兽.c4d	
实例位置	无	
教学视频	实战04 文件的基本操作.mp4	
学习目标	掌握新建场景、打开文件、导入文件和保存文件的方法	

设置分析

文件的基本操作包括新建文件、打开文件、导入文件和保存文件这4个常规操作。

重要命令

文件操作都是执行"文件"菜单中的相关命令来完成的，菜单如图1-29所示。当然，在实际工作中，通常使用快捷键操作以提高工作效率。

图1-29

操作步骤

01 启动CINEMA 4D R20，默认状态下视图窗口显示为透视视图，如图1-30所示。

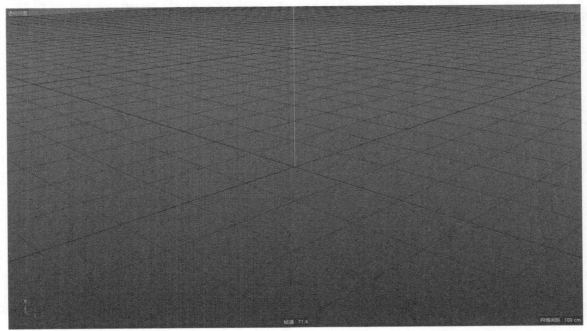

图1-30

02 执行"文件>打开"菜单命令（快捷键为Ctrl+O），打开"打开文件"对话框，选择需要打开的"场景文件>CH01>怪兽.c4d"文件，单击"打开"按钮 打开(O) ，如图1-31所示。打开文件后，视图窗口如图1-32所示。

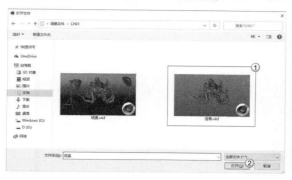

图1-31   图1-32

--- 技巧与提示 ---

在工作中，常常将文件夹中的文件直接拖入视图窗口来打开。除此之外，在保存的路径中双击工程文件也可打开。

03 执行"文件>合并"菜单命令，打开"打开文件"对话框，选择需要插入场景的"场景文件>CH01>场景.c4d"文件，单击"打开"按钮 打开(O) ，如图1-33所示，即可将文件合并到该场景中。合并后的文件是由原来的"怪兽.c4d"文件和"场景.c4d"文件共同构成的新场景，如图1-34所示。

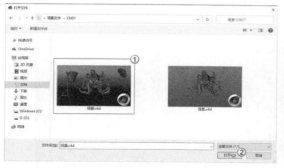

图1-33   图1-34

04 执行"文件>导出>FBX (*.fbx)"菜单命令，如图1-35所示，打开"保存文件"对话框，设置存储路径和存储文件名，单击"保存"按钮 保存(S) ，如图1-36所示。待弹出FBX导出设置面板后，保持默认设置并单击"确定"按钮 确定 就可以导出新文件了，如图1-37所示。

图1-35   图1-36   图1-37

--- 技巧与提示 ---

CINEMA 4D R20可以导出的格式与支持的格式基本相同，这里有些是比较常用的，如OBJ、FBX和ABC等格式，还有矢量图格式，如AI、DXF等，前者是由Illustrator生成的文件，后者是由Auto CAD生成的文件，将它们导入CINEMA 4D R20后，均以样条的形式出现在工程场景中。

05 工程文件越大，导出时间越长。在等待的过程中会弹出进度
对话框，用户可随时取消或继续等待，如图1-38所示。

06 导出文件后，文件会以FBX格式存储在计算机硬盘中，如图
1-39所示。

图1-38　　图1-39

😐 经验总结

经过本例的学习，读者应该熟悉CINEMA 4D R20的文件管理系统，包括导入、合并和导出文件的操作方法。

实战 05	场景位置	场景文件>CH01>2.c4d
	实例位置	无
视图的基本操作	教学视频	实战05 视图的基本操作.mp4
	学习目标	掌握视图的平移、缩放、旋转和切换等操作的方法

😐 设置分析

视图操作主要是对视图区域进行操作，包括视图的平移、缩放、旋转和切换等。

😐 重要命令

每个视图窗口的左上角都会标记当前视图的类型，每个视图窗口的右上角都有4个小图标，分别对应视图的平
移、缩放、旋转和切换操作，如图1-40所示，长按图标并拖曳鼠标即可进行相应操作。

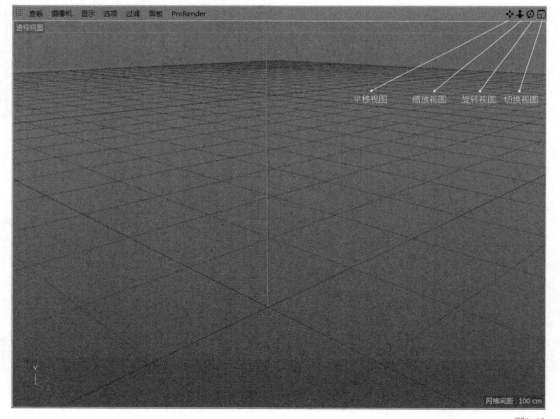

图1-40

-----技巧与提示---

在实际工作中，为了提高工作效率，应尽量使用快捷键进行操作。

☐ 操作步骤

01 启动CINEMA 4D R20，按快捷键Ctrl+O，打开学习资源中的"场景文件>CH01>2.c4d"文件，默认视图为透视视图，如图1-41所示。单击鼠标中键可打开四视图，包含透视视图、顶视图、右视图和正视图，如图1-42所示。将鼠标指针停留在某一视图上，再次单击鼠标中键可进入该视图。

图1-41

图1-42

技巧与提示

除了透视视图外，其他视图都是默认为"线框"模式，单击"显示"选项，在弹出的菜单中选择效果可进行更改，如图1-43所示。每种效果名称的后面都有一组字母，如"光影着色N~A"，这组字母就是"光影着色"的快捷键。

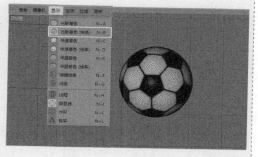

图1-43

02 按F4键，视图切换到正视图，如图1-44所示，按F1键视图又切换回透视视图，如图1-45所示。

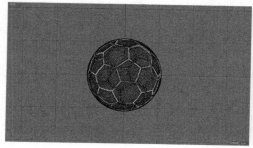

图1-44

图1-45

技巧与提示

键盘上的F1键、F2键、F3键和F4键分别对应的是透视视图、顶视图、右视图和正视图。

03 按住Alt键，同时按住鼠标中键并拖曳鼠标，视图会发生移动，如图1-46所示。

04 按住Alt键，同时按住鼠标左键并拖曳鼠标，视图会发生旋转，如图1-47所示。

图1-46

图1-47

05 滚动鼠标中键，视图会进行缩放，如图1-48所示。

技巧与提示

按住Alt键，同时按住鼠标右键并拖曳鼠标，将以中心轴为原点平滑地缩放视图。

图1-48

□ 经验总结

学会了视图的操作，就可以对物体进行不同角度的观察，方便对视图窗口中的物体进行编辑。

<table>
<tr><td rowspan="4">实战 06

对象的基本操作</td><td>场景位置</td><td>场景文件>CH01>3.c4d</td></tr>
<tr><td>实例位置</td><td>无</td></tr>
<tr><td>教学视频</td><td>实战06 对象的基本操作.mp4</td></tr>
<tr><td>学习目标</td><td>掌握选择对象、移动对象、旋转对象和缩放对象的方法</td></tr>
</table>

□ 设置分析

对象即视图中的模型，对象的基本操作包括对对象进行选择、移动、旋转和缩放。

技巧与提示

在三维世界中，所有的物体都有对应的位置、角度和尺寸的信息。

□ 重要命令

使用工具栏中的工具可以对对象进行相应操作，具体工具如图1-49所示。

移动：用于将对象沿着x轴、y轴和z轴进行移动，快捷键为E。

缩放：用于将对象沿着x轴、y轴和z轴进行缩放，快捷键为T。

旋转：用于将对象沿着x轴、y轴和z轴进行旋转，快捷键为R。

实时选择：选择对象时鼠标指针为一个圆圈，快捷键为9。

框选：鼠标指针为一个矩形，通过绘制矩形框选一个或多个对象，快捷键为0。

套索选择：鼠标指针为套索，通过绘制任意形状选择一个或多个对象，快捷键为8。

多边形选择：鼠标指针为多边形，通过绘制多边形选择一个或多个对象。

图1-49

□ 操作步骤

01 启动CINEMA 4D R20，按快捷键Ctrl+O，选择学习资源中的"场景文件>CH01>3.c4d"文件，打开后的效果如图1-50所示。

02 按0键框选视图中的杯子模型，这时杯子模型上会出现坐标轴和方向箭头，同时被选中模型的外轮廓会有一圈黄色，如图1-51所示。

图1-50

图1-51

中文版CINEMA 4D R20实战基础教程(全彩版)

03 默认状态下激活的是"移动"工具 ➕，杯子模型上会重新出现坐标轴和方向箭头，将鼠标指针放在x轴并向右拖曳，杯子模型向右移动，如图1-52所示。

技巧与提示

方向朝右的轴（红色）代表x轴，方向朝上的轴（绿色）代表y轴，指向屏幕里面的轴（蓝色）代表z轴。另外，使用坐标轴上的方块，也可以快速改变模型的位置。坐标轴除了3种颜色的箭头，还有3种颜色的方块，拖曳蓝色方块可以使模型在XY平面内移动，拖曳红色方块可以使模型在YZ平面内移动，拖曳绿色方块可以使模型在XZ平面内移动，如图1-53所示。

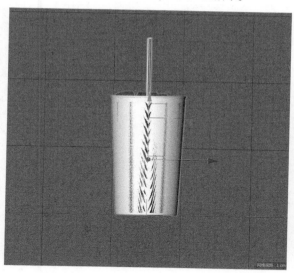

图1-52

图1-53

04 按T键激活"缩放"工具 ➔，杯子模型上会重新出现坐标轴和小方块，在视图窗口的空白处拖曳，模型会在x轴、y轴和z轴3个方向同时缩小或放大，如图1-54所示。

技巧与提示

掌握了"移动"工具的应用，也就不难理解"缩放"工具了，它们的操作方式是一样的。

05 按R键激活"旋转"工具 ◎，杯子模型上会出现旋转轴，将鼠标指针放在红色圆弧上并拖曳，模型会在x轴方向旋转，如图1-55所示。

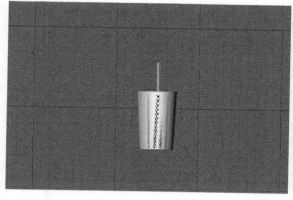

图1-54

图1-55

技巧与提示

掌握了"移动"工具的知识，也就不难理解"旋转"工具了，它们的操作方式是一样的。

☐ 经验总结

本例主要介绍对象的选择、移动、旋转和缩放的操作方法，这些方法的使用频率较高，读者必须掌握。

技巧与提示

因为篇幅限制，在操作步骤中只是讲解了方法，读者可以尝试在各个方向轴、各个平面进行移动操作，后面的操作也是如此。

実战 07

建立对象和层级

场景位置	无
实例位置	无
教学视频	实战07 建立对象和层级.mp4
学习目标	掌握创建对象和层级的方法

🔲 设置分析

在CINEMA 4D R20的"对象"面板中,表现物体之间连接关系的就是层级关系。层级关系由父子级关系构成,在父物体发生变化时,子物体会根据父物体的相对属性同步变化;而当子物体发生变化时,父物体不会有任何变化。

🔲 重要命令

CINEMA 4D R20中已经用颜色区别了层级之间的父子关系,颜色分别是蓝色、绿色和紫色,父子关系如下表所示。

表

层级	关系
	绿色为父级,蓝色为子级
	蓝色为父级,紫色为子级
	紫色也可和蓝色同级

技巧与提示

创建父级的快捷键为Alt+鼠标左键,创建子级的快捷键为Shift+鼠标左键。

⊙ 蓝色组

蓝色表示子级,其中包括模型、样条,如图1-56和图1-57所示,它们只能作为子级。

图1-56

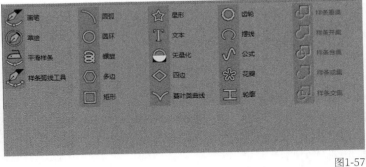

图1-57

⊙ 绿色组

绿色表示父级,CINEMA 4D R20中的生成器均为绿色,如图1-58和图1-59所示,它们只能作为父级。

图1-58

图1-59

22

⊙ 紫色组

紫色组既可以作为子级（变形器），又可以和被控制对象作为同级（效果器），如图1-60和图1-61所示。

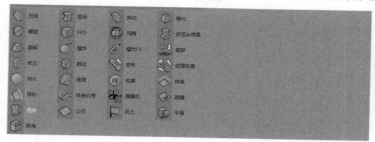

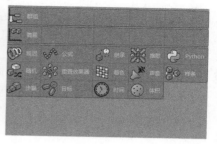

图1-60

图1-61

🔲 操作步骤

01 启动CINEMA 4D R20，在工具栏中单击"立方体"按钮 ⬛ 立方体 ，视图窗口中会生成一个默认的立方体，同时"对象"面板中出现"立方体"对象层，并附带"平滑层"标签，如图1-62所示。

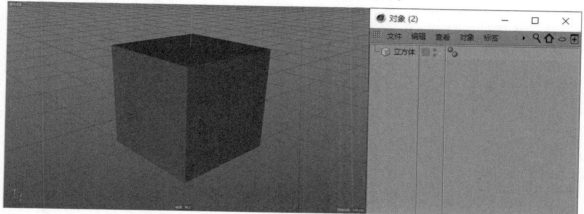

图1-62

┈┈┈ **技巧与提示** ┈┈┈

在CINEMA 4D R20的操作逻辑中，选中对象层后，在右键菜单中可以为对象添加各类标签，模拟不同的对象，"平滑层"标签即可以使对象表面平滑。

02 在工具栏中单击"细分曲面"按钮 ⬛ 细分曲面 ，视图窗口中没有出现模型，模型也没有发生变化，但是在"对象"面板中出现了"细分曲面"对象层，如图1-63所示。

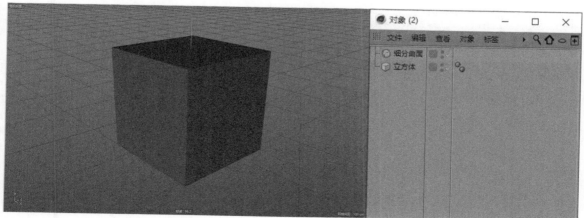

图1-63

03 在"对象"面板中，选中"立方体"对象层，将其拖曳到"细分曲面"对象层，待出现向下箭头后，松开鼠标即可将它放置在"细分曲面"的下方，成为"细分曲面"的子级，此时的"细分曲面"即为父级，如图1-64所示。生成器的作用是使模型发生形变，生成特殊的形体，因此这时的立方体变成表面不太平滑的球体，如图1-65所示。

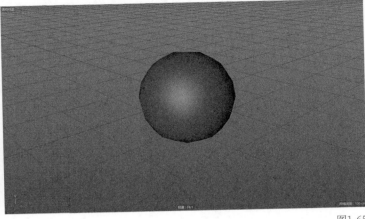

图1-64 图1-65

04 执行"创建>变形器>倒角"菜单命令，在场景中创建一个"倒角"变形器，但是目前它并没有起作用，参数设置及效果如图1-66所示。

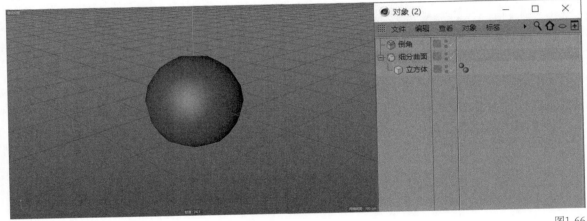

图1-66

05 要想让"倒角"变形器起作用，必须在"对象"面板中将"倒角"对象层拖曳到"立方体"对象层的子级中，如图1-67所示。

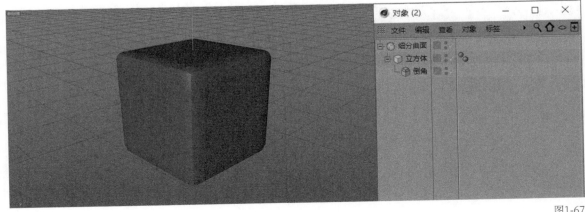

图1-67

中文版CINEMA 4D R20实战基础教程（全彩版）

父子级关系可以多层嵌套，同时子级也可以被展开或隐藏，如图1-68所示。

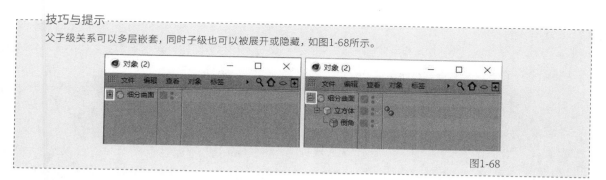

图1-68

经验总结

本例主要介绍对象属性的调节方法。了解父子级关系，有助于理解生成对象的原理。

技巧与提示

本例只演示了生成器和变形器与模型之间的父子级关系，其他父子级及同级关系也是同样的操作方式。在拖曳对象层出现横向箭头时松开鼠标即可设置同级关系，读者可自行尝试。

实战 08

调节基本属性

场景位置	无
实例位置	无
教学视频	实战08 调节基本属性.mp4
学习目标	掌握对象属性的调节方法

设置分析

CINEMA 4D R20中的所有对象和工具都自带属性，调节对象的属性，模型会做出相应的改变。

重要命令

在操作界面的右下方应有目标对象的属性参数，如果没有，那么需再次单击操作视图中的对象，该属性面板具有该对象的所有可调节参数。图1-69所示是立方体的属性参数，有"基本""坐标""对象"等选项卡。所有的对象都会有"基本"和"坐标"这两个选项卡，"基本"选项卡主要控制物体是否在编辑器和渲染器中可见；"坐标"选项卡除了记录对象的坐标、旋转和缩放参数外，还可以将它们"冻结"。若要改变对象的外观，则需要在"对象"选项卡中进行设置。

图1-69

技巧与提示

在"坐标"选项卡中，P（Position）表示空间位置坐标，S（Scale）表示x、y、z方向的缩放值，R（Rotation）表示h、p、b方向的旋转角度。读者可以自行调节参数，体验模型的空间变化。"坐标"选项卡中的参数除建模使用外，还可以用于设置动画，而对象的"坐标"面板中的参数只能用于设置坐标。

操作步骤

01 单击"立方体"按钮 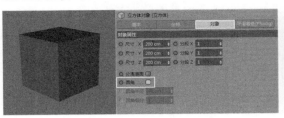 在场景中创建一个立方体,然后在它的属性面板中,勾选"圆角"选项,立方体的外观发生变化,如图1-70和图1-71所示。

图1-70   图1-71

02 默认状态下的立方体是等边立方体(即正方体),设置"尺寸.Y"为600cm,"圆角半径"为20cm,这时正方体就变成了长方体,如图1-72所示。

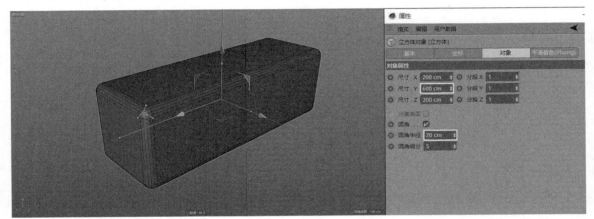

图1-72

03 设置"圆角细分"为1,得到倒角立方体,如图1-73所示。

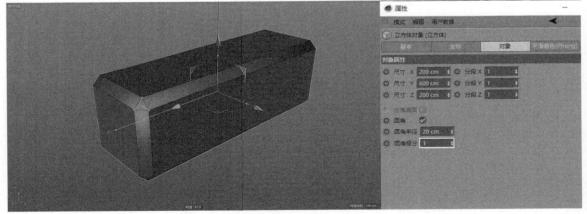

图1-73

经验总结

本例主要介绍对象属性的调节方法。属性面板承载着对象所有的属性,可以调节对象的各类参数。读者需要熟练掌握对象属性中的参数设置及调节方法。

第 2 章
基础建模技术

本章将讲解CINEMA 4D R20的基础建模技术，包括创建标准基本几何体、使用样条等。通过对本章的学习，读者可以快速、高效地创建一些结构简单和低精度的模型，它们既可以组合起来制作简单的模型，又可以作为多边形建模时的基础几何体使用。

本章技术重点

» 掌握参数化几何体
» 掌握样条线的生成方式
» 了解基本的建模思路

场景位置	无
实例位置	实例文件>CH02>实战09 立方体:制作小飞船模型.c4d
教学视频	实战09 立方体:制作小飞船模型.mp4
学习目标	掌握立方体工具的使用方法

☐ 工具剖析

本例主要使用"立方体"工具 ☐立方体 进行制作。

⊙ 参数解释

"立方体"工具 ☐立方体 的属性面板如图2-1所示。

图2-1

重要参数讲解

尺寸.X、尺寸Y.、尺寸.Z:决定立方体的外形,用来设置立方体在x轴、y轴和z轴上的长度。

分段X、分段Y、分段Z:分别在x轴、y轴和z轴增加分段数量,分段越多模型越精细,如图2-2所示。

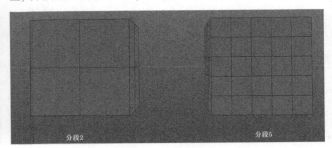

图2-2

分离表面:独立立方体的每个表面。

圆角:勾选该选项后,立方体呈现圆角效果,同时激活"圆角半径"和"圆角细分"。

圆角半径:控制圆角的大小。

圆角细分:控制圆角的圆滑程度。

⊙ 操作演示

工具: ☐立方体   **位置:**工具栏>立方体   **演示视频:**09-立方体.mp4

01 单击"立方体"按钮 ☐立方体,视图窗口中会生成一个默认的立方体,如图2-3所示。

02 按E键激活"移动"工具 ✛,然后按住Ctrl键,将鼠标指针放在x轴并向右进行拖曳,完成对目标物体的移动复制,如图2-4所示。

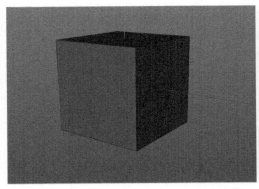

图2-3

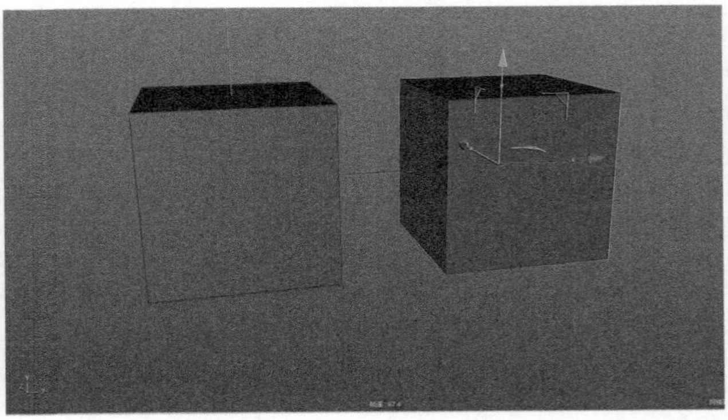

图2-4

技巧与提示

这种操作方式也适用于旋转和缩放复制，只需切换为"旋转"工具或"缩放"工具，即可复制出新的对象，如图2-5所示。

图2-5

03 选中目标对象，在"对象"选项卡中设置"尺寸.Y"为100cm，然后勾选"圆角"选项，并设置"圆角半径"为2cm，这时制作的是一个倒圆角的立方体，如图2-6所示。

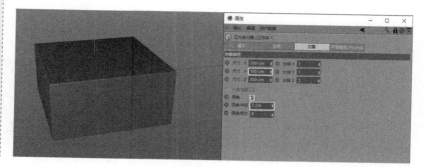

图2-6

实战介绍

本例用"立方体"工具 制作小飞船模型。

⊙ 效果介绍

图2-7所示为本例的效果。

⊙ 运用环境

建筑物、机械零件和平板类电子设备等都是日常生活中常见的长方体物品，这类物品都是由"立方体"工具 制作的，如图2-8所示。除此之外，它也常用于制作外形简单、刚硬的方形元素。

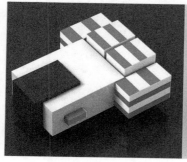

图2-7   图2-8

思路分析

在制作模型之前，需要对模型进行拆分，以便进行后续制作。

⊙ 制作简介

对小飞船的造型进行分析，可以将小飞船拆分成机身、机翼和尾部。这三部分都是由"立方体"工具 制作的，然后将它们进行拼凑，原理类似积木的搭建。另外，注意搭建模型的每个立方体的尺寸和位置要合理，位置的摆放很简单，大部分可通过设置坐标来完成。

⊙ 图示导向

图2-9所示为模型的制作步骤分解图。

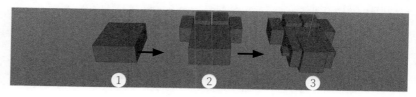

图2-9

步骤演示

01 创建机身。单击"立方体"按钮 在场景中创建一个立方体，然后在"对象"选项卡中设置"尺寸.X"为 165cm，"尺寸.Y"为80cm，如图2-10所示。

02 创建尾部。新建一个立方体，然后在"对象"选项卡中设置"尺寸.X"为70cm，"尺寸.Y"为120cm，"尺寸.Z"为90cm；在"坐标"选项卡中，设置P.X为40cm，P.Z为96cm，如图2-11所示。

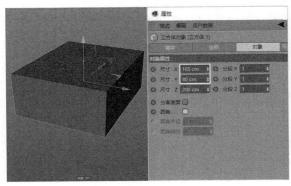

图2-10

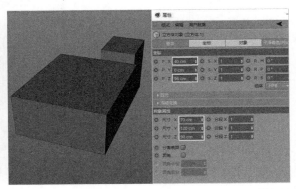

图2-11

03 选中步骤02创建的立方体，然后向立方体的左边移动复制一个，距离约为78cm，如图2-12所示。

04 创建机身的细节部分。新建一个立方体，然后在"对象"选项卡中设置"尺寸.X"为92cm，"尺寸.Y"为 100cm，"尺寸.Z"为125cm；在"坐标"选项卡中，设置P.Z为-110cm，如图2-13所示。

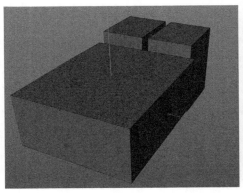

图2-12

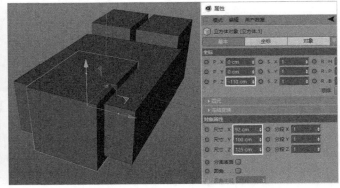

图2-13

05 创建机翼。新建一个立方体，然后在"对象"选项卡中设置"尺寸.X"为55cm，"尺寸.Y"为75cm，"尺寸.Z"为120cm；在"坐标"选项卡中，设置P.X为110cm，P.Z为80cm，如图2-14所示。

06 选中步骤05创建的立方体，向立方体的左边移动复制一个，距离约为220cm，如图2-15所示。

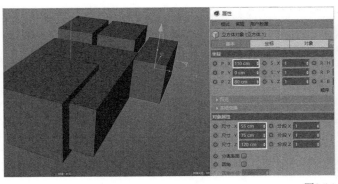

图2-14

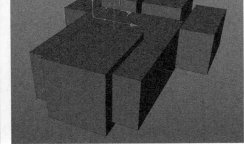

图2-15

中文版CINEMA 4D R20实战基础教程（全彩版）

07 新建一个立方体，然后在"对象"选项卡中设置"尺寸.X"为30cm，"尺寸.Y"为18cm，"尺寸.Z"为48cm；在"坐标"选项卡中，设置P.X为82cm，P.Z为–95cm，如图2-16所示。

08 选中步骤07创建的立方体，沿x轴移动复制一个，距离约为170cm，如图2-17所示。

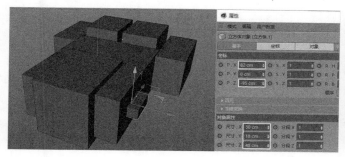
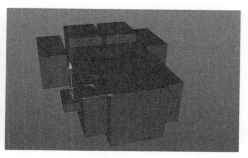

图2-16 图2-17

🗀 经验总结

通过这个案例的学习，相信读者已经掌握了"立方体"工具 🟦立方体 的使用方法。

⊙ 技术总结

本例重点掌握立方体的创建方法和模型拼凑的思路。

⊙ 经验分享

在大多数情况下，模型的坐标无法精确地控制，而在CINEMA 4D R20中并不要求精确地建模，因此仅通过对立方体的移动复制也能搭建出丰富多样的积木造型，而且使用这种方式建模更为简单、便捷。

<table>
<tr><td rowspan="5">课外练习：制作
积木小树模型</td><td>场景位置</td><td>无</td></tr>
<tr><td>实例位置</td><td>实例文件>CH02>课外练习09：制作积木小树模型.c4d</td></tr>
<tr><td>教学视频</td><td>课外练习09：制作积木小树模型.mp4</td></tr>
<tr><td>学习目标</td><td>熟练掌握立方体工具的使用方法</td></tr>
</table>

⊙ 效果展示

图2-18所示为本练习的效果图。

⊙ 制作提示

这是一个积木小树的练习，可以分为树叶和树干两部分来制作，制作流程如图2-19所示。

第1步，使用"立方体"工具 🟦立方体 制作树叶部分。

第2步，创建多个立方体拼凑出树叶。

第3步，使用"立方体"工具 🟦立方体 制作树干部分。

图2-18 图2-19

场景位置	无
实例位置	实例文件>CH02>实战10 圆柱:制作化妆品瓶子模型.c4d
教学视频	实战10 圆柱:制作化妆品瓶子模型.mp4
学习目标	掌握圆柱工具的使用方法

□ 工具剖析

本例主要使用"圆柱"工具 进行制作。

⊙ 参数解释

"圆柱"工具 的属性面板由"对象""封顶""切片"等选项卡组成,如图2-20所示。

重要参数讲解

半径:设置圆柱的半径。

高度分段:设置圆柱高度轴的分段数。

旋转分段:设置圆柱旋转的分段数,数值越大,圆柱越圆滑。

方向:设置圆柱朝向,默认为+Y,共有6种方向。

封顶:控制圆柱的顶部和底部是否存在,取消勾选该选项后,创建的圆柱如图2-21所示。

切片:控制是否开启"切片"功能,勾选该选项后,圆柱变为饼状,如图2-22所示。这个参数常常被忽略,但是在实际项目中比较实用。

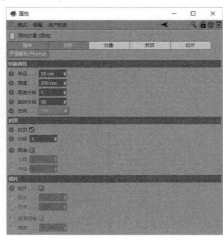

图2-20　　　　　　　图2-21　　　　　　图2-22

技巧与提示

圆柱的参数比立方体的更加丰富,可调节的地方也更多,掌握这些参数的设置,在项目中往往能制作出不错的效果。

⊙ 操作演示

工具: 　　位置:工具栏>立方体>圆柱　　演示视频:10-圆柱.mp4

01 单击"圆柱"按钮 ,视图窗口中会产生一个默认的圆柱体。为了让模型看上去更加光滑,通常设置"旋转分段"为100,如图2-23所示。这里可以将旋转分段简单地理解为平滑程度。

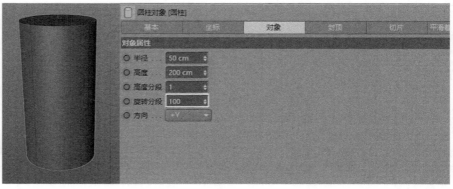

图2-23

02 在属性面板中，切换到"封顶"选项卡，勾选"圆角"选项，其他参数保持默认，这时就会生成一个半径为20cm，分段数为5的倒角圆柱体，如图2-24所示。

03 按快捷键N+B，将显示模式切换为"光影着色（线条）"模式，这样就可以显示圆柱体上的分段布局，如图2-25所示。这里有3个操作点，可以拖曳这3个点对圆柱体的尺寸进行修改，第1个点控制圆柱体高度，第2个点控制圆柱体的宽度，第3个点控制圆柱体的倒角半径，如图2-26所示。

图2-24　　　　　　　图2-25　　　　　　　　图2-26

实战介绍

本例用"圆柱"工具 制作化妆品瓶子模型。

⊙ 效果介绍

图2-27所示为本例的效果图。

⊙ 运用环境

圆柱是生活中非常常见的几何形体，生活中的大多数瓶、柱类物体和部分零部件的基础形状都是圆柱，如图2-28所示，这类形状都是由"圆柱"工具 制作的。

图2-27　　　图2-28

思路分析

在制作模型之前，需要对模型进行拆分，以便进行后续制作。

⊙ 制作简介

对化妆品瓶子的造型进行分析，可以将化妆品瓶子分为瓶盖、瓶口和瓶身3个部分，复杂的部分是瓶口，需要耐心地通过移动复制命令将瓶口的结构拼凑完整。

⊙ 图示导向

图2-29所示为模型的制作步骤分解图。

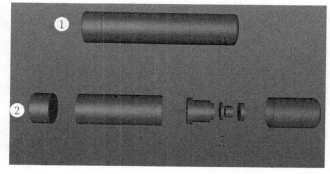

图2-29

第2章　基础建模技术

33

一 步骤演示

01 制作瓶身部分。单击"圆柱体"按钮 在场景中创建一个圆柱体，然后设置"半径"为2cm，"高度"为11cm，"旋转分段"为100；切换到"封顶"选项卡，勾选"圆角"选项，并设置"半径"为0.1cm，设置的参数及效果如图2-30所示。

02 制作瓶盖部分。移动复制步骤01创建的圆柱体，然后设置"高度"为6cm，将其放置在瓶身上方，与瓶身的顶部贴合，参数及效果如图2-31所示。

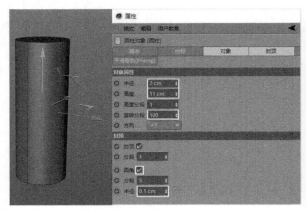

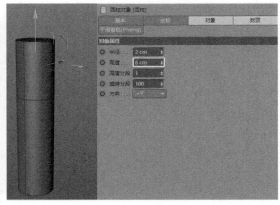

图2-30

图2-31

03 制作瓶底部分。移动复制步骤01创建的圆柱体，然后设置"高度"为2.5cm，将其放置在瓶身下方，与瓶身的底部贴合，如图2-32所示。

04 制作瓶口部分时，为了便于瓶口部分的建模，先将瓶盖对象层隐藏，如图2-33所示。新建一个圆柱体，然后设置"半径"为1.8cm，"高度"为0.6cm，"旋转分段"为80，将圆柱体移动到瓶身的上方，与瓶身的顶部贴合，如图2-34所示。

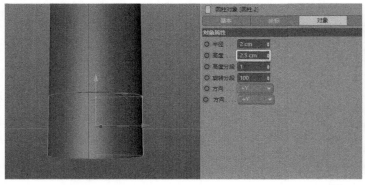

图2-32

图2-33

图2-34

> **技巧与提示**
>
> 为了便于制作模型细节或观察模型，经常会隐藏或显示对象层（快捷键为Q）。在实际操作中，读者可按工作需求决定是显示还是隐藏。

05 移动复制步骤04创建的圆柱体，然后设置"半径"为1.4cm，"高度"为2.3cm，并将其移动到步骤04创建的圆柱体的上方，如图2-35所示。

06 移动复制步骤05创建的圆柱体，然后设置"半径"为1cm，"高度"为0.5cm，并将其移动到步骤05创建的圆柱体的上方，如图2-36所示。

图2-35

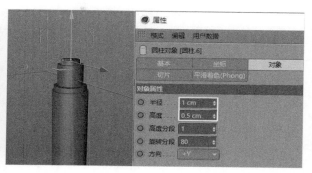

图2-36

07 移动复制步骤06创建的圆柱体，然后设置"半径"为0.8cm，"高度"为0.9cm，并将其移动到步骤06创建的圆柱体的上方，如图2-37所示。

08 移动复制步骤07创建的圆柱体，然后设置"半径"为1.2cm，"高度"为0.6cm，并将其移动到步骤07创建的圆柱体的上方，如图2-38所示。

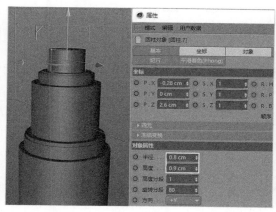

图2-37

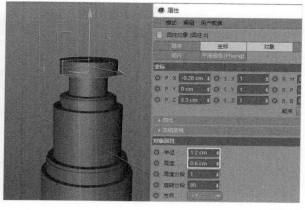

图2-38

09 移动复制步骤08创建的圆柱体，然后设置P.X为1.1cm，P.Z为3.4cm，"半径"为0.2cm，"高度"为0.7cm，并将其移动到步骤08创建的圆柱体的侧面，如图2-39所示。

10 瓶口制作完成后，显示瓶盖部分，最终效果如图2-40所示。

图2-39

图2-40

经验总结

通过这个案例的学习，相信读者已经掌握了"圆柱"工具 ▢ ▯ 的使用方法。

⊙ 技术总结

本例重点掌握立方体的创建方法和模型拼凑的思路，模型在拼凑时不用过于精细，贴合即可。

⊙ 经验分享

在建模的过程中，增加分段数和对圆角进行倒角是常用的建模方法之一，另一种方法是使用"细分曲面"生成器 ▢ 细分曲面，即细分曲面建模，在后面的章节中会进行详细的介绍。

课外练习：制作水壶模型		
场景位置	无	
实例位置	实例文件>CH02>课外练习10：制作水壶模型.c4d	
教学视频	课外练习10：制作水壶模型.mp4	
学习目标	熟练掌握圆柱工具的使用方法	

⊙ 效果展示

图2-41所示为本练习的效果图。

⊙ 制作提示

这是一个水壶模型的练习，可以分为壶身和壶口两部分来制作，制作流程如图2-42所示。

第1步，使用"圆柱"工具 ▢ ▯ 制作壶身。

第2步，使用"管道"工具 ▢ 管道 制作壶口。

图2-41

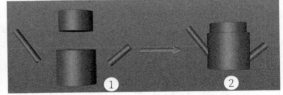

图2-42

实战 11 球体：制作星球模型		
场景位置	无	
实例位置	实例文件>CH02>实战11 球体：制作星球模型.c4d	
教学视频	实战11 球体：制作星球模型.mp4	
学习目标	掌握球体工具的使用方法	

工具剖析

本例主要使用"球体"工具 ▢ 球体 进行制作。

⊙ 参数解释

"球体"工具 ▢ 球体 的属性面板如图2-43所示。

重要参数讲解

半径：设置球体的半径。

分段：设置球体的表面分段数，默认为24。分段数越多，球体越圆滑，反之棱角越多。图2-44和图2-45所示是"分段"分别为8和36时的球体表面效果图。

图2-44

图2-43

图2-45

类型：球体的类型，包括"标准""四面体""六面体""八面体""二十面体""半球体"，如图2-46所示。

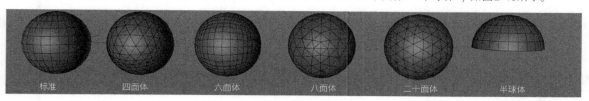

标准　　　　四面体　　　　六面体　　　　八面体　　　　二十面体　　　　半球体

图2-46

⊙ 操作演示

工具：  **位置：** 工具栏>立方体>球体　　**演示视频：** 11-球体.mp4

01 单击"球体"按钮 ，视图窗口中会生成一个默认的球体，如图2-47所示。由于默认状态下球体的分段数值不够大，因此看上去会有锯齿感，一般通过增大分段数值将球体进行"打磨"。

02 在"属性"面板的"对象"选项卡中，设置"分段"为100，"类型"为"半球体"，设置的参数及效果如图2-48所示。

03 按R键激活"旋转"工具，然后按住Ctrl键并沿z轴旋转180°，得到图2-49所示的效果。

图2-47

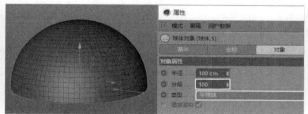

图2-48

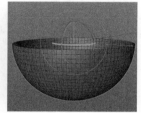

图2-49

📖 实战介绍

本例用"球体"工具 制作星球模型。

⊙ 效果介绍

图2-50所示为本例的效果图。

⊙ 运用环境

球类物体的表面光滑、圆润，常用"球体"工具 制作各类圆形物体的基础形态。当球体与其他几何体结合时，由于球体在画面中的构图呈面状或点状，使画面具有一种动态，因此非常适合作为背景，如图2-51所示。

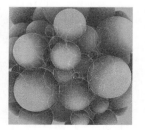

图2-50　　　　　　　　　　　　　　　　图2-51

□ 思路分析

在制作模型之前，需要对模型进行拆分，以便进行后续制作。

⊙ 制作简介

对星球的造型进行分析，可以将星球拆分成小星球和星环两个部分。这两个部分的制作非常简单，用"球体"工具  制作小星球模型，用"圆环"工具 制作星环部分。为了保证模型的表面光滑、平整，可设置较大的分段数值。同时，还要注意制作围绕星球公转的其他星球。

⊙ 图示导向

图2-52所示为模型的制作步骤分解图。

图2-52

□ 步骤演示

01 单击"球体"按钮 在场景中创建一个球体，然后设置"分段"为100，设置的参数及效果如图2-53所示。

02 单击"圆环"按钮 在场景中创建一个圆环，在"对象"选项卡中设置"圆环半径"为190cm，"圆环分段"为100，"导管半径"为2.8cm，"导管分段"为50；在"坐标"选项卡中设置R.H为13°，R.P为18°，R.B为-12°，如图2-54所示。

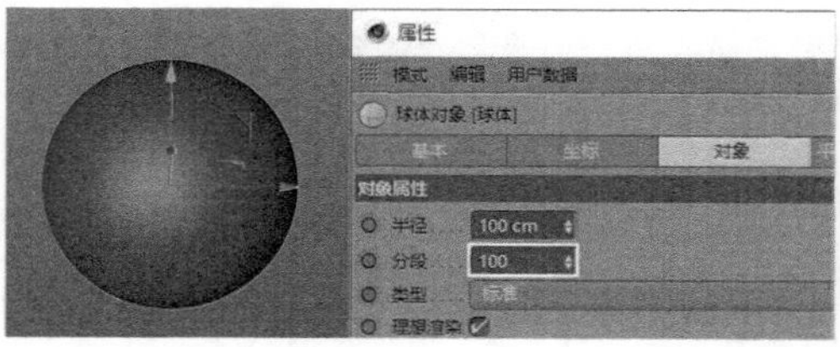

图2-53

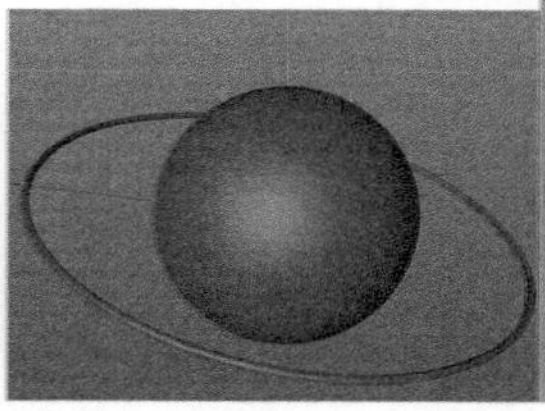

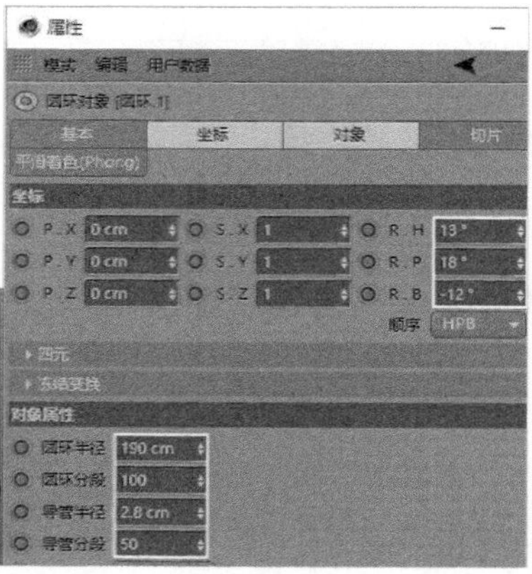

图2-54

技巧与提示

CINEMA 4D R20中创建的模型默认在原点，因此这个圆环刚好能将球体包围，只需要调节圆环的旋转参数即可。
----

03 新建一个圆环，然后在"对象"选项卡中设置"圆环半径"为160cm，"圆环分段"为100，"导管半径"为2.3cm，"导管分段"为50，如图2-55所示，旋转参数同步骤02。

04 新建一个圆环，然后在"对象"选项卡中设置"圆环半径"为135cm，"圆环分段"为100，"导管半径"为2cm，"导管分段"为50，如图2-56所示，旋转参数同步骤02。

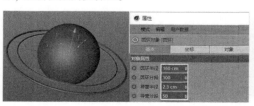

图2-55

图2-56

05 在场景的其他位置复制若干个小球作为其他星球，如图2-57所示。

□ 经验总结

通过这个案例的学习，相信读者已经掌握了"球体"工具 的使用方法。

图2-57

⊙ 技术总结

本例重点掌握球体的创建方法和模型旋转的思路。另外，制作球类物体时要注意分段数值的设置。

⊙ 经验分享

球体常用于制作点缀物，合理地控制其大小，可以为画面的构图增添活力。

课外练习：制作 摄像头模型	场景位置	无
	实例位置	实例文件>CH02>课外练习11：制作摄像头模型.c4d
	教学视频	课外练习11：制作摄像头模型.mp4
	学习目标	熟练掌握球体工具的使用方法

⊙ 效果展示

图2-58所示为本练习的效果图。

⊙ 制作提示

这是一个摄像头模型的练习，可以分为顶部和底部两部分来制作，制作流程如图2-59所示。

第1步，使用"球体"工具 ○ 球体 制作顶部。

第2步，使用"球体"工具 ○ 球体 制作底部。

第3步，制作底部倒角。

第4步，调整顶部和底部的位置。

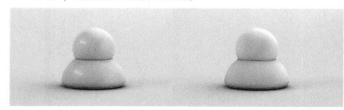

图2-58

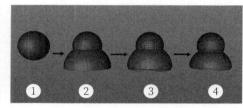

图2-59

实战 12 文本、挤压：制作 2019文字模型	场景位置	无
	实例位置	实例文件>CH02>实战12 文本、挤压：制作2019文字模型.c4d
	教学视频	实战12 文本、挤压：制作2019文字模型.mp4
	学习目标	掌握文本工具的使用方法和生成器挤压的思路

⊟ 工具剖析

本例主要使用"文本"工具 T 文本 和"挤压"生成器 ◎ 挤压 进行制作。

⊙ 参数解释

① "文本"工具 T 文本 的属性面板如图2-60所示。

重要参数讲解

文本：输入文本内容，若要输入多行文本，可以按Enter键切换到下一行。

字体：设置文本显示的字体。

对齐：设置文本对齐类型，系统提供"左""中对齐""右"等对齐方式。

高度：设置文本的高度。

水平间隔：设置字间距。

垂直间隔：设置行间距（只对多行文本起作用）。

图2-60

显示3D界面：勾选该选项后，可以单独调整每个文字的样式，效果如图2-61所示。

②"挤压"生成器 的属性面板有"对象"和"封顶"等选项卡，如图2-62所示。

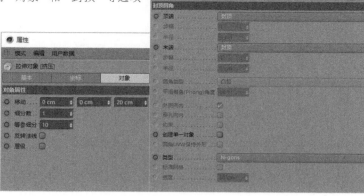

图2-61　　　　　　　　　　　　　　　　　　　　　　图2-62

重要参数讲解

移动：控制样条在x轴、y轴和z轴上的挤压厚度。

细分数：控制挤出面的分段数。

半径：控制顶端或末端圆角的大小。

圆角类型：控制圆角的造型，有"线性""凸起""凹陷""半圆""1步幅""2步幅""雕刻"等。

步幅：控制顶端或末端圆角的分段数，默认为1，数值越大圆角越光滑。

约束：固定模型的尺寸，使其不受顶端和末端半径的影响。

类型：被挤压平面的布线分布，有"三角形""四边形""N-gons"等。

⊙ **操作演示**

工具：▢▢ 和 ▢▢　　位置：工具栏>画笔>文本、工具栏>细分曲面>挤压　　演示视频：12-文本、挤压.mp4

01 单击"文本"按钮 ▢▢ 在场景中出现默认的"文本"文字，如图2-63所示。

02 在属性面板中，在"文本"文本框内输入8，然后单击"挤压"按钮 ▢▢ 为文本添加"挤压"生成器。在"对象"面板中，把创建的"文本"对象层放置在"挤压"对象层的下方，这时样条变成有厚度的实体面，参数设置及效果如图2-64所示。

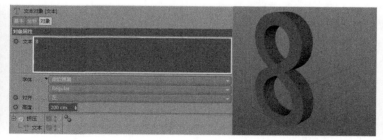

图2-63　　　　　　　　　　　　　　　　　　　　　　图2-64

03 将"移动"的第3个参数设置为50cm，如图2-65所示。

---- 技巧与提示 ----

在"移动"选项后有3个参数，分别表示挤压在x轴、y轴和z轴的移动距离。

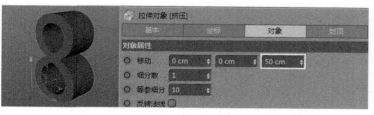

图2-65

中文版CINEMA 4D R20实战基础教程（全彩版）

04 在属性面板中，切换到"封顶"选项卡，然后设置"顶端"为"圆角封顶"，"步幅"为5，"半径"为10cm，参数设置和效果如图2-66所示。

05 其他参数保持不变，设置"圆角类型"为"半圆"，并勾选"约束"选项，参数设置和效果如图2-67所示。

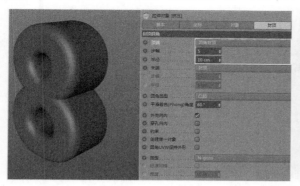

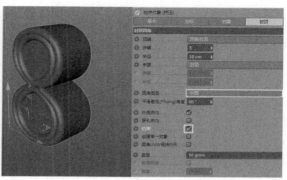

图2-66   图2-67

📖 实战介绍

本例用"文本"工具█████和"挤压"生成器████来制作模型。

⊙ 效果介绍

图2-68所示为本例的效果图。

⊙ 运用环境

在电商设计中三维立体字比较常见，如图2-69所示，它是通过"文本"工具█████和"挤压"生成器████制作的。另外，一些简单的平面元素，也可以通过"挤压"生成器████快速转化为三维模型。

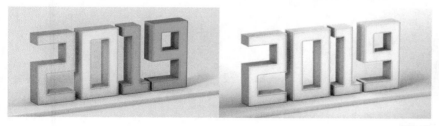

图2-68   图2-69

📖 思路分析

在制作模型之前，需要对模型进行分析，以便进行后续制作。

⊙ 制作简介

本例制作海报字体元素，2019这个数字是海报中主要的元素。想要制作文字，就需要使用"文本"工具█████生成文字样条，并将文本修改成数字2019，再添加"挤压"生成器████进行调整。

⊙ 图示导向

图2-70所示为模型的制作步骤分解图。

图2-70

📖 步骤演示

01 单击"文本"按钮，在视图窗口中创建一个文本，然后在"对象"选项卡中设置"文本"为2019，"字体"为SP Abit 03，如图2-71所示。

02 单击"挤压"按钮，然后在"对象"面板中将"文本"对象层放置在"挤压"对象层的下方，如图2-72所示。

图2-71

图2-72

> **技巧与提示**
>
> 读者可以选择自己喜欢的字体，案例中的参数仅供参考。

03 选中"挤压"对象层，然后设置"移动"的第3个参数为30cm，参数设置和效果如图2-73所示。

04 在属性面板中切换到"封顶"选项卡，设置"顶端"为"圆角封顶"，"半径"为1cm，"圆角类型"为"雕刻"，如图2-74所示，勾选"约束"选项，最终效果如图2-75所示。

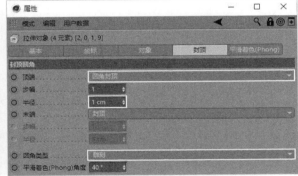

图2-74

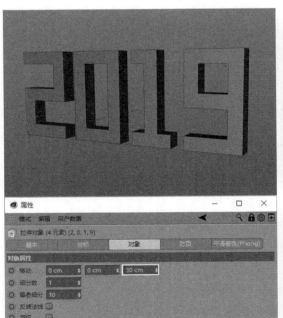

图2-73

图2-75

📖 经验总结

通过这个案例的学习，相信读者已经掌握了"文本"工具和"挤压"生成器的使用方法。

☉ 技术总结

使用"文本"工具生成的文字样条比较规则，想要制作不规则的文字，可以使用"画笔"工具制作。

中文版CINEMA 4D R20实战基础教程（全彩版）

⊙ 经验分享

添加了生成器后能否得到正确的挤压结果取决于设置的样条方向。

课外练习：制作充电线头模型

场景位置	无
实例位置	实例文件>CH02>课外练习12:制作充电线头模型.c4d
教学视频	课外练习12:制作充电线头模型.mp4
学习目标	熟练掌握挤压生成器的使用方法

⊙ 效果展示

图2-76所示为本练习的效果图。

⊙ 制作提示

这是一个充电线头模型的练习，本练习制作方法与案例类似，但是圆环样条结合"挤压"生成器生成的模型样式更为丰富一些，制作流程如图2-77所示。

第1步，使用"圆环"工具制作充电线头，并为创建的充电线头添加"挤压"生成器。

第2步，使用"圆柱"工具制作充电线。

图2-76　　　　　　　　　　　　　　图2-77

实战 13
圆环、放样：制作灯罩模型

场景位置	无
实例位置	实例文件>CH02>实战13 圆环、放样:制作灯罩模型.c4d
教学视频	实战13 圆环、放样:制作灯罩模型.mp4
学习目标	掌握圆环工具的使用方法和生成器放样的思路

工具剖析

本例主要使用"圆环"工具和"放样"生成器进行制作。

⊙ 参数解释

①"圆环"工具的属性面板如图2-78所示。

重要参数讲解

环状：勾选该选项后，将呈现同心圆图案，如图2-79所示，同时激活"内部半径"选项。

半径：设置圆环的大小。

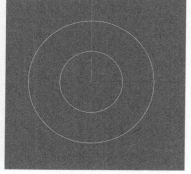

图2-78　　　　　　　　　　　　　图2-79

②"放样"生成器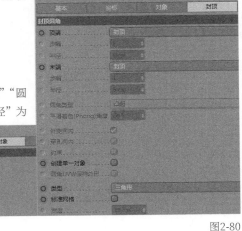的属性面板有"对象"和"封顶"等选项卡,如图2-80所示。

重要参数讲解

网孔细分U:在U方向上增加分段数。

网孔细分V:在V方向上增加分段数。

顶端、末端:控制面顶端和末端的封顶效果,均有"无""封顶""圆角""圆角封顶"等选项。"圆角"和"圆角封顶"模式默认的"半径"为5cm,"步幅"为1。如果需要调整圆滑程度,那么需要将"步幅"提升至5~10。

约束:在"圆角封顶"或"圆角"模式下调节圆角大小,模型会发生一定程度的形变。

图2-80

⊙ 操作演示

工具: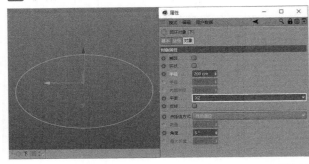和   位置:工具栏>画笔>圆环、工具栏>细分曲面>放样   演示视频:13-圆环、放样.mp4

01 单击"圆环"按钮在场景中创建一个圆环样条,然后设置"平面"为XZ,并将该对象层命名为"下",设置的参数及效果如图2-81所示。

02 移动复制步骤01创建的圆环,然后向上移动大约20cm,并命名为"中",如图2-82所示。

图2-81

图2-82

03 移动复制步骤02创建的圆环,然后向上移动大约180cm,设置"半径"为100cm,并命名为"上",设置的参数及效果如图2-83所示。

04 单击"放样"按钮为所有的圆环样条添加"放样"生成器,然后将它们按照从上到下的顺序放置在"放样"对象层的下方,这时将沿着样条路径放样成圆滑的面,样条放置顺序和效果如图2-84所示。由此可见,当两个圆环间的距离相同时,将形成一个垂直面(类似圆柱);当两个圆环间的距离不相同时,将形成斜面。读者可利用此结论拆分模型,合理布置圆环的位置和大小。

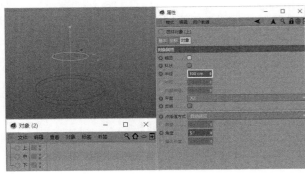

图2-83

图2-84

一 实战介绍

本例用"圆环"工具 ◎ 和"放样"生成器 ◇ 制作灯具模型。

⊙ 效果介绍

图2-85所示为本例的效果图。

⊙ 运用环境

生活中常常见到一些简洁的圆柱形产品,如灯罩、酒瓶等,如图2-86所示。从俯视图看,这些产品的各零部件都是呈圆形的,使用"圆环"工具 ◎ 结合"放样"生成器 ◇ 就可以快速制作这类物品。

图2-85 图2-86

一 思路分析

在制作模型之前,需要对模型进行分析,以便进行后续制作。

⊙ 制作简介

本例的灯罩造型较为简单,可以将其拆分为颈部和底部两部分。由于这两部分的平面视图都是圆形,因此都可以用"圆环"工具 ◎ 来制作路径,然后使用"放样"生成器 ◇ 沿路径进行放样。因为模型只需要在外观上进行展示,所以不需要调节厚度。

⊙ 图示导向

图2-87所示为模型的制作步骤分解图。

图2-87

一 步骤演示

01 单击"圆环"按钮 ◎ 在场景中创建一个圆环,然后设置"半径"为50cm,"平面"为XZ,并将其命名为1,效果如图2-88所示。

02 移动复制步骤01创建的圆环,一共复制6个,并按顺序进行命名,圆环间的距离及效果如图2-89所示。然后分别为圆环设置图2-90所示的半径参数。

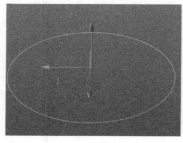

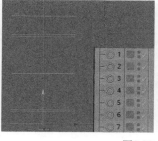

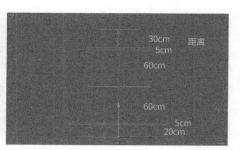

图2-88 图2-89 图2-90

45

03 单击"放样"按钮 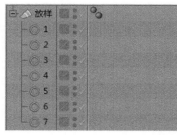 为所有的圆环样条添加"放样"生成器，然后在"对象"面板中，将它们按照从上到下的顺序放置在"放样"对象层的下方，如图2-91所示。本例灯具不需要封顶，效果如图2-92所示。

图2-91　　　　　　　　　　　　　　　　　　图2-92

🔲 经验总结

通过这个案例的学习，相信读者已经掌握了"圆环"工具 ◎圆环 和"放样"生成器 ▲放样 的使用方法。

⊙ 技术总结

"放样"生成器 ▲放样 的子层级可以放置多个样条，并且样条图层的放置顺序非常重要，为了避免混乱，建议以数字命名。

⊙ 经验分享

样条类工具可以结合多种生成器和变形器，其中样条的主要作用是使创建的模型具有绘制的样条形态。

课外练习：制作	场景位置	无
灯具模型	实例位置	实例文件>CH02>课外练习13：制作灯具模型.c4d
	教学视频	课外练习13：制作灯具模型.mp4
	学习目标	熟练掌握放样生成器的使用方法

⊙ 效果展示

图2-93所示为本练习的效果图。

⊙ 制作提示

这是一个灯具模型的练习，制作方法与案例类似，制作流程如图2-94所示。

第1步，使用"圆环"工具 ◎圆环 在场景中按顺序创建4个圆环。

第2步，为4个圆环样条添加"放样"生成器 ▲放样 。

第3步，调整各部分大小，完成灯具模型。

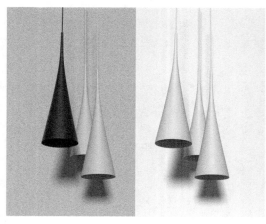
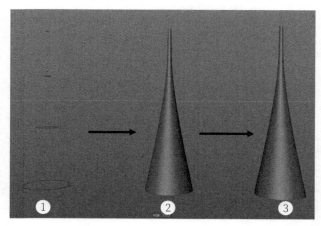

图2-93　　　　　　　　　　　　　　　　　　图2-94

中文版CINEMA 4D R20实战基础教程（全彩版）

场景位置	无
实例位置	实例文件>CH02>实战14 画笔、旋转：制作玻璃杯模型.c4d
教学视频	实战14 画笔、旋转：制作玻璃杯模型.mp4
学习目标	掌握画笔工具的使用方法和生成器旋转的思路

工具剖析

本例主要使用"画笔"工具 和"旋转"生成器 进行制作。

参数解释

①"画笔"工具 的属性面板如图2-95所示。

重要参数讲解

类型：系统提供了5种绘制模式，分别是"线性""立方""Akima""B-样条"和"贝塞尔"。

②"旋转"生成器 的属性面板有"对象"和"封顶"等选项卡，如图2-96所示。

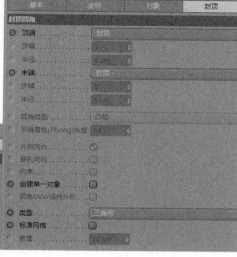

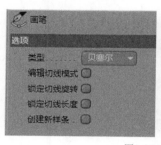 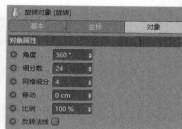

图2-95　　　　　　　　　　　　　　　　　　图2-96

重要参数讲解

角度：横截面绕中心旋转的角度，如果想生成一个封闭的物体，那么就需要将其设置为360°。

细分数：设置模型在旋转轴上的细分数量。

移动：旋转时的移动距离，用于制作创意图形或动画。

比例：与"移动"一样，这也是一个有趣的参数，图2-97所示的创意图形就与"比例"参数密切相关。

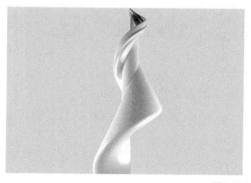

> **技巧与提示**
>
> 读者可以选择自己喜欢的参数进行尝试，案例中的参数仅供参考。

图2-97

操作演示

工具： 和 　　位置：工具栏>画笔、工具栏>细分曲面>旋转　　演示视频：14-画笔、旋转.mp4

01 按F4键切换至正视图，使用"画笔"工具 在视图窗口中单击创建控制点（刚性插值），然后按住鼠标左键拖曳，创建控制杆（柔性插值），一条样条上可以有多个控制点（柔性差值和刚性插值都可以），如图2-98所示，按Esc键退出绘制。

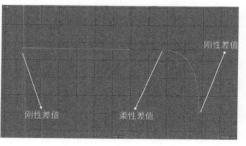

> **技巧与提示**
>
> 在正视图中绘制样条，相当于在一个平面上绘制，不会出现样条不在一个平面的情况。另外，通过"捕捉"工具和背景栅格还可以绘制水平或垂直的样条。

图2-98

02 在"点"模式下 ◆，可以选择并控制样条上的锚点。单击模式工具栏中的"点"模式按钮 ◆ 进入"点"模式，可以使用"移动"工具 ✛ 调整锚点的位置绘制自由线条，也可继续使用"画笔"工具 🖉 调节样条上锚点的控制杆，如图2-99所示。

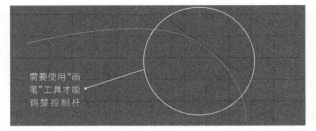

需要使用"画笔"工具才能调整控制杆

图2-99

---- 技巧与提示 ----

在"点"模式 ◆ 下，"移动"工具 ✛ 和"画笔"工具 🖉 都能调整样条上的锚点，"移动"工具 ✛ 用于调节锚点位置，"画笔"工具 🖉 用于调节控制杆。除此之外，想要调整用其他工具制作的样条形态，需要先将其转化为可编辑样条。转换的方法很简单，选中样条后单击模式工具栏中的"转换为可编辑对象"按钮 ▦ （快捷键为C）即可，图2-100所示的圆环样条转换为可编辑样条后，就可以在"点"模式 ◆ 下直接调整形态。

这时转换为可编辑样条的对象层会从图2-101所示的图案变成图2-102所示的图案。转换为可编辑样条后，进入"点"模式 ◆ 就可以对样条进行编辑。在场景中右击，弹出的菜单中罗列了编辑可用的工具，如图2-103所示。

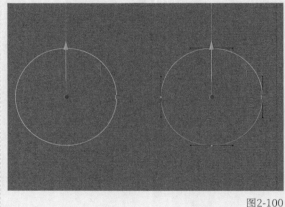

图2-100

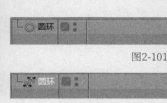

图2-101

图2-102

图2-103

实战介绍

本例用"画笔"工具 🖉 和"旋转"生成器 🔄 制作杯具模型。

⊙ 效果介绍

图2-104所示为本例的效果图。

⊙ 运用环境

杯具是生活中常见的物品之一，如图2-105所示。这类物品有一个共同点，一般情况下，它是左右、前后都对称的三维形态，分析后不难发现，它们的造型取决于它们的横截面，用"画笔"工具 🖉 结合"旋转"生成器 🔄 就能快速制作这类物品。

图2-104

图2-105

思路分析

在制作模型之前，需要对模型进行分析，以便进行后续制作。

⊙ 制作简介

对玻璃杯的造型进行分析，可以将玻璃杯拆分为瓶口、瓶颈和瓶底3个部分，但是按照这种方式制作比较烦琐，也容易出错。本例的特点在于玻璃杯的三维形态是对称的，因此可用"画笔"工具 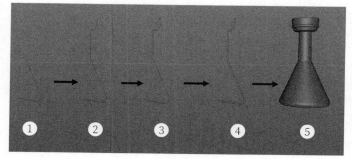 先绘制横截面的一半（包括厚度），再用"旋转"生成器 旋转生成实体的面。另外，由于使用画笔绘制具有随机性，推荐在正视图中进行绘制。

⊙ 图示导向

图2-106所示为模型的制作步骤分解图。

图2-106

步骤演示

01 切换为正视图，单击"画笔"按钮 ，先用4个控制点勾勒外轮廓的底部，绘制的线条如图2-107所示。

02 底部绘制完成后，继续绘制杯具外轮廓的上半部分，瓶口部分的控制点可以稍多一点，将细节绘制出来，大致线条如图2-108所示。

03 杯子是有厚度的，绘制杯具时，厚度保持在2~3cm。控制好厚度后，可沿着外轮廓线进行绘制，大致线条如图2-109所示。

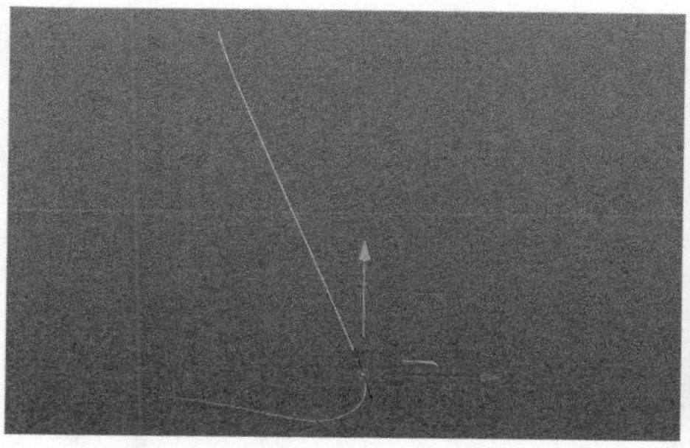

图2-107

图2-108

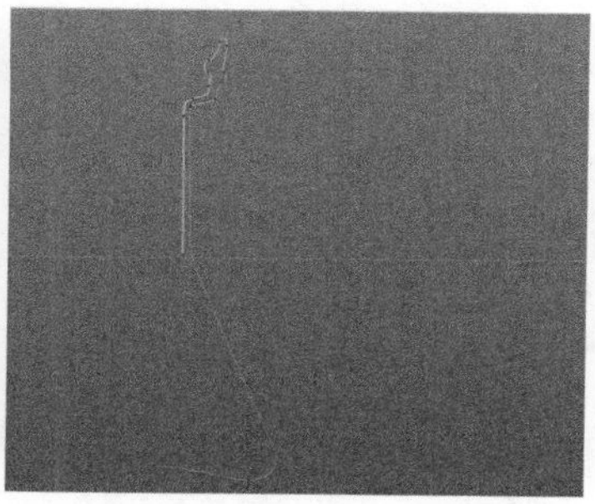

图2-109

技巧与提示

绘制样条的曲线部分需要耐心，控制点尽可能少，线条尽可能顺滑。

---

04 横截面的一半绘制完成后，激活"移动"工具 ，选中最后一个控制点（结束点），然后在"对象"面板中，设置X为0cm。因为旋转轴为y轴，这样是可以使旋转轴上的点和旋转轴保持一致。同理，位于旋转轴上对应的点（起始点）也需要将X设置为0cm，如图2-110所示。

05 在"对象"面板中，将"样条"放置在"旋转"对象层的下方，如图2-111所示，效果如图2-112所示。

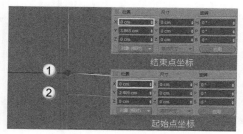

① 结束点坐标

② 起始点坐标

图2-110

技巧与提示

如果旋转轴上的点不归零，那么旋转出来的形状很有可能发生面的扭曲，所以这一步骤不能省略。

图2-111

图2-112

🖃 经验总结

通过这个案例的学习，相信读者已经掌握了"画笔"工具 🖌️ 画笔 和"旋转"生成器 🌀 旋转 的使用方法。

⊙ 技术总结

与"放样"生成器 🔺 放样 不同，"旋转"的子层级只能有一个样条，如果有多个样条，那么就需要将其合并成一个。另外，"旋转"生成器 🌀 旋转 的参数并不复杂，想要做出复杂或有趣的造型，可以通过调节样条的形态来实现，因此"画笔"工具 🖌️ 画笔 具有绘制多样性线条的优势，能很好地让生成器（不仅限于"旋转"生成器）的作用发挥出来。

⊙ 经验分享

CINEMA 4D R20中的"画笔"工具 🖌️ 画笔 和Illustrator中的"钢笔工具" ✒️ 相似，在某些复杂的项目中还会先使用Illustrator绘制图形，再导入到CINEMA 4D R20进行进一步的立体化加工。不同软件相互配合，可以使作品呈现出更加出色的视觉效果。

课外练习：制作 抽象艺术模型		
	场景位置	无
	实例位置	实例文件>CH02>课外练习14：制作抽象艺术模型.c4d
	教学视频	课外练习14：制作抽象艺术模型.mp4
	学习目标	熟练掌握"旋转"生成器的使用方法

⊙ 效果展示

图2-113所示为本练习的效果图。

⊙ 制作提示

这是一个抽象模型的练习，注意"移动"参数到一定程度时，可以将模型"切开"，制作流程如图2-114所示。

第1步，使用"花瓣"工具 🌸 花瓣 创建一个花瓣样条，沿着x轴负方向移动大约100cm。

第2步，为样条添加"旋转"生成器 🌀 旋转 。

第3步，调节"旋转"生成器中的"移动"属性。

第4步，复制3个第3步生成的模型并进行组合。

图2-113

图2-114

实战 15 螺旋、扫描：制作 冰激凌模型		
	场景位置	无
	实例位置	实例文件>CH02>实战15 螺旋、扫描：制作冰激凌模型.c4d
	教学视频	实战15 螺旋、扫描：制作冰激凌模型.mp4
	学习目标	掌握螺旋工具的使用方法和生成器扫描的思路

🖃 工具剖析

本例主要使用"螺旋"工具 🌀 螺旋 和"扫描"生成器 🖌️ 扫描 进行制作。

⊙ 参数解释

① "螺旋"工具 ❷ 的"属性"面板如图2-115所示。

重要参数讲解

起始/终点半径：设置起始端或终点端的半径。

开始/结束角度：设置起始端或终点端的旋转角度。

半径偏移：设置螺旋的中间半径往外偏移的量。

高度：设置螺旋的整体高度。

高度偏移：设置螺旋中心往顶端或底端偏移的量。

---- 技巧与提示 ----

"开始角度"和"结束角度"可以控制螺旋旋转的圈数。

② "扫描"生成器 ❷ 的"属性"面板有"对象"和"封顶"等选项卡，如图2-116所示。

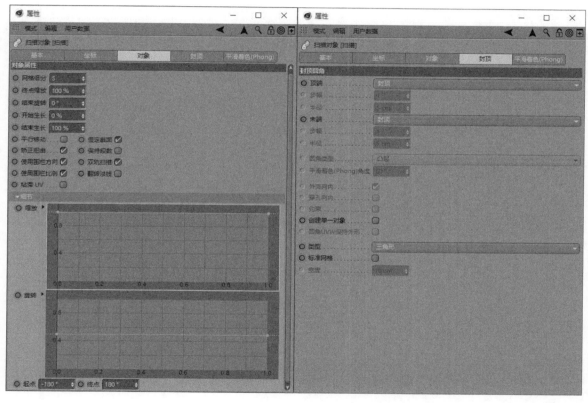

图2-115

图2-116

重要参数讲解

网格细分：设置生成三维模型的细分数。

终点缩放：控制终点处的缩放效果，默认是100%。如果设置为20%，那么整个扫描的模型会从起点到终点以20%~100%进行变化，如图2-117所示。

---- 技巧与提示 ----

没有"起点缩放"参数，因此可视"起点缩放"的值为100%，关于"起点缩放"的控制可以在"细节"选项组中通过控制样条曲线的方式来进行调节。

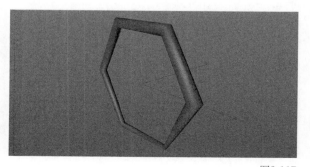

图2-117

第2章 基础建模技术

结束旋转：和"终点缩放"相似，默认值是0°。如果设置为100°，旋转角度为0°，那么整个扫描的模型会从起点到终点以0°~100°进行变化，中间部分将平滑地进行过渡，如图2-118所示。

开始/结束生长：类似"圆锥"工具的"切片"功能，用于控制生成模型的大小，如图2-119所示。

缩放：通过调节曲线的方式，添加整个扫描的缩放细节。

旋转：与缩放的操作方式相近，也是通过调节曲线将扫描模型的细节部分进行旋转。

起点/终点：控制起点至终点的旋转值，默认是−180°~180°，也就是一周，最大是一周。

图2-118　　　　　　　　　　　　　图2-119

⊙ **操作演示**

工具：🔲螺旋 和 🖊扫描　　位置：工具栏>画笔>螺旋、工具栏>细分曲面>扫描　　演示视频：15-螺旋、扫描.mp4

01 单击"螺旋"按钮 🔲螺旋 在场景中创建一个螺旋，设置"终点半径"为40cm，"平面"为XZ，参数设置及效果如图2-120所示。

02 单击"花瓣"按钮 🔲花瓣 在场景中创建一个花瓣，参数保持默认，如图2-121所示。在默认状态下，花瓣的半径非常大，下面对花瓣的大小进行调节，以达到满意的效果。

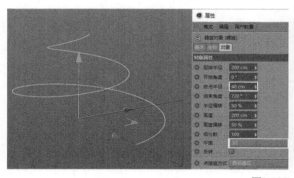
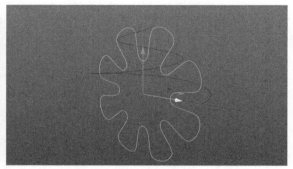

图2-120　　　　　　　　　　　　　　　　　　　　　　　图2-121

03 单击"扫描"按钮 🖊扫描 为"花瓣"对象层和"螺旋"对象层添加一个"扫描"生成器，并将生成器作为它们的父级，将"花瓣"与"螺旋"对象层按照从上到下的顺序依次作为子级，对象层放置位置及效果如图2-122所示。这时发现需要扫描的横截面过大，因为横截面表示花瓣样条，接下来调节花瓣大小即可。

04 在"对象"面板中选中"花瓣"对象层，然后激活"缩放"工具 🔲，将花瓣缩小至原来的20%，效果如图2-123所示。

┌─ **技巧与提示** ─────────────────
除此之外，也可以直接在属性面板的"内部半径"和"外部半径"的参数框中输入数值。
└────────────────────────────────

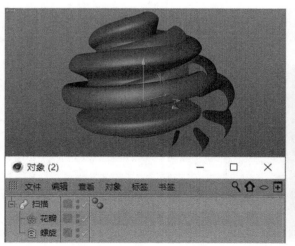
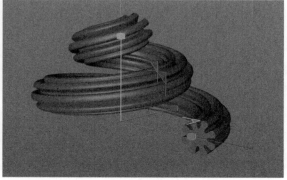

图2-122　　　　　　　　　　　　　　　　　　　　　图2-123

实战介绍

本例用"螺旋"工具 ⒽⒾ和"扫描"生成器 ⒾⓄ制作冰激凌模型。

⊙ 效果介绍

图2-124所示为本例的效果图。

⊙ 运用环境

冰激凌、弹簧等物品都是日常生活中造型比较特殊的物品，如图2-125所示。这类外形的物品是由"螺旋"工具 ⒽⒾ结合"扫描"生成器 ⒾⓄ制作的。除此之外，它们也常用于制作一些机械零件。

图2-124　　　　　图2-125

思路分析

在制作模型之前，需要对模型进行分析，以便进行后续制作。

⊙ 制作简介

对冰激凌的造型进行分析，可以将冰激凌拆分为食物和托柄两部分。食物部分是用"螺旋"工具 ⒽⒾ和"花瓣"工具 ⒽⒾ制作的，再添加"扫描"生成器 ⒾⓄ形成实体；托柄部分则是用"画笔"工具 ⒽⒾ勾勒横截面及厚度，再用"旋转"生成器 ⒽⒾ生成模型，最后将两部分拼凑完成制作。

⊙ 图示导向

图2-126所示为模型的制作步骤分解图。

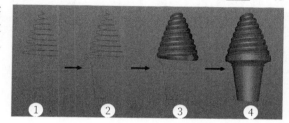

图2-126

步骤演示

01 单击"螺旋"按钮 ⒽⒾ在场景中创建一个螺旋，然后设置"起始半径"为8cm，"开始角度"为-975°，"终点半径"为107cm，"结束角度"为2210°，"半径偏移"为60%，"高度"为295cm，最后旋转至图2-127所示的位置。

02 单击"花瓣"按钮 ⒽⒾ新建一个花瓣，然后设置"内部半径"为14.5cm，"外部半径"为20cm，"花瓣"为9，效果如图2-128所示。

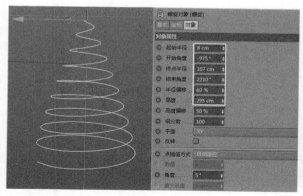

图2-127

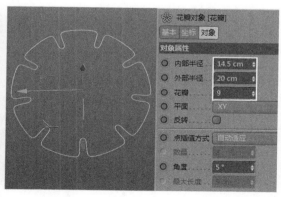

图2-128

```
---- 技巧与提示 ----
　　这些参数是笔者一点点尝试得出的较好的结果，读者也可
以自行制作其他样式，步骤中参数仅供参考。
```

```
---- 技巧与提示 ----
　　默认状态下创建的样条的平面为XY平面，在与其他样
条进行结合时，有时候并不能生成需要的结果，需要自行
调节样条的方向。
```

03 单击"扫描"按钮 ⟨图标⟩ 新建一个"扫描"生成器，将"螺旋"和"花瓣"对象层依次放置在"扫描"对象层的下方，然后调节扫描的"细节"属性，增加一个锚点，并将末端缩小为0，调节的参数及效果如图2-129和图2-130所示。

04 按F4键切换到正视图，使用"画笔"工具 ⟨图标⟩ 勾勒冰激凌托柄的轮廓，大致线条如图2-131所示。

05 单击"旋转"按钮 ⟨图标⟩ 为托柄添加"旋转"生成器，然后在"对象"面板中将"样条"对象层放置在"旋转"对象层的下方，并设置"细分数"为100，如图2-132所示，效果如图2-133所示。

06 将食物部分和托柄部分通过移动和缩放拼凑出合适的效果，如图2-134所示，注意不要有穿帮的地方。

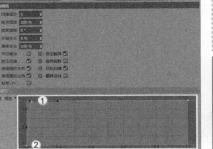

图2-129

图2-130　　图2-131

图2-132

图2-133　　图2-134

> **技巧与提示**
>
> 为了让扫描的模型横截面更丰富，通常还会调节"旋转"样条。

▭ 经验总结

通过这个案例的学习，相信读者已经掌握了"螺旋"工具 ⟨图标⟩ 和"扫描"生成器 ⟨图标⟩ 的使用方法。

⊙ 技术总结

满足扫描的条件是需要在"扫描"的子级中放入一个路径样条和一个横截面样条，且路径样条需要放在横截面样条的下方。

⊙ 经验分享

"扫描"生成器 ⟨图标⟩ 是非常实用的生成器，它可以搭配样条制作丰富的三维效果，尤其是和"画笔"工具 ⟨图标⟩ 结合生成的三维字体在电商设计中非常常用。

课外练习：制作电灯泡模型

场景位置	无
实例位置	实例文件>CH02>课外练习15：制作电灯泡模型.c4d
教学视频	课外练习15：制作电灯泡模型.mp4
学习目标	熟练掌握扫描生成器的使用方法

⊙ 效果展示

图2-135所示为本练习的效果图。

⊙ 制作提示

这是一个灯泡模型的练习，可以分为灯尾和灯泡球两个部分，制作流程如图2-136所示。

第1步，使用"螺旋"工具 ⟨图标⟩ 和"圆环"工具 ⟨图标⟩ 制作螺纹。

第2步，使用"画笔"工具 ⟨图标⟩ 绘制灯泡球的横截面。

第3步，为灯泡球添加"旋转"生成器 ⟨图标⟩ 。

第4步，为螺纹添加"扫描"生成器 ⟨图标⟩ 。

第5步，使用"圆柱"工具 ⟨图标⟩ 制作其余部分。

图2-135

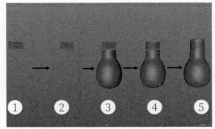
图2-136

第 3 章
运动图形与效果

  本章将介绍CINEMA 4D R20的核心功能——运动图形，有别于传统的运动图形，CINEMA 4D R20中的运动图形是三维的，并且可以批量生成特定的效果，参数的调节和操作十分直观。但是，运动图形需要配合其他对象才能产生效果（如效果器、变形器等），大多数时候还需要有模型作为基础。运动图形也是生成器，在CINEMA 4D R20中生成器和变形器都是造型的工具，这也是本章讲述的重点，读者需要重点掌握。

本章技术重点

- » 掌握运动图形、变形器和效果器
- » 了解运动图形与不同对象之间的配合
- » 了解运动图形、变形器和效果器的工作方式

场景位置	无
实例位置	实例文件>CH03>实战16 减面：制作低面植物模型.c4d
教学视频	实战16 减面：制作低面植物模型.mp4
学习目标	掌握减面生成器的使用方法

□ 工具剖析

本例主要使用"减面"生成器 ▲ 减面 进行制作。

⊙ 参数解释

"减面"生成器 ▲ 减面 的属性面板如图3-1所示。

重要参数讲解

将所有生成器子级减至一个对象：将生成器子级中所有的模型进行
同步减面处理。

减面强度：设置模型减面的总体强度，勾选该选项后，激活"三角数
量""顶点数量""剩余边"等选项。

三角数量、顶点数量、剩余边：精确控制模型的点、边和多边形的总量。

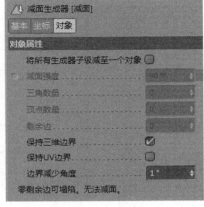

图3-1

⊙ 操作演示

工具： ▲ 减面　　位置：工具栏>实例>减面　　演示视频：16-减面.mp4

01 单击"球体"按钮 ○ 球体 在场景中创建一个球体，如图3-2所示。

02 为"球体"对象层添加"减面"生成器 ▲ 减面 ，在"对象"面板中，将"球体"对象层放置在"减面"对象层的
子级，这时所有的面被重新计算，生成面数更少的三角面，如图3-3所示。

03 在"对象"面板中选中"减面"对象层，然后设置"减面强度"为96%，参数设置和效果如图3-4所示。由此可
见，"减面强度"的参数越大，模型的面越少。

图3-2　　　　　　　　　　图3-3　　　　　　　　　　图3-4

□ 实战介绍

本例用"减面"生成器 ▲ 减面 制作低面植物模型。

⊙ 效果介绍

图3-5所示为本例的效果图。

⊙ 运用环境

通常使用"减面"生成器 ▲ 减面 快速制作低面风格模型（利用少量多边形搭建的模型或场景称之为"低面"模
型，使用这种手法搭建出来的场景
逐渐形成了一种风格，即低面风
格，也叫Low Poly风格），如图3-6
所示。低面模型有着制作简单、效
果特殊的特点，在游戏领域中非常
流行。当然，这种风格在商业广告
中使用的也非常普遍。

图3-5　　　　　　　　　　　　　　　　　　　图3-6

□ 思路分析

在制作模型之前，需要对模型进行分析，以便进行后续制作。

⊙ 制作简介

对植物的造型进行分析，可以将植物拆分为树叶和树干两部分。低面风格的树叶造型较为艺术化，可以使用"球体"工具 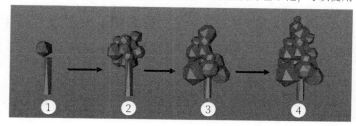 制作，并由一个个不同大小的球体进行拼凑，树干则由"圆柱"工具 制作的圆柱搭建，两者均要结合使用"减面"生成器 。

⊙ 图示导向

图3-7所示为模型的制作步骤分解图。

图3-7

□ 步骤演示

01 单击"球体"按钮 在场景中新建一个球体，然后设置"半径"为80cm，"分段"为24，接着在"对象"面板中删除"球体"对象层后的"平滑着色"标签 ，参数及效果如图3-8所示。

02 单击"减面"按钮 为球体添加"减面"生成器，然后在"对象"面板中将"球体"对象层放置在"减面"对象层的子级，对象层的位置和效果如图3-9所示。

图3-8

图3-9

--- **技巧与提示** ---

在不增加面的情况下，"平滑着色"标签 可以使模型表面更加光滑。建立的模型通常都会附有"平滑着色"标签 ，但是制作低面风格模型不需要光滑的表面，所以需要删除。

03 单击"圆柱"按钮 在场景中创建一个圆柱，然后设置"半径"为35cm，"高度"为325cm，然后将其向下移动约80cm，接着将"圆柱"对象层放置在"减面"对象层的子级，再选中"减面"对象层，在属性面板中勾选"将所有生成器子级减至一个对象"选项，设置的参数及效果如图3-10和图3-11所示。

图3-10　　图3-11

04 制作上半部分的树叶。这一部分其实就是复制步骤01创建的球体，并缩放后移动到合适的位置，如图3-12所示。

05 将所有的球体都放置在"减面"对象层的子级，如图3-13所示，生成的模型如图3-14所示。

图3-12

--- **技巧与提示** ---

读者可以搭建自己喜欢的模型，案例中的样式仅供参考。

图3-13

图3-14

经验总结

通过这个案例的学习，相信读者已经掌握了"减面"生成器 的使用方法。

技术总结

"减面"生成器 可将模型表面的面变为三角面，设置的段数越多，物体的面就越多，利用这一特点可创造更加新颖的视觉效果。另外，"平滑着色"标签 决定了物体的圆滑程度，它可以在一定程度上让模型表面看起来光滑或锐利。该标签并没有改变模型在点、边和多边形上的构成，所以只是视觉上的表现效果，对于夹角过大或面数过少的模型，"平滑着色"标签 就无法发挥作用了。

经验分享

低面风格模型的制作并不复杂，使用简单的实体（如球体、锥体）就能创建不错的效果，初学者能够较快速地掌握相关操作。

课外练习：制作七彩小树模型		
场景位置	无	
实例位置	实例文件>CH03>课外练习16：制作七彩小树模型.c4d	
教学视频	课外练习16：制作七彩小树模型.mp4	
学习目标	熟练掌握减面生成器的使用方法	

效果展示

图3-15所示为本练习的效果图。

制作提示

这是一个低面风格植物模型的练习，其制作方法与案例类似，造型有些许差别，制作流程如图3-16所示。

第1步，使用"圆柱"工具 和"球体"工具 创建基础圆柱体和球体。

第2步，复制若干个圆柱体和球体，将其搭建成类似树木的形状。

第3步，使用"减面"生成器 为树木模型减面。

图3-15

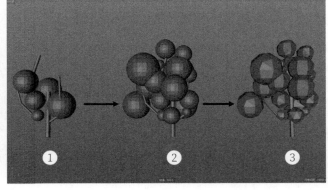

图3-16

实战 17 克隆：制作创意广告展示图		
场景位置	无	
实例位置	实例文件>CH03>实战17 克隆：制作创意广告展示图.c4d	
教学视频	实战17 克隆：制作创意广告展示图.mp4	
学习目标	掌握克隆生成器的使用方法	

工具剖析

本例主要使用"克隆"生成器 进行制作。

⊙ **参数解释**

"克隆"生成器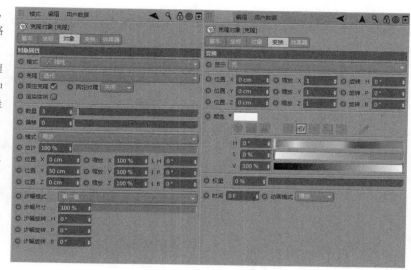的属性面板有"对象"和"变换"等选项卡,如图3-17所示。

重要参数讲解

模式:设置克隆的不同方式,有"对象""线性""放射""网格排列""蜂窝阵列"等。

克隆:有"迭代""随机""混合""类别"等形式,每种形式基于选择的克隆模式进行样式变化。

数量:设置克隆的总体数量。

偏移:设置克隆目标相对于原点的偏移距离。

模式:设置克隆对象的距离,有"每步""终点"两种方式。"每步"是固定每个对象间的距离,"终点"是固定总体克隆的距离。

图3-17

⊙ **操作演示**

工具: **位置:** 工具栏>实例>克隆 **演示视频:**17-克隆.mp4

01 单击"立方体"按钮在场景中创建一个立方体,单击"克隆"按钮为立方体添加"克隆"生成器,然后将"立方体"对象层放置在"克隆"对象层的子级,对象层位置和效果如图3-18所示。

02 在"克隆"对象层的属性面板中,设置"模式"为"网格排列","尺寸"为500cm×500cm×500cm,效果如图3-19所示。这时多个立方体被整齐克隆出来,读者还可尝试其他模式,其他克隆模式也非常常用。

03 在"变换"选项卡中,设置"旋转.P"为30°,"旋转.B"为30°,参数设置及效果如图3-20所示。

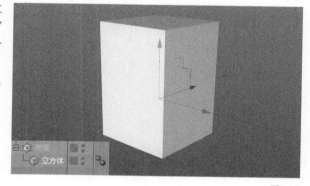

图3-18

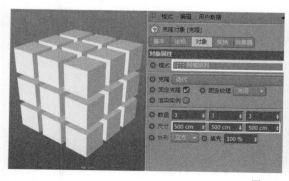

图3-19

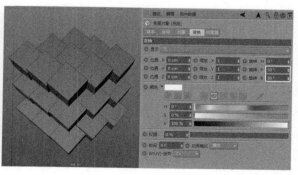

图3-20

⊟ **实战介绍**

本例用"克隆"生成器制作创意广告展示图。

⊙ 效果介绍

图3-21所示为本例的效果图。

⊙ 运用环境

"克隆"生成器 使用频率较高,它的功能非常强大,可快速建立多个类似的单体模型,建模效率高。图3-22所示是使用"克隆"生成器 制作的场景。

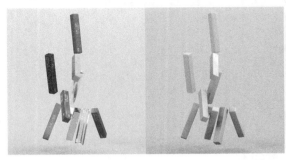
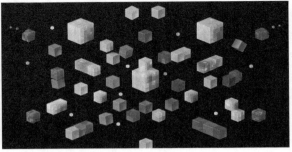

图3-21 图3-22

□ 思路分析

在制作模型之前,需要对模型进行分析,以便进行后续制作。

⊙ 制作简介

本例制作创意广告展示图,难点不在于模型的创建,而在于展示的效果。因此本例不需要制作精细的模型,只需使用"立方体"工具 制作立方体,再通过"克隆"生成器 对立方体进行克隆,并进行形状的变换即可。当然,为了增加视觉冲击力,还需要调整模型的位置,进行适当构图。

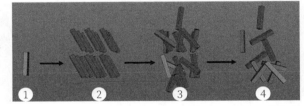

图3-23

⊙ 图示导向

图3-23所示为模型的制作步骤分解图。

□ 步骤演示

01 单击"立方体"按钮 在场景中创建一个立方体,然后单击"克隆"按钮 为立方体添加"克隆"生成器,并将"立方体"对象层放置在"克隆"对象层的子级,接着设置立方体的"尺寸.X"为18cm,"尺寸.Y"为110cm,"尺寸.Z"为18cm,如图3-24所示。

02 在"对象"面板中选中"克隆"对象层,设置"模式"为"网格排列","尺寸"为130cm×120cm×130cm,与尺寸对应的"数量"分别为3、2和3,这时场景中的模型将按照要求复制为多个,如图3-25所示。

图3-24 图3-25

技巧与提示

除了在属性面板中调整立方体的尺寸,还可以在"对象"模式 下通过拖曳视图中的黄点来调整对象的整体尺寸,类似在视图窗口中直接拖曳立方体的操作。

03 切换到"变换"选项卡,设置"旋转.H"为30°,"旋转.P"为30°,参数及效果如图3-26所示。

04 随意调整每个立方体的位置,使其不过分呆板,调整完成后效果大致如图3-27所示。

05 删除某些立方体,达到一种构图效果,如图3-28所示。

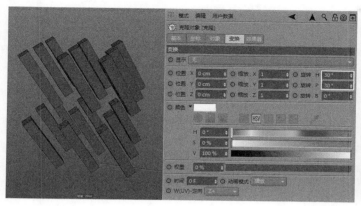  

图3-26   图3-27   图3-28

经验总结

通过这个案例的学习,相信读者已经掌握了"克隆"生成器 的使用方法。

⊙ 技术总结

"克隆"生成器 不仅能够快速复制物体并搭建场景,而且被克隆的物体不会占用计算机过多的资源。

⊙ 经验分享

"克隆"生成器 作为非常重要的运动图形(生成器),配合效果器、域等工具能制作丰富多样的动画或创意图形。

课外练习:制作梦幻风广告展示图	场景位置	无
	实例位置	实例文件>CH03>课外练习17:制作梦幻风广告展示图.c4d
	教学视频	课外练习17:制作梦幻风广告展示图.mp4
	学习目标	熟练掌握克隆生成器的使用方法

⊙ 效果展示

图3-29所示为本练习的效果图。

⊙ 制作提示

这是一个制作漂浮小球广告图的练习,其制作方法与案例类似,注意修改小球的数量和大小,制作流程如图3-30所示。

第1步,使用"球体"工具 创建小球,并使用"克隆"生成器 克隆小球。

第2步,对各个小球进行缩放,使画面更具动感。

第3步,对各个小球进行移动,调节小球的疏密程度。

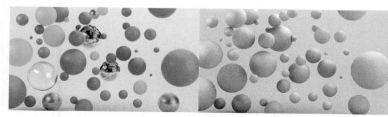 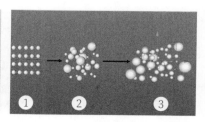

图3-29   图3-30

场景位置	无
实例位置	实例文件>CH03>实战18 布尔：制作化妆品包装盒模型.c4d
教学视频	实战18 布尔：制作化妆品包装盒模型.mp4
学习目标	掌握布尔生成器的使用方法

实战 18

布尔：制作化妆品包装盒模型

工具剖析

本例主要使用"布尔"生成器进行制作。

⊙ 参数解释

"布尔"生成器的属性面板如图3-31所示。

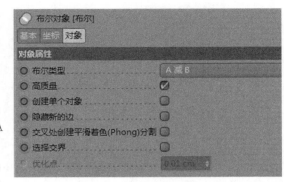

图3-31

重要参数讲解

布尔类型：计算两个模型之间的关系，有"A减B""A加B""AB补集""AB交集"等。

高质量：默认勾选该选项，新增的面的质量会比较高。

创建单个对象：将两个模型合并为一个对象。

隐藏新的边：当两个模型相互作用后，出现的线段将自动隐藏。

⊙ 操作演示

工具： 位置：工具栏>实例>布尔 演示视频：18-布尔.mp4

01 单击"立方体"按钮 在场景中创建一个立方体，将其命名为A，如图3-32所示。

02 新建一个立方体，设置"尺寸.X"为180cm，"尺寸.Y"为180cm，"尺寸.Z"为180cm，然后将其命名为B，如图3-33所示，最后将立方体移动至图3-34所示的位置。在放置时，注意A与B的边都留有一定距离。

03 单击"布尔"按钮 为A、B两个立方体添加"布尔"生成器，添加后将进行布尔运算，然后在"对象"面板中将A、B分别放置在"布尔"对象层的子级，这时得到一个A减B的模型。一个类似盒子的模型就制作好了，如图3-35所示。

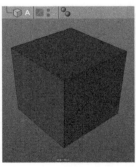

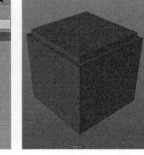
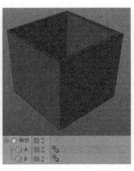

图3-32　　　　　　　图3-33　　　　　　　图3-34　　　　　　　图3-35

实战介绍

本例用"布尔"生成器制作化妆品包装盒。

⊙ 效果介绍

图3-36示为本例的效果图。

⊙ 运用环境

"布尔"生成器通过布尔运算进行模型的制作，常用于制作产品的包装，如图3-37所示。布尔运算是数字符号化的逻辑推演法，包括联合、相交和相减，在图形处理中使用这种逻辑运算方法可以将简单的基本图形进行组合，产生新的形体。

图3-36 图3-37

思路分析

在制作模型之前，需要对模型进行分析，以便进行后续制作。

制作简介

对包装盒的造型进行分析，可以将包装盒拆分为盒体和产品两部分。盒体部分先通过"立方体"工具 ![立方体] 确定包装的大体形态，再使用"布尔"生成器 ![布尔] 对其进行布尔减法的运算，生成盒体的内部结构；产品部分使用"圆柱"工具 ![圆柱] 进行制作。另外，在使用布尔减法运算时，需要合理计算交集的差值和相减的具体位置，在三维模型中，不同的相减位置得到的效果也不同。

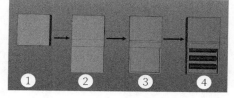

图示导向

图3-38示为模型的制作步骤分解图。

图3-38

步骤演示

01 单击"立方体"按钮 ![立方体] 在场景中创建一个立方体，然后设置"尺寸.X"为43cm，"尺寸.Y"为9cm，"尺寸.Z"为43cm，并将其命名为A，设置的参数及效果如图3-39所示。

02 新建一个立方体，设置"尺寸.X"为42cm，"尺寸.Y"为8cm，"尺寸.Z"为45cm，然后将其命名为B，最后将立方体移动至图3-40所示的位置。

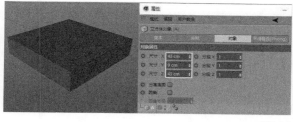

图3-39 图3-40

03 单击"布尔"按钮 ![布尔] 为A、B两个立方体添加"布尔"生成器，然后在"对象"面板中将A、B放置在"布尔"对象层的子级，效果如图3-41所示。

04 沿z轴移动复制立方体B并放置到图3-42所示的位置，然后将其命名为C，再将C移出"布尔"对象层的子级。

图3-41 图3-42

05 新建一个立方体，然后设置"尺寸.X"为38cm，"尺寸.Y"为8cm，"尺寸.Z"为40cm，并将其命名为D，参数和对象层位置如图3-43所示，最后将D移动到图3-44所示的位置，使D的下半部分与C相交约30cm。

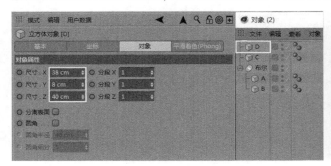
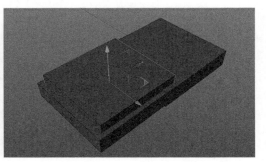

图3-43   图3-44

06 新建一个"布尔"生成器，将其命名为"布尔2"，然后将立方体C、D放入"布尔2"对象层的子级，如图3-45所示。

07 单击"圆柱"按钮 新建一个圆柱体，然后设置"半径"为3.5cm，"高度"为35cm，"旋转分段"为80，"方向"为-X；在"封顶"选项卡中，勾选"圆角"选项，设置"半径"为0.2cm，设置的参数如图3-46所示。将圆柱体复制两个，并沿z轴分别移动至图3-47所示的位置。

图3-45   图3-46   图3-47

经验总结

通过这个案例的学习，相信读者已经掌握了"布尔"生成器 的使用方法。

⊙ 技术总结

在默认状态下，布尔运算的方式是A减B。

⊙ 经验分享

要建立一个复杂的模型需要进行多次布尔运算，建模的思路和组合的顺序一定要理清楚，必要时可将对象层设置成组，再进行运算。

课外练习：制作零件盒模型	场景位置	无
	实例位置	实例文件>CH03>课外练习18：制作零件盒模型.c4d
	教学视频	课外练习18：制作零件盒模型.mp4
	学习目标	熟练掌握布尔生成器的使用方法

⊙ 效果展示

图3-48所示为本练习的效果图。

⊙ 制作提示

这是一个零件盒子模型的练习，注意先将被减的部分设置成组，再进行减法运算，制作流程如图3-49所示。

第1步，使用"立方体"工具 新建3个立方体，一个作为基本体，另两个作为切除基本体的部分，分别位于顶部的左侧和右侧。

第2步，新建3个立方体，作为切除基本体的部分，分别位于顶部的上侧、下侧和中间。

第3步，为创建的6个立方体添加"布尔"生成器 。

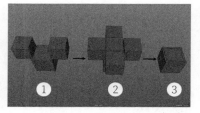

图3-48   图3-49

实战 19	场景位置	无
体积网格、体积生成：制作奶酪模型	实例位置	实例文件>CH03>实战19 体积网格、体积生成:制作奶酪模型.c4d
	教学视频	实战19 体积网格、体积生成:制作奶酪模型.mp4
	学习目标	掌握体积网格生成器和体积生成生成器的使用方法

工具剖析

本例主要使用"体积网格"生成器 和"体积生成"生成器 进行制作。

⊙ **参数解释**

①"体积网格"生成器 的属性面板如图3-50所示。

重要参数讲解

体素范围阈值： 控制模型表面的体素扩大或缩小。

自适应： 用于减少多边形数量。如果设置为0%，那么多边形的数量不会减少（用于后续生成四边形）；较大的值将相应地产生较少的多边形（三角形是可能的），并且还将相应地减少细节的数量。

②"体积生成"生成器 的属性面板如图3-51所示。

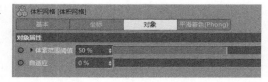

图3-50

重要参数讲解

体素类型： 生成体素的类型，有"SDF"和"雾"。SDF（Signed Distance Field）是一种体积建模算法，由于点、边和多边形本身是没有体积的，因此该选项可以快速地对象生成体积，若是需要用到布尔运算，那么就需要使用这种模式；雾可用于加载第三方烟雾、火焰等体积。

图3-51

体素尺寸： 数值越小，体素数量越多，模型越精确。

对象： 此处放置用于生成所有体积的对象，并可设置不同形式的计算方式。

平滑层： 使生成的模型表面变得光滑。

⊙ **操作演示**

工具： 和   **位置：** 工具栏>实例>体积网格、体积生成   **演示视频：** 19-体积网格、体积生成.mp4

01 单击"立方体"按钮 在场景中新建一个立方体，然后创建"体积网格"生成器 和"体积生成"生成器 ，再将"体积网格"对象层作为父级，"体积生成"对象层作为子级，接着将立方体放入"体积生成"对象层的子级，这样就可以生成一个体积模型了，如图3-52所示。

02 单击"球体"按钮 在场景中创建一个"半径"为70cm的球体，并沿z轴进行移动，直到凸出立方体的大半

第3章 运动图形与效果

65

部分。接着将"球体"对象层放置在"体积生成"对象层的子级，这样就制作出了布尔加法的效果，参数及效果如图3-53和图3-54所示。这种布尔运算的速度非常快，并且不容易出错。

 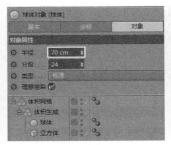 

图3-52　　　　　　　　　　　图3-53　　　　　　　　　　　图3-54

---- 技巧与提示 ----

"体积网格"生成器和"体积生成"生成器的子级可以放入多个物体。

---

03 在"对象"面板中，选中"体积生成"对象层，然后单击"调整外形层"按钮，体积生成对象选项卡中会新增一个"调整外形层"，用于圆滑体积模型，接着设置球体的"模式"为"减"，这样就可以模拟布尔减法的效果，如图3-55所示。

---- 技巧与提示 ----

相对于布尔运算，"体积生成"生成器支持对多个物体多次计算，如图3-56所示。

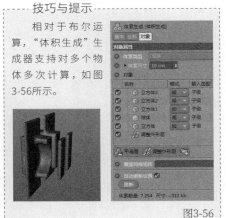

图3-56

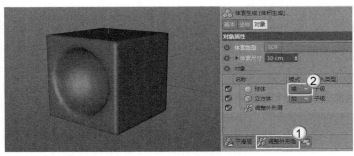

图3-55

实战介绍

本例用"体积网格"生成器和"体积生成"生成器制作奶酪模型。

⊙ 效果介绍

图3-57所示为本例的效果图。

⊙ 运用环境

"体积生成"生成器实际上是一种新的建模方式，一般称之为"体积建模"。用"体积生成"生成器能快速地制作模型，如食物、植物等表面不规则物体或一些硬表面物体，如图3-58所示。这些物体的外形用体积建模进行制作比较方便。

图3-57　　　　　　　　　　图3-58

□ 思路分析

在制作模型之前，需要对模型进行拆分，以便进行后续制作。

⊙ 制作简介

奶酪模型的主体通常是用"圆柱"工具 █ ▒ 经过切片制作的，奶酪表面的孔洞，按照之前的知识来制作，读者可以使用"布尔"生成器，不过"体积生成"生成器相对"布尔"生成器的优势在于更快、更灵活，因此可以通过"体积网格"生成器 █ 和"体积生成"生成器 █ 制作。另外，注意孔洞的排布和形状应该是非常自然的。

⊙ 图示导向

图3-59所示为模型的制作步骤分解图。

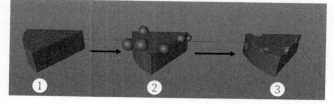

图3-59

□ 步骤演示

01 单击"圆柱"按钮 █ ▒ 在场景中创建一个圆柱体，然后设置"高度"为20cm，"高度分段"为50，"旋转分段"为50，如图3-60所示。

02 在"切片"选项卡中勾选"切片"选项，然后设置"终点"为52°，接着勾选"标准网格"选项，并设置"宽度"为2cm，这时奶酪的大致轮廓已经出来了，如图3-61所示。

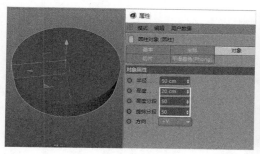

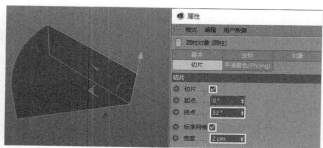

图3-60

图3-61

03 为圆柱体添加"体积网格"生成器 █ 和"体积生成"生成器 █ ，将"体积网格"对象层作为父级，"体积生成"对象层作为子级，再将"圆柱"对象层放置在"体积生成"对象层的子级，如图3-62所示。

04 在默认状态下，模型的精度是非常低的，所以生成的模型看起来比较软。在"对象"面板中选中"体积生成"对象层，然后设置"体素尺寸"为1cm，此时的效果如图3-63所示。

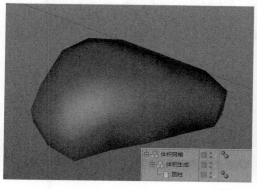

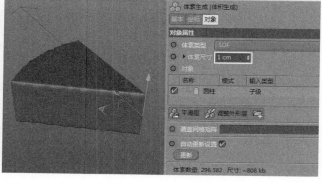

图3-62

图3-63

技巧与提示

"体素尺寸"可以调整模型的精度，数值越小代表模型的精度越高，默认为10cm。如果感觉模型不够精细，可以调节这一参数进行调整。

05 单击"球体"按钮  球体 在场景中新建若干球体，将其自然地放在奶酪模型的表面，并与其进行一定程度的重合。在默认状态下，所有的物体都是相加的状态，如图3-64所示。

06 在"对象"面板中，选中"体积生成"对象层，单击"新建文件夹"按钮 新建一个文件夹，将所有球体放入文件夹，然后设置"模式"为"减"，这样就得到了一个类似布尔减法的模型，如图3-65所示。

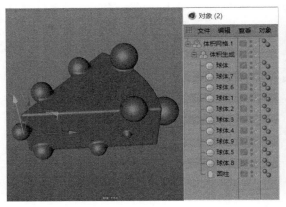
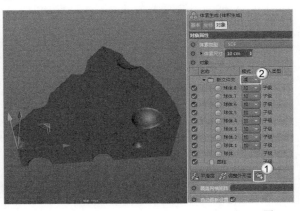

图3-64　　　　　　　　　　　　　　　　　　　　图3-65

技巧与提示

使用文件夹便于模型的管理，若模型放置在文件夹中，会优先考虑文件夹内模型的计算模式。
---

07 此时得到的模型还是不够光滑，在"体积生成"对象层的属性面板中，单击"平滑层"按钮 平滑层，模型就会变得更加光滑（该步骤并不是为模型添加细分曲面），效果如图3-66所示。

08 显然现在的模型过于光滑，缺少细节，所以还需要进一步调节平滑层的参数。选中"平滑层"选项，然后在"滤镜"选项卡中，设置"强度"为2%，如图3-67所示，最终的效果如图3-68所示。

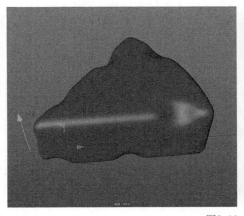

图3-66　　　　　　　图3-67　　　　　　　　　　　　　　图3-68

经验总结

通过这个案例的学习，相信读者已经掌握了"体积生成"生成器 与"体积网格"生成器 的使用方法。

⊙ 技术总结

使用"体积生成"生成器 与"体积网格"生成器 时，应注意各个对象层的层级关系不能出错，应该先使模型生成体积，再将体积转换为网格。

⊙ 经验分享

本例使用了新的建模原理，读者需要一定的时间去练习。案例中多次提到了布尔运算，是因为体积建模的思路非常像布尔建模的思路，但是前者更加灵活。

课外练习：制作螺丝模型

场景位置	无
实例位置	实例文件>CH03>课外练习19：制作螺丝模型.c4d
教学视频	课外练习19：制作螺丝模型.mp4
学习目标	熟练掌握体积网格生成器和体积生成生成器的使用方法

⊙ 效果展示

图3-69所示为本练习的效果图。

⊙ 制作提示

硬表面建模一直是建模设计的难点之一，现在有了用于体积建模的工具，机械零件的建模也变得简单了。这是一个螺丝零件模型的练习，注意每个物体的加减关系，制作流程如图3-70所示。

第1步，使用"立方体"工具和"圆柱"工具制作螺丝零件主体。

第2步，使用"圆柱"工具制作圆管的细节部分。

第3步，为圆管添加"体积生成"生成器和"体积网格"生成器。

第4步，增加模型的精度。

图3-69

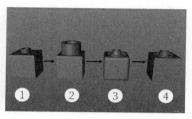

图3-70

实战 20 融球：制作水滴模型

场景位置	无
实例位置	实例文件>CH03>实战20 融球：制作水滴模型.c4d
教学视频	实战20 融球：制作水滴模型.mp4
学习目标	掌握融球生成器的使用方法

☐ 工具剖析

本例是主要使用"融球"生成器进行制作。

⊙ 参数解释

"融球"生成器的"属性"面板如图3-71所示。

重要参数讲解

外壳数值：设置融球效果的强度指数。

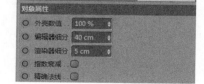

图3-71

编辑器细分、渲染器细分：编辑器和渲染器各自的模型细分数。数值越小，表示细分越多，模型越光滑。

⊙ 操作演示

工具：　　　位置：工具栏>实例>融球　　演示视频：20-融球.mp4

01 单击"球体"按钮在场景中创建两个球体，尺寸保持默认，然后将它们组合成图3-72所示的形状。

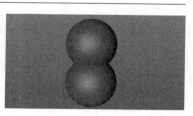

图3-72

02 单击"融球"按钮  为两个球体添加"融球"生成器，然后将"球体"对象层放入"融球"对象层的子级，这时两个球体融合，变成一个不规则球状，如图3-73所示。

03 可以看到模型十分粗糙，还需要将融合后的特点表现出来。在"对象"面板中选中"融球"对象层，然后设置"外壳数值"为200%，"编辑器细分"为5cm，如图3-74所示。这样不但解决了模型粗糙的问题，而且还让融球效果更加明显，这也是一种制作模型的思路。

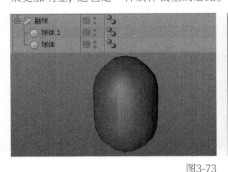

图3-73

图3-74

实战介绍

本例用"融球"生成器  制作水滴模型。

⊙ 效果介绍

图3-75所示为本例的效果图。

⊙ 运用环境

"融球"生成器  的使用方法非常简单，与体积建模的加法运算相似，但是它的限制比较大，一般用于球体之间的运算，如果换作别的物体，那么有可能会出现计算错误的情况。此外，由于"融球"生成器可以快速、高效地将多个球体融合在一起，并且球体相互之间的融合也是一种非常常见的视觉元素，因此经常用于广告宣传或海报展示中，如图3-76所示。

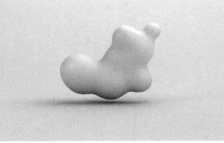

图3-75   图3-76

思路分析

在制作模型之前，需要对模型进行拆分，以便进行后续制作。

⊙ 制作简介

制作水滴模型非常简单，先用"球体"工具 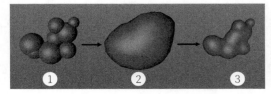 制作几个小球，再为其添加"融球"生成器  即可。注意最终效果和最初建立的模型尺寸有很大的关系。

⊙ 图示导向

图3-77所示为模型的制作步骤分解图。

图3-77

☐ 步骤演示

01 单击"球体"按钮 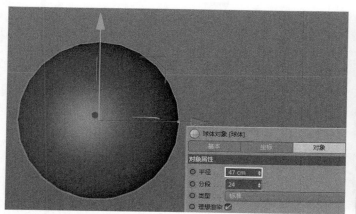 在场景中创建一个球体，然后设置"半径"为47cm，如图3-78所示。

02 选中步骤01制作的球体，并复制多个，然后移动并缩放至相应位置（位置和大小并不固定），大致效果如图3-79所示。

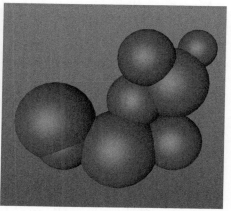

图3-78   图3-79

技巧与提示

当球体的数量变多后，融球的细节也会相应地增多。

03 单击"融球"按钮 为模型添加"融球"生成器，然后将所有的球体放至"融球"对象层的子级，如图3-80所示，效果如图3-81所示。

04 由于现在的模型过于粗糙，因此在"对象"面板中选中"融球"对象层，并设置"外壳数值"为300%，"编辑器细分"为3cm，"渲染器细分"为3cm，如图3-82所示。

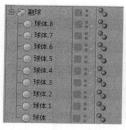      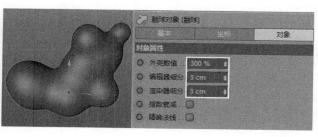

图3-80   图3-81   图3-82

技巧与提示

"外壳数值"的参数需要读者根据自己的模型来决定，该数值与球体的大小有非常大的关系，并非固定值。

☐ 经验总结

通过这个案例的学习，相信读者已经掌握了"融球"生成器 的使用方法。

⊙ 技术总结

通过"融球"生成器 制作的模型尽量调整得光滑一些，将细分参数可以调节得小一些。另外，在制作的过程中，"编辑器细分"的值可以适当大一些，避免制作时出现卡顿的情况。

⊙ 经验分享

"融球"生成器 的优势是能简单、快速地做出效果，内置的融球效果还可以制作很多不同的模型样式。但是它也有自己的局限性，那就是对除球体之外的模型的支持力度很小，但是在加入了体积建模后，可以使用体积建模的方式来解决这一问题。

课外练习：制作冰糖葫芦模型

场景位置	无
实例位置	实例文件>CH03>课外练习20：制作冰糖葫芦模型.c4d
教学视频	课外练习20：制作冰糖葫芦模型.mp4
学习目标	熟练掌握融球生成器的使用方法

⊙ 效果展示

图3-83所示为本练习的效果图。

⊙ 制作提示

这是一个冰糖葫芦模型的练习，制作流程如图3-84所示。

第1步，使用"球体"工具 ● 制作冰糖葫芦的大致形状。

第2步，为模型添加"融球"生成器 ● 。

第3步，调节参数，使模型变得更为精致。

 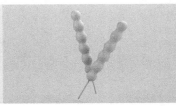

图3-83

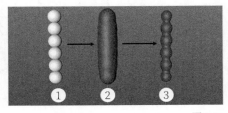

图3-84

实战 21
样条约束：制作橡皮泥字模型

场景位置	无
实例位置	实例文件>CH03>实战21 样条约束：制作橡皮泥字模型.c4d
教学视频	实战21 样条约束：制作橡皮泥字模型.mp4
学习目标	掌握样条约束变形器的使用方法

🔲 工具剖析

本例主要使用"样条约束"变形器 ● 进行制作。

⊙ 参数解释

"样条约束"变形器 ● 的属性面板如图3-85所示。

重要参数讲解

样条：用于放置目标样条。

导轨：通过样条控制模型的形状。

轴向：设置样条约束变形器的轴向。

强度：设置受变形器影响的强度。

偏移：设置偏离中心的距离。

起点、终点：设置起点和终点的百分比位置。

尺寸：通过样条控制模型的尺寸。

旋转：通过样条控制模型的旋转。

边界盒：调整变形器的整体尺寸。

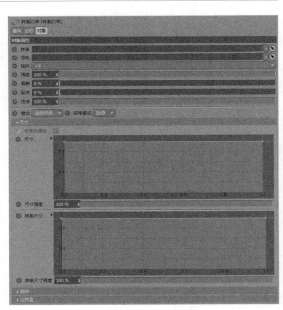

图3-85

技巧与提示

本例初次介绍变形器的使用方法，创建变形器后，视图窗口中会出现一个紫色的变形器边框，可以通过调整边框大小来控制模型的变换效果，变形器的变形框还有表示方向的箭头，用来指示变形器的方向。除此之外，变形器还有一个重要的作用，那就是在变形框内的模型才会受到变形器的作用，在变形框外的模型不会受到变形器的作用。

⊙ **操作演示**

工具： 样条约束　　位置：工具栏>扭曲>样条约束　　演示视频：21-样条约束.mp4

01 单击"胶囊"按钮 在场景中创建一个胶囊，单击"样条约束"按钮 为胶囊添加"样条约束"变形器，然后将"样条约束"对象层放置在"胶囊"对象层的子级，如图3-86所示。

02 这时模型还没有任何变化，需要通过样条来控制。单击"圆环"按钮 新建一个圆环，然后在"对象"面板中选中"样条约束"对象层，接着将"圆环"对象层拖曳到"样条约束"对象层的"样条"下拉列表框中，如图3-87所示，这时效果如图3-88所示。

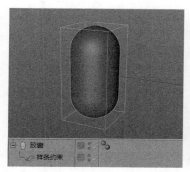 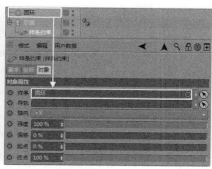 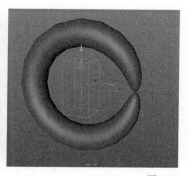

图3-86　　　　　　　　　　　　　　　　　　图3-87　　　　　　　　　　　　　　　　图3-88

技巧与提示

"样条约束"变形器 是变形器，所以必须放在对象的子级，同时还需要添加一个样条才能起到控制目标对象的作用，目标对象一般是模型。

实战介绍

本例使用"样条约束"变形器 制作橡皮泥字。

⊙ 效果介绍

图3-89所示为本例的效果图。

⊙ 运用环境

"样条约束"变形器 可以制作很多有趣、抽象的效果，如图3-90所示。

图3-89　　　　　　　　　　　　　　　　　　　　　　　　　图3-90

思路分析

在制作模型之前，需要对模型进行拆分，以便进行后续制作。

⊙ 制作简介

对橡皮泥字的造型进行分析，可以将橡皮泥字拆分为字体和橡皮泥形态两部分。字体部分的大致造型是通过"画笔"工具 创建的，而橡皮泥部分的造型则是通过"地形"工具 模拟的，当目标样条（字体）绘制完成后，为地形添加"样条约束"变形器 ，并对字体样条进行约束。

⊙ 图示导向

图3-91所示为模型的制作步骤分解图。

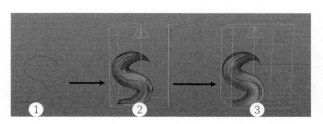

图3-91

步骤演示

01 单击"画笔"按钮 ，然后切换到正视图，绘制字母S的曲线，并将其命名为S，对象层名称及效果如图3-92所示。

02 单击"地形"按钮 在场景中创建一个地形，然后设置"尺寸"为160cm×230cm×160cm，得到图3-93所示的地形效果。

图3-92

图3-93

> ------ 技巧与提示 ------
> 将地形"尺寸"y轴的值设置得大一点，这样生成的模型细节会更加丰富。

03 单击"样条约束"按钮 为地形添加"样条约束"变形器，然后将"样条约束"对象层放置在"地形"对象层的子级，如图3-94所示。

04 在"对象"面板中选中"样条约束"对象层，然后将S对象层拖曳到"样条"下拉列表框中，并设置"轴向"为+X，接着将尺寸样条设置为图3-95所示的形状，效果如图3-96所示。

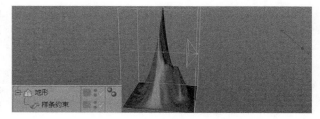

图3-94

05 由于目标对象是地形模型，表面略微粗糙，因此为其添加"细分曲面"生成器 ，然后将"地形"对象层放置在"细分曲面"对象层的子级，如图3-97所示。这时生成光滑的橡皮泥质感，最终效果如图3-98所示。

图3-97

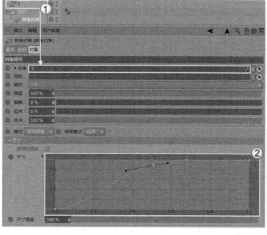

图3-95

图3-96

图3-98

中文版CINEMA 4D R20实战基础教程（全彩版）

□ 经验总结

通过这个案例的学习，相信读者已经掌握了"样条约束"变形器 ![样条约束] 的使用方法。

⊙ 技术总结

"样条约束"变形器 ![样条约束] 可以看作是高级版的"扫描"生成器 ![扫描]，但是却比后者更加灵活。与"扫描"生成器 ![扫描] 不同的是，"样条约束"变形器 ![样条约束] 是将已有的模型进行变形，所以在使用它时，必须要有相应的几何物体才能起作用。它们本质上都是"扫描"，对于复杂的扫描效果一般会使用"样条约束"变形器 ![样条约束] 来制作。

> **技巧与提示**
>
> "样条约束"变形器 ![样条约束] 的原理是作用于一个导轨和一个截面，导轨一般是一个样条，截面可以是一个模型。

⊙ 经验分享

"样条约束"变形器 ![样条约束] 不仅可以制作橡皮泥字，还有更多的功能等待读者探索。

课外练习：制作棱面空间样条模型 场景位置	无
实例位置	实例文件>CH03>课外练习21：制作棱面空间样条模型.c4d
教学视频	课外练习21：制作棱面空间样条模型.mp4
学习目标	熟练掌握样条约束变形器的使用方法及空间样条的制作思路

⊙ 效果展示

图3-99所示为本练习的效果图。

⊙ 制作提示

这是一个棱面空间样条模型的练习，其制作方法与案例类似，读者注意根据各自的效果来调节样条模型的形状，制作流程如图3-100所示。

第1步，使用"画笔"工具 ![画笔] 绘制一条顺滑的曲线。

第2步，使用"宝石"工具 ![宝石] 新建一个宝石，并为其添加"样条约束"生成器 ![样条约束]。

第3步，调节参数，使模型变为样条形状。为宝石添加"细分曲面"生成器 ![细分曲面]，使模型变得更为平滑。

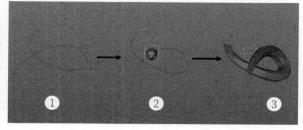

图3-99   图3-100

实战 22 **扭曲：制作扭曲的弹簧模型** 场景位置	无
实例位置	实例文件>CH03>实战22 扭曲：制作扭曲的弹簧模型.c4d
教学视频	实战22 扭曲：制作扭曲的弹簧模型.mp4
学习目标	掌握扭曲变形器的使用方法

□ 工具剖析

本例主要使用"扭曲"变形器 ![扭曲] 进行制作。

⊙ 参数解释

"扭曲"变形器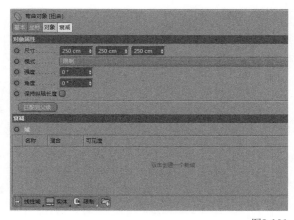的属性面板如图3-101所示。

重要参数讲解

尺寸：设置扭曲变形框的整体大小。

模式：扭曲的模式，包括"限制""框内""无限"等。其中"限制"是较为常用的模式，可以理解为设置了一个受影响的起点，但没有终点；"框内"表示在框内才会产生作用，可以理解为设置了一个起点和一个终点；"无限"可以理解为既没有起点，又没有终点。

强度：设置扭曲的最大弯曲强度。

角度：设置模型弯曲时弯曲的角度。

保持纵轴长度：勾选该选项后，保证被扭曲的模型在纵轴上不会被拉伸。

图3-101

衰减：效果器和生成器都有的属性，在这里可以通过添加域的方式来控制模型受影响的区域。这一部分暂时不做过多解说，在后面的案例中会有详细介绍。

⊙ 操作演示

工具：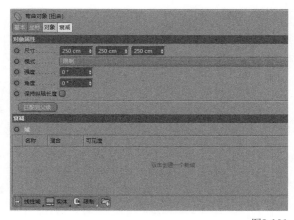　位置：工具栏>扭曲　演示视频：22-扭曲.mp4

01 单击"圆柱"按钮在场景中创建一个圆柱，单击"扭曲"按钮为圆柱添加"扭曲"变形器，然后将"扭曲"对象层放入"圆柱"对象层的子级，如图3-102所示。

02 在"对象"面板中选中"扭曲"对象层，在属性面板中单击"匹配到父级"按钮，即可立刻将变形器的长宽高和立方体的长宽高保持一致，如图3-103所示。

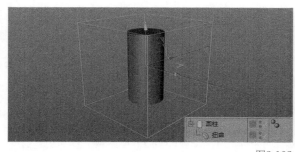

图3-102　　　　　　　　　　　　　　　　　　　图3-103

03 在"对象"面板中选中"扭曲"对象层，然后设置"强度"为60°，效果如图3-104所示，此时的圆柱并没有发生正常的扭曲变化。

04 模型没有发生扭曲，是因为纵向的分段不够多。选中"圆柱"对象层，然后设置"高度分段"为50，模型就发生扭曲了，效果如图3-105所示，这就是"扭曲"变形器的简单使用方法。

图3-104　　　　　　　　　　　　　　　　　　　图3-105

┌╌╌ **技巧与提示**

　　若出现了扭曲不明显的情况，一般是因为分段数设置的不够。

实战介绍

本例使用"扭曲"变形器 [图标] 制作扭曲海报。

⊙ 效果介绍

图3-106所示为本例的效果图。

⊙ 运用环境

"扭曲"变形器 [图标] 可以制作很多有趣、抽象的效果，如图3-107所示。

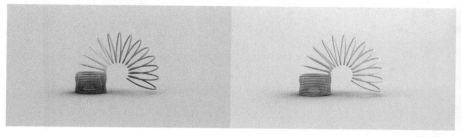 

图3-106   图3-107

思路分析

在制作模型之前，需要对模型进行拆分，以便进行后续制作。

⊙ 制作简介

本例制作一个扭曲海报，其中展示的是一种常见的弹簧玩具。这种模型的制作需要先使用"螺旋"工具 [图标] 制作大致的弹簧效果，然后通过"扭曲"变形器 [图标] 影响发生形变的部分，最后通过添加"扫描"生成器 [图标] 并结合"圆环"工具 [图标] 将其转换为圆环状的实体模型。另外，还要注意哪部分受到了变形器的影响，受到影响的部分才会发生形变。

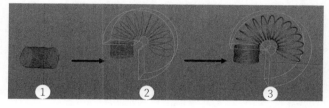

⊙ 图示导向

图3-108所示为模型的制作步骤分解图。

图3-108

步骤演示

01 单击"螺旋"按钮 [图标] 在场景中创建一个螺旋，然后设置"起始半径"为22cm，"终点半径"为22cm，"结束角度"为9000°，"高度"为60cm，"平面"为XZ，如图3-109所示。

02 单击"扭曲"按钮 [图标] 为创建的螺旋添加"扭曲"变形器，然后设置"尺寸"为60cm×40cm×50cm，"强度"为270°，将弹簧移动到图3-110所示的位置。这时弹簧的下半部分没有在紫色框内，将不受变形器的影响。

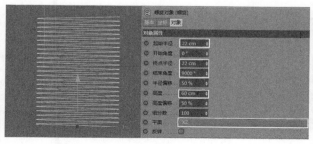 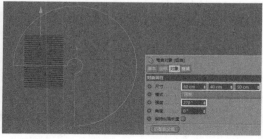

图3-109   图3-110

技巧与提示

这里不能使用"匹配到父级"功能，因为弹簧的一部分受影响，而另一部分不受影响。

第3章 运动图形与效果

77

03 在"对象"面板中将"扭曲"对象层放入"螺旋"对象层的子级,对象层位置及效果如图3-111所示。

04 单击"圆环"按钮 ⭕ 圆环 创建一个圆环样条,然后设置"半径"为1cm,如图3-112所示。

05 单击"扫描"按钮 ✐ 扫描 为模型添加"扫描"生成器,然后将"圆环"对象层和"螺旋"对象层放置在"扫描"对象层的子级,完成模型的制作,如图3-113所示。

图3-111

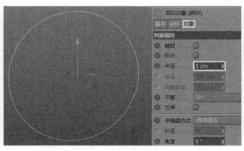
图3-112

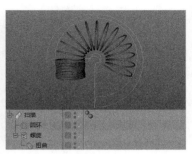
图3-113

> **技巧与提示**
>
> 如果没有得到图中所示的效果,那么就需要调节"扭曲"变形器的位置。

经验总结

通过这个的案例学习,相信读者已经掌握了"扭曲"变形器 ◎ 扭曲 的使用方法。

⊙ 技术总结

"扭曲"变形器 ◎ 扭曲 可以作用于多边形对象,如果要让它起到比较好的作用,那么多边形对象的布线必须是均匀的。另外,对象表面最好都是四边面,否则很容易出现扭曲后破面或达不到预期效果的情况。

⊙ 经验分享

在辅助建模的过程中,"扭曲"变形器 ◎ 扭曲 也能起到举足轻重的作用,它能够提高建模的效率,同时它的效果并非改变模型本身,所以也方便前期的制作和后期的修改。

课外练习:制作L形背景板模型	场景位置	无
	实例位置	实例文件>CH03>课外练习22:制作L形背景板模型.c4d
	教学视频	课外练习22:制作L形背景板模型.mp4
	学习目标	熟练掌握扭曲生成器的使用方法

⊙ 效果展示

图3-114所示为本练习的效果图。

⊙ 制作提示

这是一个L形板(也常作为打光的背景板)模型的练习,其制作方法与案例类似,都是模型的一部分受影响,而另一部分不受影响。但与案例不同的是,本练习是受两个变形器的影响,制作流程如图3-115所示。

第1步,使用"平面"工具 📄 平面 新建平面。

第2步,为平面添加"扭曲"变形器 ◎ 扭曲 影响一部分。

第3步,为平面再添加一个"扭曲"变形器 ◎ 扭曲 影响另一部分。

图3-114

图3-115

中文版CINEMA 4D R20实战基础教程(全彩版)

第 4 章
多边形建模技术

本章介绍CINEMA 4D R20的多边形建模技术。多边形建模技术的难度更大，操作也更加灵活，并且需要发散思维才能创建形态丰富的模型，这是仅使用基础建模技术达不到的。

本章技术重点

» 掌握多边形建模的方法

» 掌握挤压、倒角、分裂、优化、缝合、焊接和循环切割等相关建模命令

» 掌握多边形建模的建模原理

» 掌握复杂模型的建模思路与方法

实战 23
认识点、边和多边形模式

场景位置	无
实例位置	实例文件>CH04>实战23 认识点、边和多边形模式.c4d
教学视频	实战23 认识点、边和多边形模式.mp4
学习目标	掌握编辑多边形对象的方法

工具剖析

在学习编辑多边形之前，需要了解转换成可编辑多边形的知识。

⊙ 参数解释

想要编辑多边形，必须将模型转换为可编辑多边形。转换的方法很简单，只需要选中需要转换的模型，然后单击模式工具栏中的"转换为可编辑对象"按钮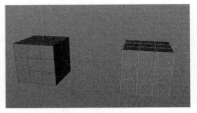（快捷键为C）即可，如图4-1所示。

图4-1

> **技巧与提示**
>
> 在"对象"面板中，转换为可编辑样条的模型会从模型图案变成可编辑图案，如图4-2所示。

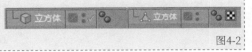

图4-2

转换成可编辑对象后，可用的操作模式有"点"模式、"边"模式和"多边形"模式3种，分别作用于多边形的点、边和多边形，如图4-3至图4-5所示。这3种模式可在左侧的模式工具栏中进行切换。

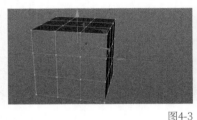  

图4-3 图4-4 图4-5

> **技巧与提示**
>
> 按Shift键并单击点、边或多边形可以进行加选，按Ctrl键并单击点、边或多边形可以进行减选。

⊙ 操作演示

工具： 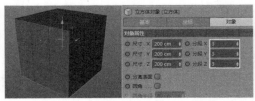 位置：模式工具栏>点、边和多边形　演示视频：23-认识点、边和多边形

01 单击"立方体"按钮 在场景中创建一个立方体，然后设置"分段X"为3，"分段Y"为3，"分段Z"为3，再按快捷键N+B将显示模式调整为"光影着色（线条）"模式，以便查看模型的分段，如图4-6所示。

02 参数化物体不可进行点、边和多边形层级下的操作，因此需要将其转换为可编辑多边形。单击"转换为可编辑对象"按钮（快捷键为C），将立方体转换为可编辑对象，然后进入"多边形"模式，选中顶面中心的一个面，如图4-7所示。

03 按住Ctrl键，然后将鼠标指针放在z轴（蓝色）并向上拖曳，完成面的挤压，如图4-8所示。

  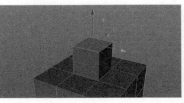

图4-6 图4-7 图4-8

> **技巧与提示**
>
> "挤压"工具 的快捷键是M+T，但是在平时的操作中，一般是按住Ctrl键，然后通过拖曳坐标轴使被选中的对象朝不同方向挤压，使用这种方式进行挤压会更加快捷，也更加灵活。

中文版CINEMA 4D R20实战基础教程（全彩版）

80

步骤演示

01 单击"立方体"按钮 在场景中创建一个立方体，然后设置"尺寸.X"为20cm，"尺寸.Y"为2cm，"尺寸.Z"为10cm；"分段X"为20，"分段Y"为2，"分段Z"为10，如图4-9所示。

02 按C键将创建的立方体转换为可编辑多边形，然后进入"多边形"模式 并选中最左边上方的两排面，如图4-10所示。

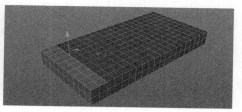

图4-9　　　　　　　　　　　　　　　　　　　　　　图4-10

---- 技巧与提示 ----

增加分段数是为了更加方便地调整模型，注意分段数不易设置得太大。

---

03 按住Ctrl键并将步骤02选中的两排面向上挤压8~10cm，如图4-11所示。

04 单击"实时选择"按钮 ，然后快速地选中图4-12所示的面。

05 按住Ctrl键，将步骤04选中的面向上挤压8~10cm，使其与步骤03所挤压的面保持在一个高度，效果如图4-13所示。

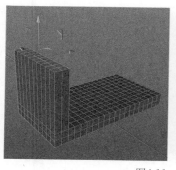
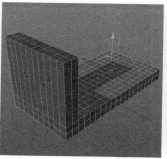
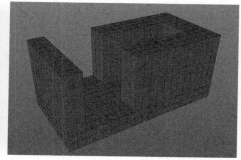

图4-11　　　　　　　　　　图4-12　　　　　　　　　　　　　　　　　图4-13

06 切换到"边"模式 ，激活"移动"工具 ，选中该模型中的所有边缘，如图4-14所示。

07 选中边缘后，单击鼠标右键选择"倒角"工具 ，然后在属性面板中设置"倒角模式"为"倒棱"，"偏移"为0.05cm，"细分"为4，得到图4-15所示的效果。

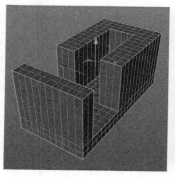
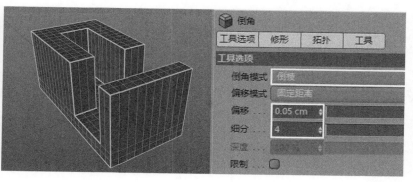

图4-14　　　　　　　　　　　　　　　　　　　　　　　　　　　图4-15

---- 技巧与提示 ----

激活"移动"工具 后，双击模型的边缘线条，可以选择整条连续的边。

08 单击"管道"按钮 ![管道] 在场景中新建一个圆管，然后设置"内部半径"为3cm，"外部半径"为5cm，"旋转分段"为100，"高度"为3cm，"方向"为+Z，然后将圆管移动到图4-16所示的位置。

09 新建一个立方体，然后设置"尺寸.X"为7cm，"尺寸.Y"为3cm，"尺寸.Z"为0.1cm，接着将它移动到图4-17所示的位置。

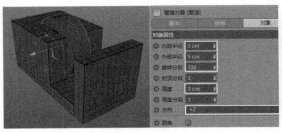

图4-16

图4-17

☐ 经验总结

通过这个案例的学习，相信读者已经掌握了编辑点、边和多边形的方法。将立方体转换为可编辑多边形，并编辑它的点、边和面可以制作出更加丰富、精致的造型。

参数化物体不支持"点""边"和"多边形"模式的编辑，因此参数化几何体需要转换为可编辑对象后才能够在"点""边"和"多边形"的模式下进行编辑。

实战 24	场景位置	无
多边形布线规则	实例位置	实例文件>CH04>实战24 多边形布线规则.c4d
	教学视频	实战24 多边形布线规则.mp4
	学习目标	掌握多边形布线规则

☐ 工具剖析

本例主要通过点、边和多边形模式下的右键菜单了解多边形的布线规则。

⊙ 参数解释

转换成可编辑多边形后，利用"点"模式、"边"模式和"多边形"模式对多边形进行布线，在相应的模式下单击鼠标右键，选择合适的工具可以改变多边形的形状。

"点"模式

在不同模式下，右键菜单的内容不相同，"点"模式下的右键菜单如图4-18所示。

桥接：将两个断开的点进行连接。

封闭多边形孔洞：将多边形孔洞直接封闭。

连接点/边：将选中的点或边相连。

多边形画笔：可以在多边形上连接任意的点、边和多边形。

线性切割：在多边形上分割新的边。

循环/路径切割：沿着多边形的一圈点或边添加新的边，是多边形建模中使用频率很高的工具之一。

倒角：对选中的点进行倒角生成新的边，也是多边形建模中使用频率很高的工具之一。

优化：优化当前模型。当倒角出现问题时，需要先优化模型，再进行倒角。

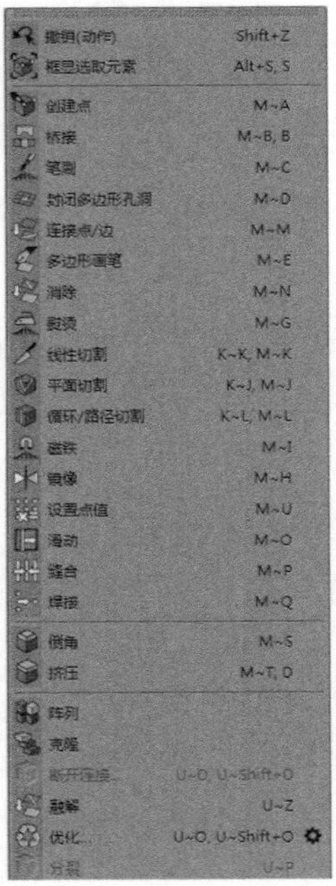

图4-18

82

"边"模式

"边"模式下的右键菜单如图4-19所示。

------ 技巧与提示 ------

   "边"模式下的菜单工具与"点"模式基本相同，这里不再赘述。

"多边形"模式

"多边形"模式下的右键菜单如图4-20所示。

挤压：将选中的面挤出或压缩，该工具是多边形建模中使用频率很高的工具之一。

内部挤压：向内挤压选中的多边形，该工具是多边形建模中使用频率很高的工具之一。

矩阵挤压：在挤压的同时缩放和旋转压出多边形，通过设置"步数"控制挤压的个数。

三角化：将选中的面变形为三角面。

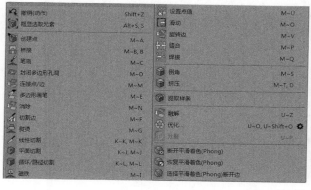

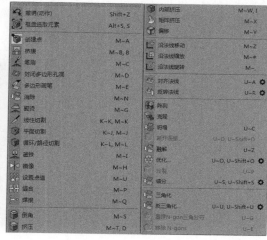

图4-19

图4-20

⊙ 操作演示

工具：点、边和多边形的右键菜单　　位置：点、边和多边形模式下右键菜单　　演示视频：24-多边形布线.mp4

01 单击"平面"按钮在场景中创建一个平面，然后设置"宽度"为400cm，"高度"为400cm，"宽度分段"为4，"高度分段"为4，如图4-21所示。

02 按C键将创建的平面转换为可编辑多边形，进入"多边形"模式并选中中间的4个面，然后激活"缩放"工具，再按住Ctrl键，使选中的面向内进行收缩，形成一个新的平面，如图4-22所示。注意观察此时平面上的线的分布，通常把线的分布称为"布线"。

03 在一个平面上产生新的物体。激活"移动"工具，按住Ctrl键，然后将鼠标指针放在y轴并向上拖曳，完成面的挤压，如图4-23所示。

图4-21

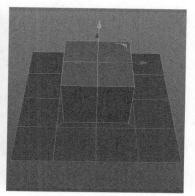

图4-22

图4-23

步骤演示

01 通过挤压和内部挤压形成一个新的平面后，进入"边"模式 ，然后激活"移动"工具 ，接着选中立方体的4条棱边，再单击鼠标右键选择"倒角"工具 ，设置"倒角模式"为"实体"，"偏移"为10cm，如图4-24所示。

02 图4-25中被圈起来的是立方体的4个顶角点，只需要连接还未处理完成的4条线段即可。

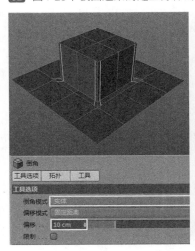

图4-24

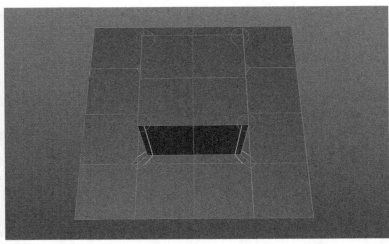

图4-25

------ 技巧与提示 ------

这一步操作看似对模型没有起到任何作用，但实际上影响了模型表面的布线，这就是通过细分曲面建模进行倒角的方式，和之前提到的建模方式有区别。

03 在场景中右击并选择"线性切割"工具 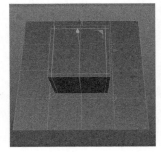，把顶端的4个角点连接起来，连接后会新增4条边，效果如图4-26所示。这一步非常关键，既是消除多边面，又是手动进行倒角的操作。

04 重复步骤03，继续手动完成倒角。在场景中右击并选择"循环/路径切割"工具 ，鼠标指针在模型上移动时产生白色的线，代表预览切割的效果，如图4-27所示。为生成的立方体切割上下两条边（包括未看见部分），如图4-28所示，单击表示确认切割。

------ 技巧与提示 ------

"线性切割"工具 的具体操作之后会进行详细介绍，可以简单地把它理解为连线的工具，需要注意的是每一段连线的起点和终点既可以是点，又可以是线。

图4-26

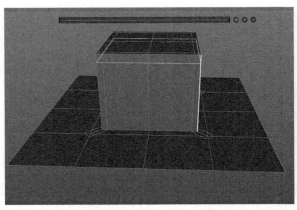

图4-27

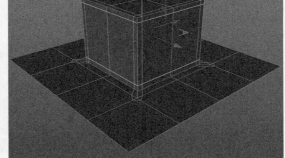

图4-28

------ 技巧与提示 ------

在大多数时候，倒角的制作是通过布线完成的，并不是通过"倒角"工具 完成的。

中文版CINEMA 4D R20实战基础教程（全彩版）

05 除去多余的线条，使模型的面尽可能由四边面组成。切换至"点"模式 ，选中角落的3个点，如图4-29所示，单击鼠标右键选择"焊接"工具 ，将鼠标指针放置在最上方的点上，单击完成点的焊接，如图4-30所示。其他3个角也都是同样的操作。

06 创建"细分曲面"生成器 ，然后将"平面"对象层放置在"细分曲面"对象层的子级，完成平滑模型的操作，如图4-31所示。

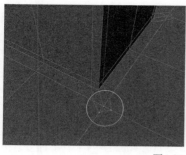 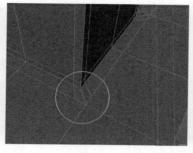 

| 图4-29 | 图4-30 | 图4-31 |

- - - - 技巧与提示 - - - -
操作点也就是在间接地操作线，这样所有的面就成了完整的四边面。

🔲 经验总结

通过这个案例的学习，相信读者已经掌握了多边形布线的知识。多边形布线在建模中是较为重要的知识点，即使是同样形态的模型，使用不同的布线方式也可能会得到截然不同的结果。例如，球体的标准布线和六面体的布线是同一种形态，但是是截然不同的两种布线模式（这两种模式在建模中各有优劣）。在多边形建模中，巧妙的布线方式可以为模型添加丰富多样的造型。

提到布线的方式就要讲述建模的两种方向，即硬边建模和细分曲面建模（指建模时添加"细分曲面"生成器 ）。硬边建模可以被看作是一种简单粗暴的建模方式，它不需要考虑模型表面布线是否均匀，建模速度较快，但是限制较多；细分曲面建模需要考虑模型表面布线是否均匀，且模型表面分布均为四边面更好，它的制作时间较长，但是可以制作大部分类型的模型。

实战 25
细分曲面：制作装饰气球模型

场景位置	无
实例位置	实例文件>CH04>实战25 细分曲面：制作装饰气球模型.c4d
教学视频	实战25 细分曲面：制作装饰气球模型.mp4
学习目标	掌握细分曲面生成器的使用方法及转换为高模的思路

🔲 工具剖析

本例主要使用"细分曲面"生成器 进行制作。

⊙ 参数解释

"细分曲面"生成器 的属性面板如图4-32所示。

重要参数讲解

类型：细分曲面的计算方式。默认为Catmull-Clark（N-Gons），采用不同的计算方式，布线和模型的形态会略有不同。

编辑器细分：显示的细分程度。

渲染器细分：最终渲染结果的细分程度。

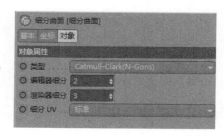

图4-32

⊙ **操作演示**

工具： ◎ 细分曲面   位置：工具栏>细分曲面   演示视频：25-细分曲面.mp4

01 单击"立方体"按钮 ◎ 立方体 在场景中新建一个立方体，按C键将其转换为可编辑多边形，使其具有灵活的线段，如图4-33所示。

02 单击"细分曲面"按钮 ◎ 细分曲面 为立方体添加"细分曲面"生成器，在"对象"面板中，将"立方体"对象层放置在"细分曲面"对象层的子级，场景中的立方体立刻变成球状，如图4-34所示。

03 在步骤02的基础上，制作一个带倒角的立方体。按Q键暂时隐藏"细分曲面"对象层，场景中会出现之前创建的立方体。选中"立方体"，在"边"模式 ◎ 下单击鼠标右键选择"循环/路径切割"工具 ◎ 循环/路径切割，选择立方体的一个角点，然后在它的x轴、y轴和z轴方向上各切割出3条循环线段，如图4-35所示。

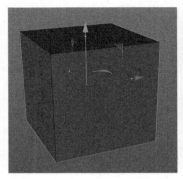
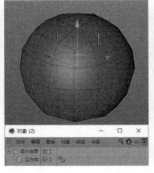
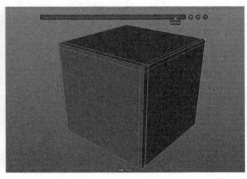

图4-33   图4-34   图4-35

04 按Q键显示"细分曲面"对象层，出现图4-36所示的效果，完成一个角的倒角。

05 剩下的角都是通过"循环/路径切割"工具 ◎ 循环/路径切割 增加线段来实现倒角，最终将立方体变形为球状的，如图4-37所示，左边的立方体为没有激活"细分曲面"生成器的效果，右边则是激活后的效果，仔细观察它们的布线方式和在形态上的差异。

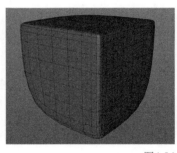

图4-36   图4-37

技巧与提示

线条越密集的地方，通过"细分曲面"生成器 ◎ 细分曲面 平滑的分段数也就越多，模型会显得更加"紧绷"。

实战介绍

本例用"细分曲面"生成器 ◎ 细分曲面 结合多边形建模思路制作装饰气球模型。

⊙ **效果介绍**

图4-38所示为本例的效果图。

图4-38

⊙ 运用环境

"细分曲面"生成器 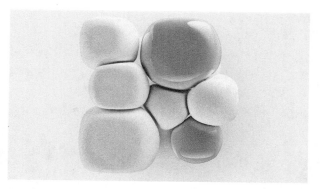 在建模的过程中非常常用，它常用于将任意网格生成光滑曲面，形成类似图4-39所示的效果。

图4-39

思路分析

在制作模型之前，需要对模型进行分析，以便进行后续制作。

⊙ 制作简介

本例的模型制作分为两部分，先是通过球体制作大体形状，然后添加"细分曲面"生成器 🔵 将其转换为"高模"。在制作模型之前，需要有制作"低面化"模型的思考能力，有了这样的思维方式，就可以通过调整点、边和多边形制作各种各样的模型。

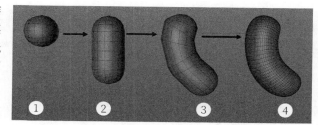

⊙ 图示导向

图4-40所示为模型的制作步骤分解图。

图4-40

步骤演示

01 单击"球体"按钮 ⬤ 球 在场景中新建一个球体，然后设置"分段"为12，"类型"为"六面体"，按C键将其转换为可编辑多边形，如图4-41所示。

02 切换至"边"模式 🔷，激活"移动"工具 🔧，双击位于球体中间的线段，选中这一循环边，如图4-42所示。

03 按快捷键U+F使用"填充选择"工具 🔧，选中球体下方的部分，此时球体下半部分所有的面被全部选中，如图4-43所示。

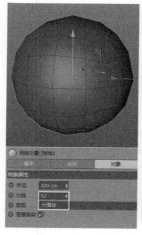

图4-41

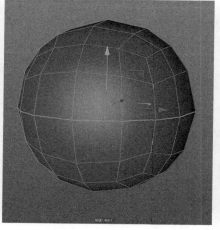

图4-42

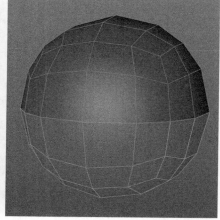

图4-43

04 按E键激活"移动"工具 ✛，然后将步骤03选中的部分向下移动，这样就产生了新的面，如图4-44所示。

05 为了在后期让模型调节起来更加方便，需要添加一条线段。切换至"边"模式 ◈，在场景中右击并选择"循环/路径切割"工具 循环/路径切割，然后在中间部分单击，这时出现新的线段，如图4-45所示。

06 在"对象"面板中，选中"循环/路径切割"对象层，设置"切割数量"为3，参数设置和效果如图4-46所示，这时的面被平均分成了3份。

图4-44　　　　　　　　　　图4-45　　　　　　　　　　　　　　　　　　　图4-46

07 切换为"多边形"模式 ▣，然后使用"框选"工具 ▨ 框选图4-47所示的面。

08 配合使用"移动"工具 ✛ 和"旋转"工具 ◎，将这些面调整至图4-48所示的位置。

09 使用"框选"工具 ▨ 选中图4-49所示的面，继续配合使用"移动"工具 ✛ 和"旋转"工具 ◎，将这些面调整至图4-50所示的位置。

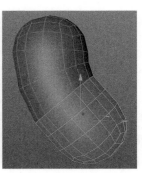

图4-47　　　　　　　　　图4-48　　　　　　　　　图4-49　　　　　　　　　图4-50

10 为球体添加"细分曲面"生成器 ◉ 细分曲面，然后在"对象"面板中将"球体"对象层放置在"细分曲面"对象层的子级，对象层位置和效果如图4-51所示，这样海报中的一个元素就完成了。其他元素的制作方法和这个元素的制作方法是一样的，这里不再赘述，制作完成后整个场景如图4-52所示。

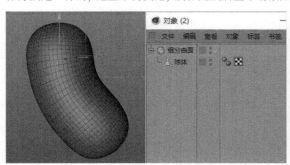
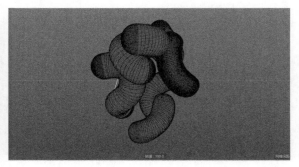

图4-51　　　　　　　　　　　　　　　　　　　　　　　　图4-52

┌─ 技巧与提示 ───
为模型添加"细分曲面"生成器 ◉ 细分曲面 后，并不表示制作结束了，之后还可以继续调整模型的点、边和多边形。建议在调整模型的点、边和多边形时，暂时隐藏"细分曲面"对象层，调整完成后再显示，这是为了方便观察"高模"和"低模"。
└──

经验总结

通过这个案例的学习，相信读者已经掌握了"细分曲面"生成器的使用方法。

⊙ 技术总结

"细分曲面"生成器的工作原理是在模型表面不断地添加细分，使模型更加圆润、光滑。

⊙ 经验分享

前面的案例都是针对立方体进行内部和外部挤压，本例是针对球体，可以看出球体在多边形建模中可发挥的空间非常大，但是注意最后要将制作的模型转换为"高模"。

课外练习：制作曲面融球模型	

场景位置	无
实例位置	实例文件>CH04>课外练习25：制作曲面融球模型.c4d
教学视频	课外练习25：制作曲面融球模型.mp4
学习目标	熟练掌握细分曲面生成器的使用方法

⊙ 效果展示

图4-53所示为本练习的效果图。

⊙ 制作提示

这是一个融球建模的练习，读者需要根据各自的效果来调整，注意本练习是向内进行挤压，制作流程如图4-54所示。

第1步，使用"球体"工具创建模型。

第2步，选中球体左边的所有面，并向内进行挤压。

第3步，为第2步创建的模型添加"细分曲面"生成器。

第4步，复制一个模型，将两个模型移动至合适的位置。

图4-53

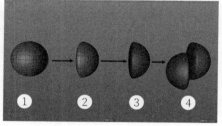
图4-54

实战 26 **优化：制作空气净化器模型**	

场景位置	无
实例位置	实例文件>CH04>实战26 优化：制作空气净化器模型.c4d
教学视频	实战26 优化：制作空气净化器模型.mp4
学习目标	掌握优化工具的使用方法

工具剖析

本例主要使用"优化"工具进行制作。

⊙ 参数解释

"优化"工具的属性面板如图4-55所示。

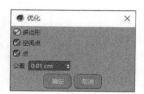
图4-55

重要参数讲解

多边形：被选中对象的多边形。

空闲点：未产生边或多边形的点。

点：所有的点。

公差：计算的公差值。

⊙ **操作演示**

工具： 优化   位置：点、边和多边形模式下右键菜单   演示视频：26-优化.mp4

01 单击"圆柱"按钮 在场景中创建一个圆柱体，按C键将其转换为可编辑多边形。切换至"点"模式 ，选中圆柱体顶端的一个点，使其向上移动，如图4-56所示。这时圆柱顶端周边这一圈点并没有连接在一起，需要通过"优化"工具 优化 进行点的连接。

02 切换到"点"模式 ，按快捷键Ctrl+A选中圆柱体中所有的点，如图4-57所示，然后单击鼠标右键选择"优化"工具 优化 。

03 完成优化操作后的模型在外观上看似没有变化，但是如果再去拖曳各个点，就会发现点和点之间的面被连接上了，如图4-58所示。

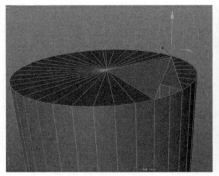  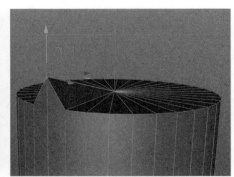

图4-56   图4-57   图4-58

◻ **实战介绍**

本例使用"优化"工具 优化 结合多边形建模思路制作空气净化器模型。

⊙ **效果介绍**

图4-59所示为本例的效果图。

⊙ **运用环境**

结合多边形建模技术，"优化"工具 优化 可用于将模型的点连接在一起，优化当前模型，以便进行倒角或细分等后续操作。图4-60中的产品就是使用"优化"工具 优化 制作的。

图4-59   图4-60

☐ 思路分析

在制作模型之前，需要对模型进行分析，以便进行后续制作。

⊙ 制作简介

本例制作一个以圆柱为基本形体的模型，然后逐渐过渡到产品的形态，在这个过程中必须使用"优化"工具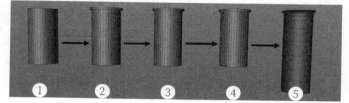才能使圆柱的点重合在一起。本例的建模方法与之前的建模方法如出一辙，都是通过内部和外部挤压得到形体。

⊙ 图示导向

图4-61所示为模型的制作步骤分解图。

图4-61

☐ 步骤演示

01 单击"圆柱"按钮 ▓▓，在场景中创建一个圆柱体，按C键将其转换为可编辑多边形。按快捷键Ctrl+A，在"点"模式 ▓ 下选中圆柱体中所有的点，如图4-62所示，然后单击鼠标右键选择"优化"工具 ▓▓。

02 切换为"多边形"模式 ▓，选中圆柱体的顶面，然后按住Ctrl键拖曳，使其向上挤压大约4cm，效果如图4-63所示。

03 按快捷键U+L使用"循环选择"工具 ▓▓▓▓，然后选择步骤02创建的侧边的所有面，通过"缩放"工具 ▓ 对其进行外部挤压，效果如图4-64所示。

图4-62

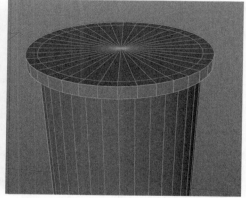
图4-63

图4-64

04 选中步骤03创建的顶面，同样使用"缩放"工具 ▓ 对其进行内部挤压，得到图4-65所示的模型。

05 选中步骤04创建的面，激活"移动"工具 ▓，将内部的面向下移动大约4cm，如图4-66所示。

06 在"边"模式 ▓ 下选中图4-67所示的边，然后单击鼠标右键选择"倒角"工具 ▓▓，设置"倒角模式"为"实体"，"偏移"为1cm。

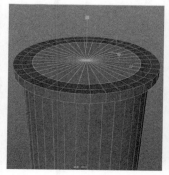
图4-65

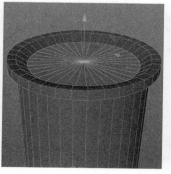
图4-66

图4-67

07 为圆柱添加"细分曲面"生成器  ，在"对象"面板中将"圆柱"对象层放置在"细分曲面"对象层的子级，完成模型的创建，最终效果如图4-68所示。

图4-68

🔲 经验总结

通过这个案例的学习，相信读者已经掌握了"优化"工具 的使用方法。

⊙ 技术总结

若模型无法进行倒角，或细分曲面后仍然不够光滑，大多数时候是因为点并未连接在一起，此时需要使用"焊接"工具 或"优化"工具 进行修复。

⊙ 经验分享

"优化"工具 使用的频率是比较高的，模型表面多余的点和重复的点都可以用它快速地进行删除。

<table>
<tr><td rowspan="4">课外练习：制作
简易耳塞模型</td><td>场景位置</td><td>无</td></tr>
<tr><td>实例位置</td><td>实例文件>CH04>课外练习26：制作简易耳塞模型.c4d</td></tr>
<tr><td>教学视频</td><td>课外练习26：制作简易耳塞模型.mp4</td></tr>
<tr><td>学习目标</td><td>熟练掌握优化工具的使用方法</td></tr>
</table>

⊙ 效果展示

图4-69所示为本练习的效果图。

⊙ 制作提示

这是一个耳塞模型的制作练习，制作流程如图4-70所示。

第1步，使用"球体"工具 制作模型轮廓。

第2步，删除模型下半部的面，然后使用"优化"工具 将点进行重合。

第3步，挤压出新的面，并且对底部的面进行封闭。

第4步，为模型添加"细分曲面"生成器 。

图4-69

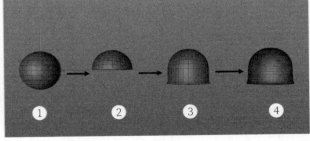

图4-70

<table>
<tr><td rowspan="5">实战 27
多边形画笔：制作
猫咪角色模型</td><td>场景位置</td><td>无</td></tr>
<tr><td>实例位置</td><td>实例文件>CH04>实战27 多边形画笔：制作猫咪角色模型.c4d</td></tr>
<tr><td>教学视频</td><td>实战27 多边形画笔：制作猫咪角色模型.mp4</td></tr>
<tr><td>学习目标</td><td>掌握多边形画笔工具的使用方法</td></tr>
</table>

🔲 工具剖析

本例主要使用"多边形画笔"工具 进行制作。

中文版CINEMA 4D R20实战基础教程（全彩版）

⊙ **参数解释**

"多边形画笔"工具  的属性面板如图4-71所示。

重要参数讲解

绘制模式：可以切换成"点""边""多边形"3种模式，使用"多边形画笔"工具时，会根据不同的位置自动进行切换，所以一般不需要设置。

带状四边形模式：画完3条边后，第4条边会自动连接并生成四边形。

自动焊接：在某些情况下，和"焊接"工具 是一样的效果，可以理解为简化的"焊接"工具 ，将点和点、边和边进行焊接。

⊙ **操作演示**

工具： 位置：菜单栏>网格>创建工具>多边形画笔

演示视频：27-多边形画笔.mp4

图4-71

01 按F4键切换到正视图，然后执行"网格>创建工具>多边形画笔"菜单命令，在场景中单击创建4个点，形成一个四边形，如图4-72所示。创建一条边后，该命令并没有结束，若执行相同的操作可以继续创建更多条边。

02 将鼠标指针移动到步骤01绘制的四边形的左下边，这时高亮显示被选中的边，按Ctrl键并拖曳即可完成线条的快速挤压，效果如图4-73所示。

┄┄ 技巧与提示 ┄┄

"多边形画笔"工具 十分特殊，它可以绘制新的点、边和多边形，并且可以在任意模式下使用，也可以在任意模式下对模型上的点、边和多边形进行任意编辑，它不受任何编辑模式的限制。

03 将鼠标指针移动到步骤02绘制的多边形的下端顶点处，然后拖曳该点，即可完成点的移动，将左下方的两个点移动到图4-74所示的位置。值得注意的是，这一操作可以在任何编辑模式下进行。

图4-72　　　　　　　　　　　图4-73　　　　　　　　　　　图4-74

┄┄ 技巧与提示 ┄┄

"多边形画笔"工具 可以充当挤压、切刀、滑动和缝合等工具，它是多边形建模中使用频率较高的工具之一。

04 在图4-75所示的位置，使用"多边形画笔"工具 绘制一个四边形。

05 将鼠标指针放置在底部四边形的左侧边缘，待高亮显示后，按Ctrl键将其拖曳到步骤03绘制的多边形的底部边缘，效果如图4-76所示。这一步相当于"缝合"工具 的作用。

图4-75　　　　　　　　　　　图4-76

┄┄ 技巧与提示 ┄┄

当"多边形画笔"工具 具有与"缝合"工具 同等的效果后，可以省去切换工具的步骤。

06 使用"多边形画笔"工具 多边形画笔，根据左半边的模型部分，一步一步地绘制右半边的模型，拼凑一个类似数字0的形状，如图4-77所示。

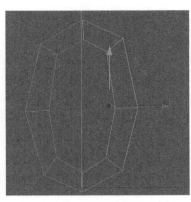

图4-77

> **技巧与提示**
>
> 与样条挤压的文字不同，使用"多边形画笔"工具 多边形画笔 制作的文字完全兼容变形器制作的变形动画，因此不会发生模型"撕裂"的错误现象。但是它的缺点也是显而易见的，那就是绘制的速度较慢，并且比较考验设计师建模时的布线能力。

07 将鼠标指针放在步骤06绘制的多边形的右上边处，待高亮显示后单击，即可为这条边上添加一个点，然后将鼠标指针移动到对面的边上再次单击，同样可以创建一个点，但此时"多边形画笔"工具 多边形画笔 会将这两个点连接起来形成一条新的边，如图4-78所示。这一步的作用等同于"线性切割"工具 线性切割 的作用。

08 将鼠标指针移动到步骤07新建的那条边上，然后按住Ctrl键单击，这条线就"消失"了，如图4-79所示。这一步的作用近似"消除"工具 消除。

> **技巧与提示**
>
> 与"消除"工具 消除 不同的是，使用"多边形画笔"工具 多边形画笔 删除的只是点和点之间的连线，但是绘制的点仍然在，如图4-80所示，而使用"消除"工具 消除 会将点和线一同消除。

图4-80

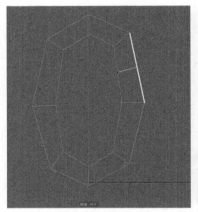

图4-78

图4-79

实战介绍

本例用"多边形画笔"工具 多边形画笔 结合多边形建模思路制作卡通猫咪模型。

⊙ 效果介绍

图4-81所示为本例的效果图。

⊙ 运用环境

结合多边形建模技术，使用"多边形画笔"工具 多边形画笔 创建不规则形体非常方便，它灵活多变，常用于卡通角色的创建，如图4-82所示。

图4-81

图4-82

思路分析

在制作模型之前，需要对模型进行分析，以便进行后续制作。

⊙ 制作简介

可以将模型角色分成头部、脸部、身体和四肢4个部分，逐一进行建模。本例制作的卡通形象非常简单，可通过简单几何体拼凑，但头部和身体部位需要结合多边形建模技术调整成合适的形态，个别部位的制作需要用到"多边形画笔"工具 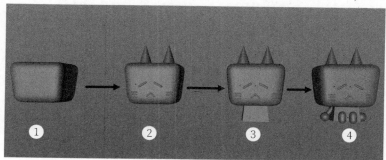。

⊙ 图示导向

图4-83所示为模型的制作步骤分解图。

图4-83

步骤演示

01 制作猫咪的头部。单击"立方体"按钮 在场景中新建一个立方体，按C键将创建的立方体转换为可编辑对象。进入"点"模式 ，然后选择"框选"工具 ，再选中立方体底部的4个点，激活"缩放"工具 ，将立方体底部的4个点缩小至图4-84所示的效果。

02 在"点"模式 或"边"模式 下，在场景中右击并选择"线性切割"工具 ，然后在立方体模型上增加线，切割为图4-85所示的效果（建议将每条边平均切割成3份），便于接下来进行倒角。

03 按住Alt键的同时为立方体添加"细分曲面"生成器 ，对创建的模型进行细分曲面处理，生成图4-86所示的平滑模型。

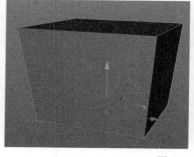
图4-84

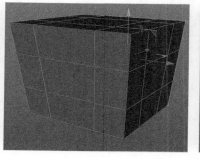
图4-85

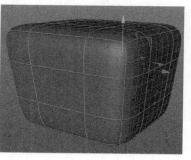
图4-86

04 制作猫咪的耳朵。单击"圆锥"按钮 新建两个圆锥，然后设置"底部半径"为24cm，"高度"为74cm，"旋转分段"为100，分别移动至图4-87所示的位置。

05 制作猫咪的眼睛。单击"胶囊"按钮 新建两个胶囊，设置"半径"为3.5cm，"高度"为33cm，"高度分段"为16，"封顶分段"为16，"旋转分段"为100，分别移动至图4-88所示的位置。

图4-87

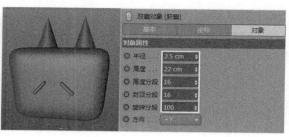
图4-88

第4章 多边形建模技术

95

06 制作猫咪的胡须。再次新建一个胶囊，设置"半径"为2.5cm，"高度"为22cm，"高度分段"为16，"封顶分段"为16，"旋转分段"为100，如图4-89所示。将新建好的"胶囊"移动复制5个，分别移动到图4-90所示的位置。

07 制作猫咪的鼻子。在"点""边"或"多边形"模式下，在正视图中右击并选择"多边形画笔"工具 绘制4个点，形成图4-91所示的四边形。

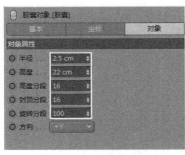

图4-89   图4-90   图4-91

------- 技巧与提示 -------
因为随意绘制的四边形没有办法完全对称，所以只需在视觉上对称即可。

08 在"多边形"模式下，在场景中右击并选择"挤压"工具，挤压大约20cm，如图4-92所示。

09 切换回"模型"模式，将创建的鼻子移动到图4-93所示的位置。

10 制作猫咪的嘴巴。新建两个胶囊，并设置"半径"为2.5cm，"高度"为22cm，"高度分段"为16，"封顶分段"为16，"旋转分段"为100，将两个胶囊分别移动到图4-94所示位置。

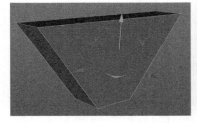
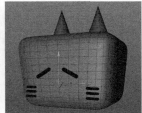
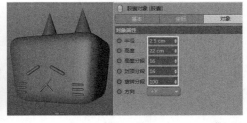

图4-92   图4-93   图4-94

------- 技巧与提示 -------
在"模型"模式下，能在视图窗口中快速地选中每一个单独的对象，比在"对象"面板中去找对象所在的图层更加便捷。

11 制作猫咪的身体。新建一个立方体，按C键转换为可编辑对象，然后缩小顶部的4个点，完成身体的制作，如图4-95所示。

12 制作猫咪的手臂。新建一个圆柱体，然后设置"半径"为8cm，"高度"为35cm，"旋转分段"为100，完成后再复制一个，将其移动至图4-96所示位置。

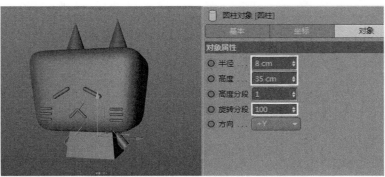

图4-95   图4-96

13 制作猫咪的手。新建一个球体，然后设置"半径"为16cm，"分段"为100，完成后再复制一个，将其移动至图4-97所示的位置。

14 制作猫咪的脚。新建一个胶囊，然后设置"半径"为13cm，"高度"为41cm，完成后再复制一个，将其移动至图4-98所示位置。

图4-97

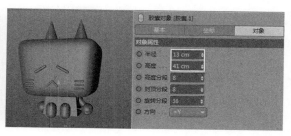
图4-98

经验总结

通过这个案例的学习，相信读者已经掌握了"多边形画笔"工具 █多边形画笔 的使用方法。

⊙ 技术总结

同"画笔"工具 █画笔 一样，使用"多边形画笔"工具 █多边形画笔 也能自由地绘制图形，只不过"画笔"工具 █画笔 不能在任意编辑模式下自由地绘制多边形，因此灵活使用"多边形画笔"工具 █多边形画笔 可以大幅缩减建模时间。

⊙ 经验分享

角色建模的练习有利于掌握多边形建模的原理。

课外练习：制作小鱼角色模型	场景位置	无
	实例位置	实例文件>CH04>课外练习27：制作小鱼角色模型.c4d
	教学视频	课外练习27：制作小鱼角色模型.mp4
	学习目标	熟练掌握多边形画笔工具的使用方法

⊙ 效果展示

图4-99所示为本练习的效果图。

⊙ 制作提示

这是一个小鱼卡通角色模型的制作练习，分为身体、表情、鱼鳍、鱼翅和鱼尾5个部分，制作流程如图4-100所示。

第1步，使用"球体"工具 █球体 并结合"多边形画笔"工具 █多边形画笔 制作身体外形轮廓。

第2步，使用"胶囊"工具 █胶囊 和"圆环"工具 █圆环 制作表情，然后结合"多边形画笔"工具 █多边形画笔 刻画细节。

第3步，使用"胶囊"工具 █胶囊 制作鱼翅。

第4步，使用"球体"工具 █球体 制作鱼鳍；使用"胶囊"工具 █胶囊 制作鱼尾。

图4-99

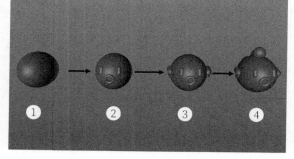
图4-100

场景位置	无
实例位置	实例文件>CH04>实战28 分裂：制作卡通森林模型.c4d
教学视频	实战28 分裂：制作卡通森林模型.mp4
学习目标	掌握分裂工具的使用方法

工具剖析

本例主要使用"分裂"工具 ⬛分裂 进行制作。

⊙ 参数解释

"分裂"工具 ⬛分裂 是将模型中的点、边和多边形分离出来的工具，被分裂的对象会单独生成一个对象层，而原始图层不会产生任何变化，方便在建模后期处理模型的表面。"分裂"工具 ⬛分裂 暂无"属性"面板。

⊙ 操作演示

工具：⬛分裂 　位置：菜单栏>网格>命令>分裂　演示视频：28-分裂.mp4

01 单击"立方体"按钮 ⬛立方体 在场景中创建一个立方体，按C键将其转换为可编辑对象。想要分裂这个多边形的顶面，直接复制粘贴是不行的，需要在"多边形"模式 ⬛ 下选中立方体的顶面，然后单击鼠标右键选择"分裂"工具 ⬛分裂，这时在"对象"面板中新增了一个对象层，这个新增的对象层就是分裂出来的顶面，参数及效果如图4-101所示。

02 在"多边形"模式 ⬛ 或"模型"模式 ⬛ 下，选中新增的"立方体.1"对象层，将其向上移动100cm，如图4-102所示。

03 "分裂"工具 ⬛分裂 并不会对原来的模型进行任何修改，如果在原来的模型上不需要这个面，那么需要对它进行删除。选中立方体模型，在"多边形"模式 ⬛ 下按Delete键删除顶面，完成面的分裂，如图4-103所示。

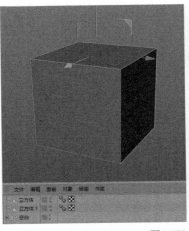

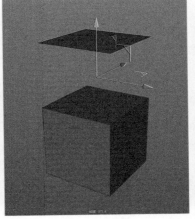

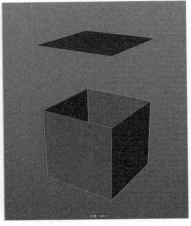

图4-101　　　　　　　　　　图4-102　　　　　　　　　　图4-103

> **技巧与提示**
> "分裂"工具 ⬛分裂 的用法是比较简单的，但是需要注意观察对象栏中新增的对象是哪一个。

实战介绍

本例使用"分裂"工具 ⬛分裂 结合多边形建模思路制作卡通森林模型。

⊙ 效果介绍

图4-104所示为本例的效果图。

⊙ 运用环境

结合多边形建模技术，"分裂"工具 ⬛分裂 也可以制作低面风格模型，如图4-105所示。由于低面风格更追求使用简洁的面，因此与细分曲面建模的原理略有不同。

图4-104

图4-105

思路分析

在制作模型之前，需要对模型进行分析，以便进行后续制作。

⊙ 制作简介

植物模型之前也创建过，制作本例低面植物模型，需要先使用"多边形画笔"工具 ![多边形画笔] 创建所有的模型，但若需要把大树的树干和树叶分开，就需要使用"分裂"工具 ![分裂] 。

⊙ 图示导向

图4-106所示为模型的制作步骤分解图。

图4-106

步骤演示

01 制作底层树叶。执行"网格>创建工具>多边形画笔"菜单命令，按F2键切换至顶视图，绘制图4-107所示的多边形。

02 切换至透视视图，在"边"模式 ![边] 下选中所有的边，向上挤压大约20cm，形成新的面，如图4-108所示。

03 激活"缩放"工具 ![缩放] ，选中模型顶部的边，然后向内缩放至图4-109所示的位置，卡通树底层的树叶就制作好了。

图4-107

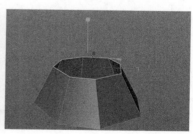

图4-108

图4-109

04 制作中间层的树叶。选中模型顶部的轮廓边，挤压出新的面，如图4-110所示。

05 激活"移动"工具 ![移动] ，选中步骤04创建的轮廓边，然后向下移动大约20cm的距离，如图4-111所示。

06 选中步骤05创建的轮廓边，按照同样的方式向上挤压约30cm，至图4-112所示的位置。

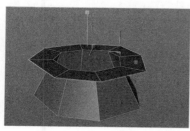

图4-110

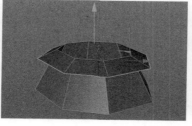

图4-111

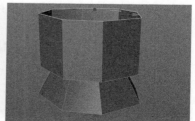

图4-112

07 选中模型顶部的轮廓边,激活"缩放"工具 🖸,将顶部的边往内部收缩一点,中间层的树叶就制作完成了,如图4-113所示。

08 顶层的树叶也是同样的制作方式。使用"移动"工具 🕂 向上挤压大约30cm,效果如图4-114所示。

09 对顶层的树叶进行封顶。选中顶部一圈循环边,激活"缩放"工具 🖸,按住Shift键进行缩放,这时模型的顶端将以10%的幅度缩小,直至缩小至0%,如图4-115所示。

 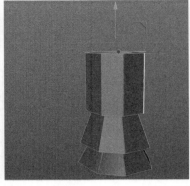 

图4-113　　　　　　　　　　图4-114　　　　　　　　　　图4-115

10 制作树干部分。选中底部一圈循环边。在"多边形"模式 🔲 下,向内部收缩成图4-116所示的面。

11 激活"移动"工具 🕂,选中底部的循环边向下挤压大约80cm,如图4-117所示,低面风格树模型就创建完成了。

12 切换到"边"模式 📗,激活"移动"工具 🕂,双击树干和树叶底部相交的这条循环边,如图4-118所示。

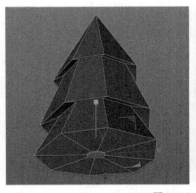  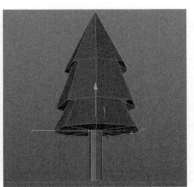

图4-116　　　　　　　　　　图4-117　　　　　　　　　　图4-118

---- 技巧与提示 ----
　　想要模型的形态更加自然,还需要在"点"模式 下进行细微的调节。
- -

13 将树干和树叶的部分进行分离。按快捷键U+F使用"填充选择"工具 🔳,选中树干下方所有的面(树干和树叶底部相交的循环边除外),如图4-119所示。

14 按快捷键U+P使用"分裂"工具 分裂,然后将新创建的对象层命名为"树干",原来的对象层命名为"树叶",如图4-120所示。

图4-119　　　　　　　　　　图4-120

15 为了在渲染时便于进行材质赋予,需要将树叶层中被选中的面删除,完成树叶和树干的分离,如图4-121所示。

16 将制作的卡通植物复制多个,然后按照个人喜好将其进行摆放,制作完成后的场景如图4-122所示。

图4-121

图4-122

经验总结

通过这个案例的学习,相信读者已经掌握了"分裂"工具 ■分裂 的使用方法。

⊙ 技术总结

在建模的过程中可以先不考虑模型需不需要单独进行分离。

⊙ 经验分享

在建立或搭建低面风格的场景时,需要联想现实生活中的场景,然后将实际的物体或场景在大脑中进行"低面化"处理。如果模型相对复杂(如汽车、人物和动物等),那么在建模之前,可能还会通过手绘构建"低面化"后模型可能的样子。

<table>
<tr><td rowspan="4">课外练习:制作蛋卷模型</td><td>场景位置</td><td>无</td></tr>
<tr><td>实例位置</td><td>实例文件>CH04>课外练习28:制作蛋卷模型.c4d</td></tr>
<tr><td>教学视频</td><td>课外练习28:制作蛋卷模型.mp4</td></tr>
<tr><td>学习目标</td><td>熟练掌握分裂工具的使用方法</td></tr>
</table>

⊙ 效果展示

图4-123所示为本练习的效果图。

⊙ 制作提示

本练习是低面风格模型的另一种建立方法,同样需要使用"分裂"工具 ■分裂 进行分裂,制作流程如图4-124所示。

第1步,使用"圆盘"工具 ●圆盘 生成初始形态。

第2步,将圆盘转变为可编辑对象并向下挤压,形成新的面。

第3步,对边进行缩放与复制、挤压等操作。

第4步,使用"分裂"工具 ■分裂 将下半部分和上半部分分离,并将多余的面删除。

图4-123

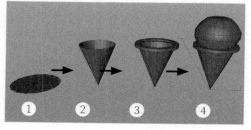

图4-124

实战 29
循环/路径切割、线性切割:制作魔镜模型

场景位置	无
实例位置	实例文件>CH04>实战29 循环/路径切割、线性切割:制作魔镜模型.c4d
教学视频	实战29 循环/路径切割、线性切割:制作魔镜模型.mp4
学习目标	掌握循环/路径切割工具和线性切割工具的使用方法

☐ 工具剖析

本例主要使用"循环/路径切割"工具 循环/路径切割
和"线性切割"工具 线性切割 进行制作。

⊙ 参数解释

①"循环/路径切割"工具 循环/路径切割 的属性
面板如图4-125所示。

重要参数讲解

模式:有"循环"和"路径"两种,前者是新
增一条循环线,后者可以根据指定的路径新增
一条线段。图4-126所示是两种模式的效果。

偏移模式:有"比率"和"边缘距离"两
种,"比率"是延续了之前每根线段的曲率,
不偏移,"边缘距离"则是按照等距的方式进
行偏移。图4-127所示是两种模式的效果。

偏移、距离:前者是以百分比为单位进行
偏移,后者是以厘米为单位进行偏移。

切割数量:增加切割的数量。

②"线性切割"工具 线性切割 的属性面板如图4-128所示。

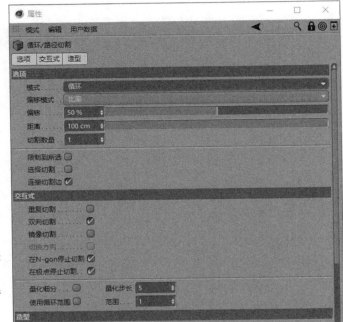

图4-125

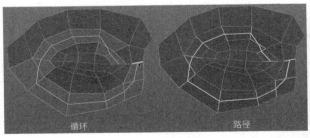

图4-126

图4-127

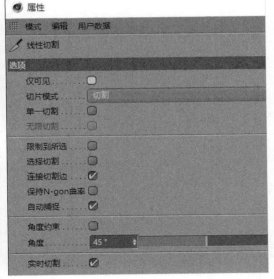

图4-128

重要参数讲解

仅可见:勾选表示仅切割可见部分,不勾选则表示切割部分包括不可见的部分。

技巧与提示

需要注意"仅可见"参数,一般使用"线性切割"工具 线性切割 时,常在三视图中进行操作,避免有偏角误差。

⊙ 操作演示

工具：[演环/路径切割] 和 [线性切割]　　位置：菜单栏>网格>创建工具>循环/路径切割、线性切割　　演示视频：29-循环/路径切割、线性切割.mp4

01 单击"立方体"按钮 [立方体] 在场景中创建一个立方体，按C键将其转换为可编辑对象。在"点""线"或"多边形"模式下，在场景中右击并选择"循环/路径切割"工具 [循环/路径切割]，将鼠标指针移动到立方体的表面，此时会有一条白色的线出现，顶部还会出现一个工具条，如图4-129所示。

02 单击就可以将原本白色的线条转换为真正的线条，这就是创建循环边的方法，如图4-130所示。创建完一条循环边后，该命令并没有结束，若执行相同的操作可以继续创建更多条循环边。

03 顶部的工具条对应的就是目前这一条循环边所处的位置，双击数字可以手动输入位置，如图4-131所示。

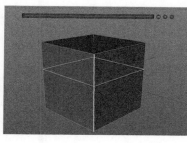

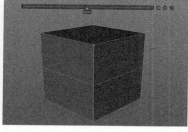

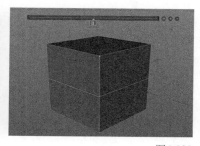

图4-129　　　　　　　　　　　图4-130　　　　　　　　　　　图4-131

> **技巧与提示**
> 这个工具条可以查看目前被切割了多少次，以及每一条被切割的线在什么位置。

04 在属性面板中，也可以增加切割的数量，同时还可以修改被切割数量的相应位置，如切割3次后，应当是图4-132所示的效果。

05 "线性切割"工具 [线性切割] 又称"切刀"工具（英文名称是Line Cut），其作用与"循环/路径切割"工具 [循环/路径切割] 非常相似，但是它的使用方式更为灵活。它不能用来创建循环边，但是可以在任意位置、任意方向进行切割。场景中有一个默认的立方体，被转换成了可编辑对象，按F3键切换至右视图，如图4-133所示。

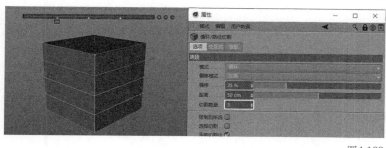

图4-132　　　　　　　　　　　　　　　　　　　　　图4-133

06 在立方体的左侧单击一下，如图4-134所示代表已经确立了切割线的起点。

07 确定终点只需要选中合适的位置后，再次单击，若要切割直线，那么需要按住Shift键，由于此时并未勾选"仅可见"选项，因此模型的不可见位置也将被切割，如图4-135所示。

图4-134　　　　　　　　　　　　　　　　　　　　　图4-135

08 从图4-136可看到在立方体上的两条线中，上面的线是没勾选"仅可见"选项的结果，下面的线是勾选了"仅可见"选项的结果。因此在切割之前一定要确认是否勾选了"仅可见"选项，勾选与不勾选切割出来的结果是完全不同的。

图4-136

实战介绍

本例使用"循环/路径切割"工具 循环/路径切割 和"线性切割"工具 线性切割 结合多边形建模思路制作魔镜模型。

⊙ 效果介绍

图4-137所示为本例的效果图。

⊙ 运用环境

结合多边形建模技术，"循环/路径切割"工具 循环/路径切割 和"线性切割"工具 线性切割 是通过添加线段的数量，从而改变模型表面的布线方式，达到优化布线的目的。简而言之，就是为模型增加线段（前者是增加循环线段，后者是增加自由线段）。图4-138所示就是使用切割工具制作的创意效果图。

图4-137　　　　　　　　　　图4-138

思路分析

在制作模型之前，需要对模型进行拆分，以便进行后续制作。

⊙ 制作简介

魔镜模型的创建思路是将一个镜子分割成多个，然后将部分镜子进行位移。因此切割是通过"循环/路径切割"工具 循环/路径切割 和"线性切割"工具 线性切割 完成的，实现位移则需要"分裂"工具 分裂 将其分裂成多个对象。注意镜子的制作方式，它是使用"矩形"工具 矩形 和"圆环"工具 圆环 结合"扫描"生成器 扫描 和"挤压"生成器 挤压 制作的。转换为可编辑对象后，还需要使用"连接对象+删除"工具 连接对象+删除 将挤压产生的两个封顶进行合并。

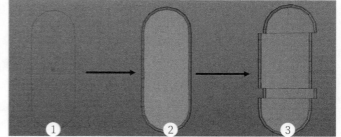

⊙ 图示导向

图4-139所示为模型的制作步骤分解图。

图4-139

步骤演示

01 单击"矩形"按钮 矩形 在场景中创建一个矩形，设置"宽度"为150cm，然后勾选"圆角"选项，接着设置"半径"为75cm，"点插值方式"为"统一"，"数量"为3，参数设置及效果如图4-140所示。

02 单击"圆环"按钮 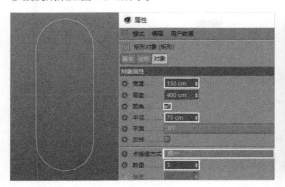 新建一个圆环，然后设置"半径"为4.8cm，"点插值方式"为"统一"，"数量"为1，参数及效果如图4-141所示。

图4-140

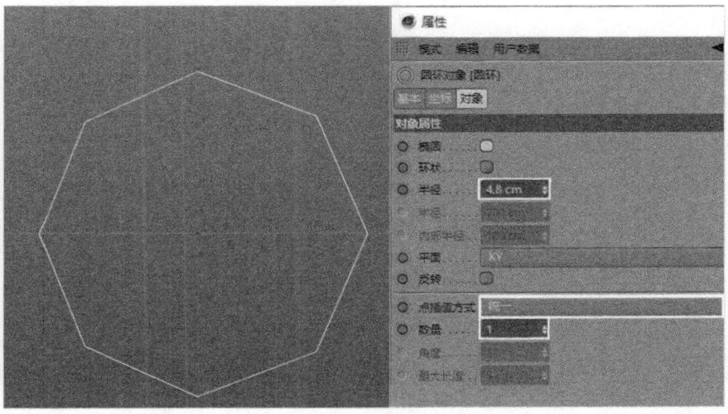

图4-141

> **技巧与提示**
> 　　将"数量"参数降低为3是为了生成的模型不会有太多的分段数。

> **技巧与提示**
> 　　将"点插值方式"设置为"统一"是为了生成模型后的布线相对均匀。

03 创建"扫描"生成器 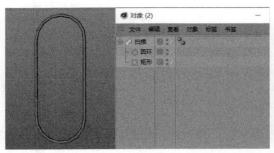，然后将"矩形"对象层和"圆环"对象层放置在"扫描"对象层的子级，使其快速生成"低模"，效果如图4-142所示。

04 复制一个"矩形"对象层，然后创建"挤压"生成器 ，将新复制的矩形放置在"挤压"对象层的子级，接着选中"挤压"对象层，在属性面板中设置"移动"的第3个参数为2cm，参数设置及效果如图4-143和图4-144所示。

图4-142　　　　　　　　　图4-143 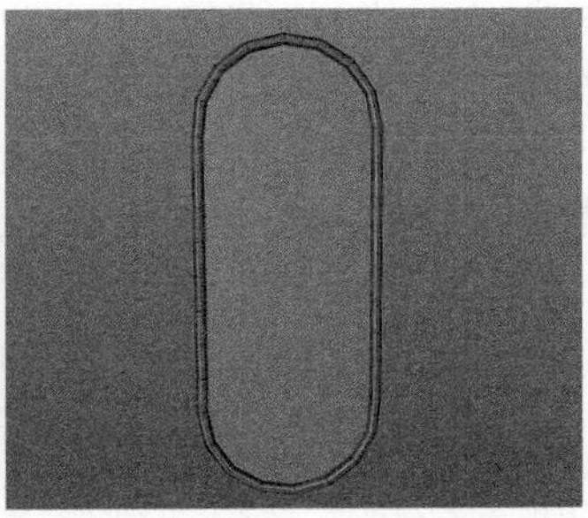　　　　　　　　　　　　图4-144

05 按C键分别将"扫描"对象层和"挤压"对象层转换为可编辑对象，这时"挤压"对象层的子级还有模型，是挤压对象的两个封顶被单独分离出来的。选中"挤压"对象层中的子级和父级并右击，如图4-145所示，单击鼠标右键选择"连接对象+删除"工具  进行合并，此时的"对象"面板如图4-146所示。

06 同时选择"挤压"和"扫描"两个对象层（这一步非常重要），如图4-147所示。切换至正视图，在"边"模式 下，在场景中右击并选择"线性切割"工具 ，接着在属性面板中取消勾选"仅可见"选项，绘制一条线，如图4-148所示。

图4-145 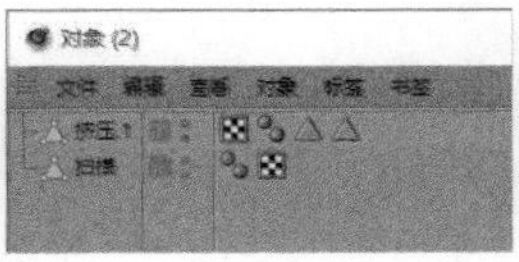　　　　　　　图4-146 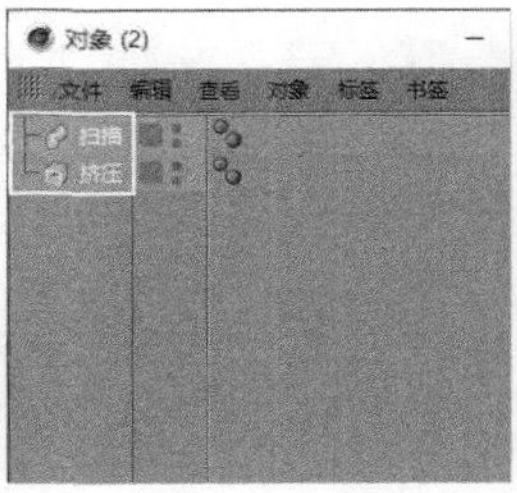　　　　　　　图4-147

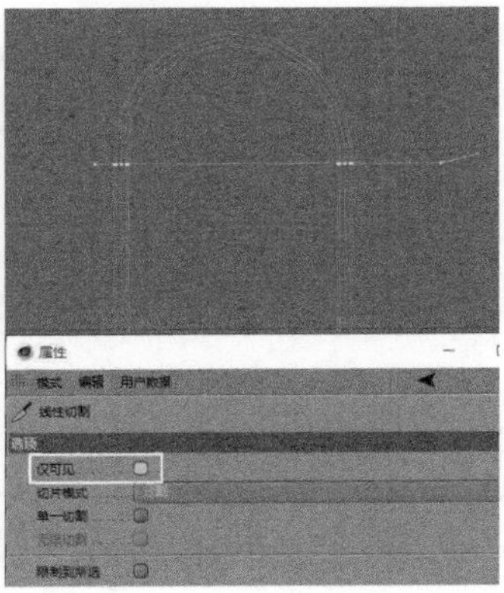

> **技巧与提示**
> 　　"连接对象+删除"工具 类似Photoshop中的合并图层命令。同时，被合并的层会多出来两个选级，虽然两个封顶已经被合并为一个对象层，但是仍然可以通过这两个选级选择它们。

图4-148

07 有了这条新增的线，就可以选中上半部分的面了。切换至"多边形"模式■，按Esc键退出"线性切割"状态，然后使用"框选"工具■框选切割线以上所有的面并单击鼠标右键选择"分裂"工具■ 分裂，接着按Delete键将多余的面删除，如图4-149所示。与此同时，分裂出了两个未被选中的新对象层，如图4-150所示。

08 选中新分裂出来的两个对象层，分别命名为"分裂。挤压"和"分裂。扫描.1"，然后切换至"模型"模式■，将上半部分向左移动30cm，如图4-151所示。

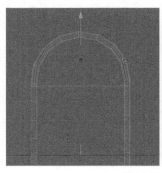
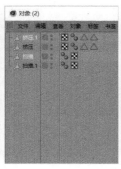
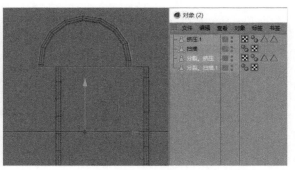

图4-149　　　　　　　图4-150　　　　　　　　　　　　　　　　图4-151

技巧与提示

　分裂出来的面会产生新的对象层，原来对象层中的面需要删除。

------

09 下半部分仍按照同样的方式使用"线性切割"工具■ 线性切割 进行切割，这一次切割两条线，两条切割线大概相隔50cm。切割方式如图4-152所示，然后取消勾选"仅可见"选项。

10 按Esc键退出"线性切割"状态。切换为"多边形"模式■，然后选择切割框内的面，并单击鼠标右键选择"分裂"工具■ 分裂，接着按Delete键删除重复的面，将新创建的两个对象层分别命名为"分裂2。挤压"和"分裂.1"，如图4-153所示。

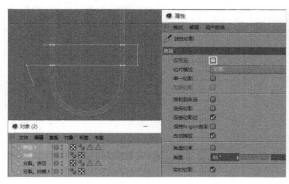
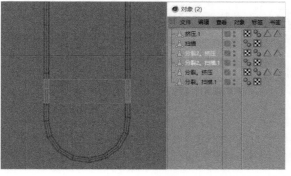

图4-152　　　　　　　　　　　　　　　　　　　　　　　　　图4-153

11 切换至"模型"模式■，在"对象"面板中，选中"分裂2。挤压"和"分裂2。扫描.1"对象层，然后向左移动30cm，效果如图4-154所示。

12 建模结束后，需要通过"细分曲面"生成器■ 细分曲面 将"低模"转化为"高模"，为所有的"扫描"对象层单独添加"细分曲面"生成器，如图4-155所示，效果如图4-156所示。

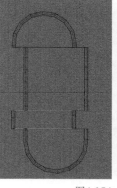
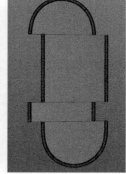

图4-154　　　　　　　　　图4-155　　　　　　　　　图4-156

经验总结

通过这个案例的学习，相信读者已经掌握了"线性切割"工具 ⟨线性切割⟩ 和"循环/路径切割"工具 ⟨循环/路径切割⟩ 的使用方法。

⊙ 技术总结

多边形可以增加无限的边，"线性切割"工具 ⟨线性切割⟩ 和"循环/路径切割"工具 ⟨循环/路径切割⟩ 都是增加边的工具。它们增加边的方式不同，但本质上的工作原理是非常相似的，两者经常一起使用。

⊙ 经验分享

"线性切割"工具 ⟨线性切割⟩ 结合"分裂"工具 ⟨分裂⟩ 可以随心所欲地将模型分裂出想要的形态。

场景位置	无
实例位置	实例文件>CH04>课外练习29:制作碎掉的镜子模型.c4d
教学视频	课外练习29:制作碎掉的镜子模型.mp4
学习目标	熟练掌握循环/路径切割工具和线性切割工具的使用方法

课外练习:制作碎掉的镜子模型

⊙ 效果展示

图4-157所示为本练习的效果图。

⊙ 制作提示

这是一个镜子模型的练习，制作方式与案例完全相同，制作流程如图4-158所示。

第1步，使用"圆环"工具 ⟨圆环⟩ 和"圆柱"工具 ⟨圆柱⟩ 制作一个圆形镜子模型。

第2步，使用"线性切割"工具 ⟨线性切割⟩ 切割两条线，并使用"分裂"工具 ⟨分裂⟩ 对被切割的面进行分裂。

第3步，使用"线性切割"工具 ⟨线性切割⟩ 切割三角形形状，并将切割的面删除。

图4-157

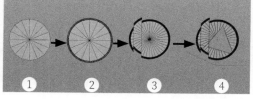

图4-158

实战 30
挤压、内部挤压:制作卡通大楼模型

场景位置	场景文件>CH04>4.c4d
实例位置	实例文件>CH04>实战30 挤压、内部挤压:制作卡通大楼模型.c4d
教学视频	实战30 挤压、内部挤压:制作卡通大楼模型.mp4
学习目标	掌握挤压工具和内部挤压工具的使用方法

工具剖析

本例主要使用"挤压"工具 ⟨挤压⟩ 和"内部挤压"工具 ⟨内部挤压⟩ 进行制作。

⊙ 参数解释

① "挤压"工具 ⟨挤压⟩ 的属性面板如图4-159所示。

重要参数讲解

最大角度:大于这个角度的多边形将会被集体挤压;反之,每一个多边形会被独立地挤压。

图4-159

偏移：偏移的数值。

变量：偏移值的随机值。

细分：偏移后新增的多边形的分段数。

②"内部挤压"工具 ▣ 内部挤压 的属性面板如图4-160所示。

重要参数讲解

最大角度：低于最小角度的多边形，可进行内部挤压。

⊙ **操作演示**

工具：▣ 挤压 和 ▣ 内部挤压　　位置：菜单栏>网格>创建工
具>挤压、内部挤压　　演示视频：30-挤压、内部挤压.mp4

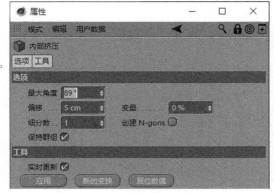
图4-160

01 单击"立方体"按钮 ▣ 立方体 在场景中创建一个立方体，
按C键将其转换为可编辑对象。进入"多边形"模式 ▣，
然后选中立方体的顶面，单击鼠标右键选择"挤压"工具
▣ 挤压，就可以将选中的面向上拖曳，被挤压后得到图4-161
所示的模型。

02 仍然选中顶部的面，然后单击鼠标右键选择"内部挤
压"工具 ▣ 内部挤压，效果如图4-162所示。

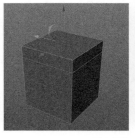

图4-161　　　　　　　　　　图4-162

----- 技巧与提示 -----
使用这两种工具既可以在视图窗口中拖曳进行挤压，又可以在属性面板中调节参数进行挤压。

□ **实战介绍**

本例使用"挤压"工具 ▣ 挤压 和"内部挤压"工具 ▣ 内部挤压 结合多边形建模思路细化卡通大楼模型。

⊙ **效果介绍**

图4-163所示为本例的效果图。

⊙ **运用环境**

多边形的内部挤压和挤压在实际建模中的使用频率是非常高的，常用于编辑多边形对象，使其形态更复杂，
如图4-164所示。

图4-163　　　　　　　　　　图4-164

----- 技巧与提示 -----
"挤压"工具 ▣ 挤压 和"内部挤压"工具 ▣ 内部挤压 在之前的建模中已经学习过，之前是通过拖曳操作达到与这两个工具类
似的效果，即使用"移动"工具配合Ctrl键实现"挤压"效果，使用"缩放"工具配合Ctrl键实现"内部挤压"效果。但是这样
操作也有一些局限，因为这种操作虽然便捷，但是无法精确控制模型的精度，所以这里就有必要单独讲一讲这两个工具。

⊟ 思路分析

在制作模型之前，需要对模型进行分析，以便进行后续制作。

⊙ 制作简介

卡通大楼模型的轮廓已经制作完成，需要读者对模型的细节进行刻画。由于是卡通风格的模型，因此刻画不
用特别精细，只需使用"挤压"工具 🔲挤压 和"内部
挤压"工具 🔲内部挤压 就能完成制作。另外，由于细
节部分是通过添加线段来进行挤压的，因此需要使
用"循环/路径切割"工具 🔲内部挤压 增加线段。

⊙ 图示导向

图4-165所示为模型的制作步骤分解图。

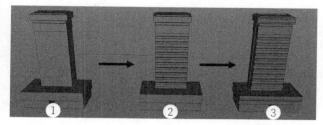

图4-165

⊟ 步骤演示

01 打开"场景文件>CH04>4.c4d"文件，然后选中所有的对象，按C键将它们转换为可编辑对象，接着在"模型"模式 🔲 下选中中间的立方体，再在"边"模式 🔲 下单击鼠标右键选择"循环/路径切割"工具 🔲循环/路径切割 ，在大楼模型的侧面切割两条垂直线，切割的位置如图4-166所示。

02 在大楼模型的侧面切割一条横线，然后设置"切割数量"为26，得到图4-167所示的效果。

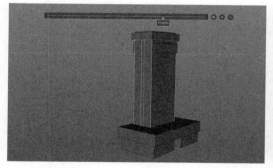

图4-166

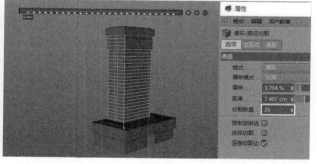

图4-167

┌--- 技巧与提示 ·········

这里使用"循环/路径切割"工具 🔲循环/路径切割 比使
用"线性切割"工具 🔲线性切割 更加快速，因为"线性切
割"工具 🔲线性切割 会在视图中预览结果。

┌--- 技巧与提示 ·········

使用"循环/路径切割"工具 🔲循环/路径切割 并选择添加的切割数
量，可以等距、均匀地分布循环切割的边。

03 激活"实时选择"工具 🔲 ，在"多边形"模式 🔲 下选中图4-168所示的面（模型背面的部分也要选上），然后单击鼠标右键选择"内部挤压"工具 🔲内部挤压 ，并设置"偏移"为1.2cm。

04 刻画大楼外观的细节部分。在场景中右击并选择"挤压"工具 🔲挤压 ，并设置"偏移"为2.6cm，如图4-169所示。

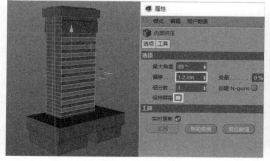

图4-168

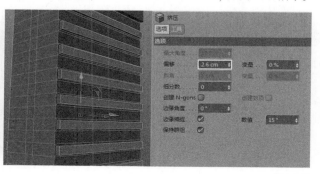

图4-169

第4章 多边形建模技术

109

05 激活"实时选择"工具 ◉，选中图4-170所示的面（包括模型的背面），单击鼠标右键选择"挤压"工具 ◉ 挤压，并设置"偏移"为-3cm，向内部进行挤压。

06 制作楼顶的细节。在"模型"模式 ◉ 下选中楼顶的对象层，然后在"边"模式 ◉ 下单击鼠标右键选择"循环切割"工具 ◉ 循环路径切割，切割出图4-171所示的两条循环边。

07 在"多边形"模式 ◉ 下激活"实时选择"工具 ◉，选中图4-172所示的面（包括模型的背面），然后单击鼠标右键选择"内部挤压"工具 ◉ 内部挤压，并设置"偏移"为1.5cm。

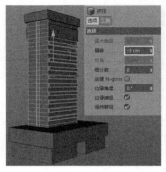
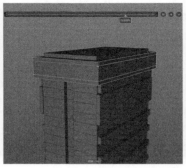

图4-170　　　　　　　　　　　　　图4-171　　　　　　　　　　　　　图4-172

08 制作楼顶的细节。切换为"模型"模式 ◉，选中顶部的立方体，然后在"多边形"模式 ◉ 下选中顶端的面，单击鼠标右键选择"内部挤压"工具 ◉ 内部挤压，并设置"偏移"为2cm，如图4-173所示。

09 选中步骤08挤压的面，单击鼠标右键选择"挤压"工具 ◉ 挤压，然后设置"偏移"为-2.6cm，使其向下凹陷，如图4-174所示。

图4-173　　　　　　　　　　　　　　　　　　　　图4-174

10 制作大楼的地面部分。切换为"模型"模式 ◉，选中支撑大楼的立方体，然后在"多边形"模式 ◉ 下选中地面部分，单击鼠标右键选择"内部挤压"工具 ◉ 内部挤压，并设置"偏移"为3cm，如图4-175所示。

11 选中步骤10挤压的面，单击鼠标右键选择"挤压"工具 ◉ 挤压，然后设置"偏移"为-2cm，使其向下凹陷，如图4-176所示。

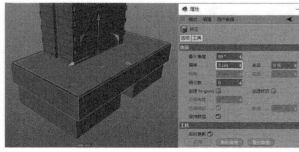

图4-175　　　　　　　　　　　　　　　　　　　　图4-176

中文版CINEMA 4D R20实战基础教程（全彩版）

⊟ 经验总结

通过这个案例的学习，相信读者已经掌握了"挤压"工具 █挤压 和"内部挤压"工具 █内部挤压 的使用方法。

⊙ 技术总结

"挤压"工具 █挤压 和"内部挤压"工具 █内部挤压 都会增加模型的布线。此外，内部挤压的布线方式值得读者学习和思考。

⊙ 经验分享

"挤压"工具 █挤压 和"内部挤压"工具 █内部挤压 是一组非常常用的工具，对于快速建立模型的基本外形起着非常重要的作用。

课外练习：制作极简风床头柜模型

场景位置	无
实例位置	实例文件>CH04>课外练习30：制作极简风床头柜模型.c4d
教学视频	课外练习30：制作极简风床头柜模型.mp4
学习目标	熟练掌握挤压工具和内部挤压工具的使用方法

⊙ 效果展示

图4-177所示为本练习的效果图。

⊙ 制作提示

这是一个柜子模型的练习，制作方式比较简单，制作流程如图4-178所示。

第1步，使用"立方体"工具 █立方体 制作基本外形，调整长宽高参数。

第2步，使用"循环/路径切割"工具 █循环/路径切割 切割所需要的线段。

第3步，使用"内部挤压"工具 █内部挤压 将相应的面向内挤压一定的深度。

第4步，使用"挤压"工具 █挤压 将相应的面向下挤压出4根柱子。

图4-177

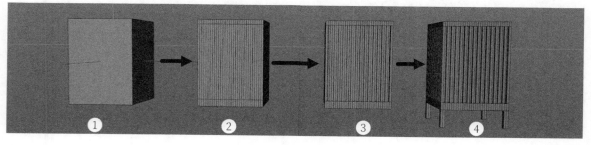

图4-178

实战 31
倒角：制作智能音箱模型

场景位置	无
实例位置	实例文件>CH04>实战31 倒角：制作智能音箱模型.c4d
教学视频	实战31 倒角：制作智能音箱模型.mp4
学习目标	掌握倒角工具的使用方法

⊟ 工具剖析

本例主要使用"倒角"工具 █倒角 进行制作。

⊙ 参数解释

"倒角"工具 的属性面板如图4-179所示。

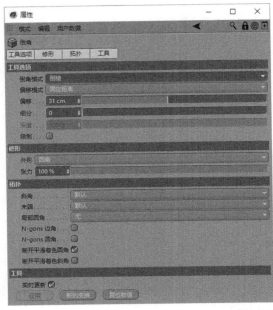

图4-179

重要参数讲解

倒角模式：有"倒棱"与"实体"两种。"倒棱"是直接通过更改模型的形态进行倒角；"实体"是通过增加模型表面的布线，配合"细分曲面"命令进行倒角。

偏移模式：有"固定距离""径向""均匀"3种模式。"固定距离"是按照固定的数值进行倒角；"径向"是按照比例进行倒角；"均匀"类似"固定距离"，整体均匀地倒角。这3种模式的效果如图4-180所示。

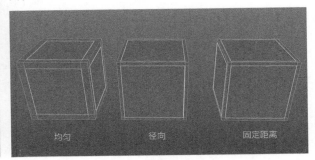

图4-180

⊙ 操作演示

工具：倒角   位置：菜单栏>网格>创建工具>倒角   演示视频：31-倒角.mp4

01 单击"立方体"按钮 在场景中新建一个立方体，按C键将其转换为可编辑对象。选中一条棱边，然后在"边"模式 下单击鼠标右键选择"倒角"工具 ，设置"倒角模式"为"倒棱"，"偏移"为10cm，参数及效果如图4-181所示，可见在"倒棱"模式下，改变后的形状默认为倒斜切角。

02 设置"细分"为5，参数及效果如图4-182所示，可见增加细分数，能让倒斜角变为倒圆角。

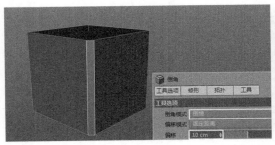

图4-181

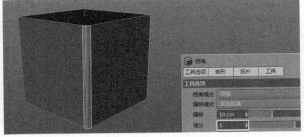

图4-182

03 框选所有的边，然后设置"倒角模式"为"实体"，"偏移"为10cm，效果如图4-183所示。此时的立方体似乎并没有倒角，只是增加了一些线。

04 创建"细分曲面"生成器 ，这时的立方体实际上是一个倒角为10cm的立方体，如图4-184所示。可见倒角的"实体"模式需要配合"细分曲面"命令共同实现倒角效果。

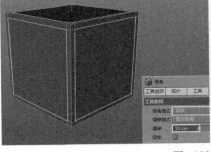

图4-183

图4-184

📖 实战介绍

本例用"倒角"工具  结合多边形建模思路制作智能音箱模型。

⊙ 效果介绍

图4-185所示为本例的效果图。

⊙ 运用环境

"倒角"工具 倒角 在多边形建模时的使用频率是比较高的，常用于制作工业产品的细节或文字的细节，如图4-186所示。倒角后的模型边缘会有一层高光边作为产品的细节体现，常在广告短片中展示产品的质感。

图4-185

图4-186

📖 思路分析

在制作模型之前，需要对模型进行分析，以便进行后续制作。

⊙ 制作简介

智能音箱的造型很简单，它的基本形状就是一个立方体。因此先使用立方体确定大体的形态，再将其转换为可编辑对象，在"边"模式 下使用"倒角"工具 倒角 进行倒角，并通过"倒角"工具 倒角 制作智能音箱的细节。

⊙ 图示导向

图4-187所示为模型的制作步骤分解图。

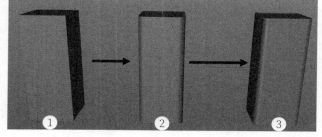

图4-187

📖 步骤演示

01 单击"立方体"按钮 立方体 在场景中新建一个立方体，然后设置"尺寸.X"为40cm，"尺寸.Y"为100cm，"尺寸.Z"为40cm，如图4-188所示。

02 按C键将创建的立方体转换为可编辑对象，然后选中立方体的4条边，在"边"模式 下单击鼠标右键选择"倒角"工具 倒角 ，然后设置"倒角模式"为"倒棱"，"偏移"为4cm，"细分"为6，设置的参数及效果如图4-189所示。

图4-188

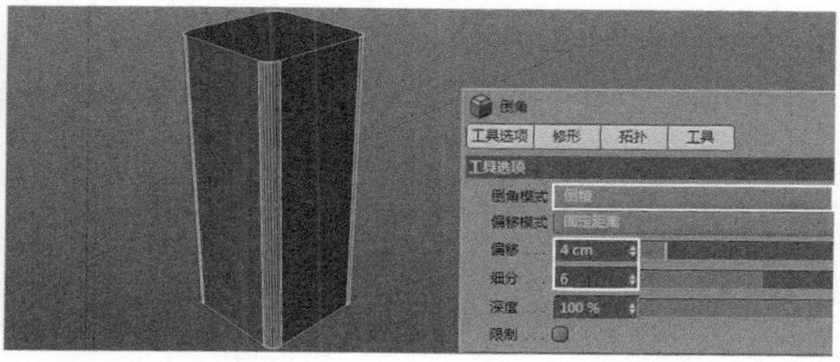

图4-189

> **技巧与提示**
>
> 在硬边建模中，"倒角模式"要设置为"倒棱"；在细分曲面建模中，"倒角模式"要设置为"实体"。

03 分别选中立方体顶面和底面的边，然后单击鼠标右键选择"倒角"工具 ，设置"偏移"为0.5cm，如图 4-190所示。

04 选中顶面的面，在"多边形"模式 下单击鼠标右键并选择"内部挤压"工具 ，接着设置"偏移"为 1cm，如图4-191所示。

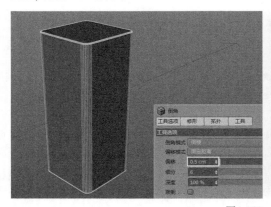

图4-190

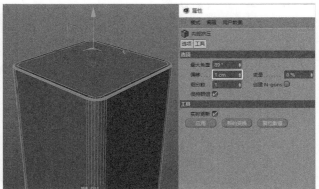

图4-191

05 选中步骤04挤压的面，然后单击鼠标右键并选 择"挤压"工具 ，并设置"偏移"为-0.5cm， 如图4-192所示。

06 在"边"模式 下，选中顶端的两条闭合线， 如图4-193所示。

07 选中需要倒角的边后，单击鼠标右键选择 "倒角"工具 ，接着设置"偏移"为0.1cm， "细分"为3，最终得到一个有着丰富细节的智能 音箱模型，如图4-194所示。

图4-192

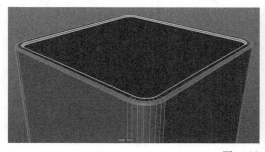

图4-193

图4-194

经验总结

通过这个案例的学习，相信读者已经掌握了"倒角"工具 的使用方法。

技术总结

"倒角"的主要作用是给模型表面增添细节。"倒角"工具 的"倒角模式"有两种，一种是硬边建模常用 的"倒棱"模式，另一种是细分曲面建模常用的"实体"模式。

经验分享

现代家电的外观看起来比较简单，但是经常会有注意不到的细节，因此"倒角"工具 在产品设计的建模 过程中非常重要，它能够展现产品的细节特征。

<table>
<tr><td rowspan="4">课外练习：制作行李箱模型</td><td>场景位置</td><td>无</td></tr>
<tr><td>实例位置</td><td>实例文件>CH04>课外练习31:制作行李箱模型.c4d</td></tr>
<tr><td>教学视频</td><td>课外练习31:制作行李箱模型.mp4</td></tr>
<tr><td>学习目标</td><td>熟练掌握倒角工具的使用方法</td></tr>
</table>

⊙ **效果展示**

图4-195所示为本练习的效果图。

⊙ **制作提示**

这是一个行李箱模型的练习，制作流程如图4-196所示。

第1步，使用"立方体"工具 ⬚ 立方体 和"圆柱"工具 ⬚ 圆柱 制作行李箱轮廓。

第2步，使用"倒角"工具 ⬚ 倒角 对轮廓进行倒角。

第3步，添加其他几何体，制作行李箱的附件。

图4-195

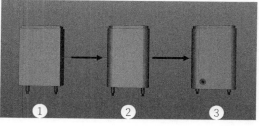

图4-196

<table>
<tr><td rowspan="4">实战 32
缝合：制作耳机包装盒模型</td><td>场景位置</td><td>无</td></tr>
<tr><td>实例位置</td><td>实例文件>CH04>实战32 缝合:制作耳机包装盒模型.c4d</td></tr>
<tr><td>教学视频</td><td>实战32 缝合:制作耳机包装盒模型.mp4</td></tr>
<tr><td>学习目标</td><td>掌握缝合工具的使用方法</td></tr>
</table>

⊟ **工具剖析**

本例主要使用"缝合"工具 ⬚ 缝合 进行制作。

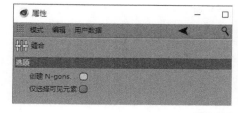

⊙ **参数解释**

"缝合"工具 ⬚ 缝合 的属性面板如图4-197所示。

重要参数讲解

创建N-gons：勾选此选项表示缝合过程中允许创建N-gons面。

仅选择可见元素：勾选此选项表示只有可见的部分会被缝合。

图4-197

⊙ **操作演示**

工具： ⬚ 缝合   位置：菜单栏>网格>创建工具>缝合   演示视频:32-缝合.mp4

01 单击"多边形"按钮 △ 多边形 在场景中创建一个多边形，然后移动复制创建的多边形，并将其向下移动一定距离，最后按C键将其转换为可编辑多边形，如图4-198所示。

- - - - **技巧与提示** - - - -

使用"多边形"工具创建的多边形实际上是一个标准的四边面，再复制一个多边形是为了满足缝合的条件。

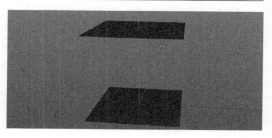

图4-198

115

02 在"对象"面板中,选中两个"多边形",然后单击鼠标右键选择"连接对象+删除"工具 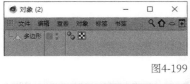,将两个对象合并在一个对象层中,如图4-199所示。

03 在"边"模式 下选择两个多边形全部的线,如图4-200所示,然后单击鼠标右键选择"缝合"工具 。

04 单击上方多边形中的任意一个端点,再将其拖曳至下方多边形中对应的端点上,即可完成"缝合"命令,效果如图4-201所示。

05 显然这个结果并不是想要的。按快捷键Ctrl+Z撤销命令,在执行步骤04的时候,拖曳时除了按住鼠标左键,还需要同时按住Shift键才能完成真正的缝合,效果如图4-202所示。

图4-199

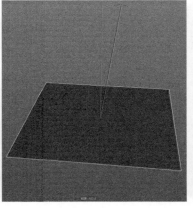

图4-200

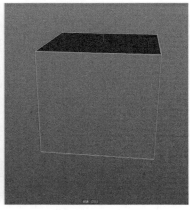

图4-201

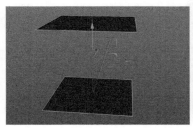

图4-202

> **技巧与提示**
>
> 缝合的条件有3个:第1个是缝合的点不能互相交叉;第2个是需要按住Shift键进行拖曳,否则有一条缝合边会消失;第3个是点和点之间要相互对应。这3个条件读者需要注意。

实战介绍

本例使用"缝合"工具 结合多边形建模思路制作耳机包装盒模型。

效果介绍

图4-203所示为本例的效果图。

运用环境

结合多边形建模技术,使用"缝合"工具 能制作一些标准物体的外形,如电子类产品、机械零件等,如图4-204所示。

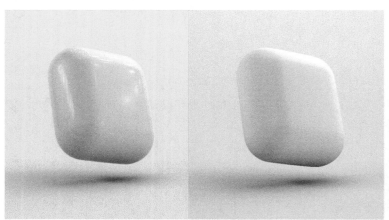

图4-203

图4-204

中文版CINEMA 4D R20实战基础教程(全彩版)

○ 思路分析

在制作模型之前，需要对模型进行拆分，以便进行后续制作。

⊙ 制作简介

本例制作一个耳机包装盒模型，这类产品的制作需要使用一些技巧，对球体进行外部挤压形成新的形体。这时候的模型只有一条边是具有细节的，通过复制制作了另一条边后，再使用"缝合"工具 将二者缝合在一起，多边形的连接便相当快速了。

⊙ 图示导向

图4-205所示为模型的制作步骤分解图。

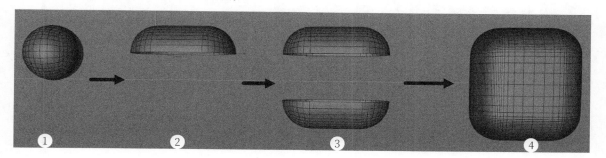

图4-205

○ 步骤演示

01 单击"球体"按钮 在场景中创建一个球体，设置"类型"为"六面体"，然后按C键将其转换为可编辑对象，如图4-206所示。

图4-206

02 在"边"模式 下，激活"移动"工具 ，双击球体中部的线，如图4-207所示。

03 按快捷键U+F选择"填充选择"工具 ，选中球体下方所有的面，如图4-208所示，然后按Delete键删除。

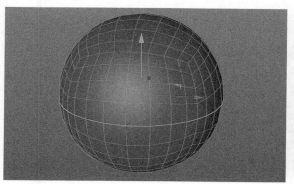

图4-207

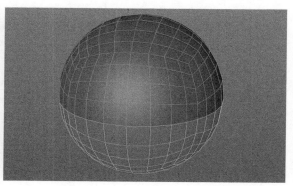

图4-208

04 用同样的方式选中中间的线，单击鼠标右键选择"倒角"工具 ，然后设置"倒角模式"为"倒棱"，"偏移"为1cm，如图4-209所示。

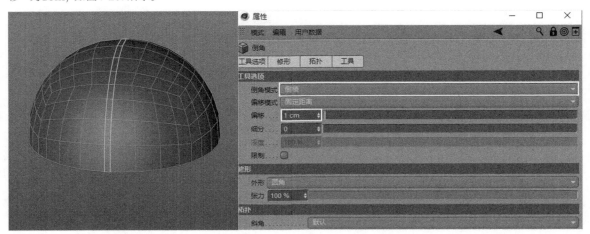

图4-209

05 选中图4-210所示的面，然后使用"移动"工具将选中的面向右移动250cm，移动后的效果如图4-211所示。

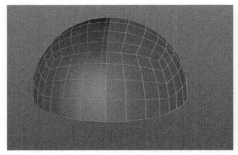

图4-210

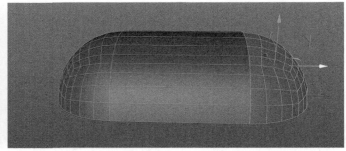

图4-211

06 切换至"模型"模式 ，执行"网格>重置轴心>轴对齐"菜单命令，弹出"轴对齐"面板，然后勾选"点中心""包括子级""使用所有对象""自动更新""编辑器更新"选项，最后单击"执行"按钮 ，这样模型的坐标轴就会回到对象的几何中心，如图4-212所示。

07 复制一个球体对象，将其旋转180°，移动至下方约80cm处，效果如图4-213所示。

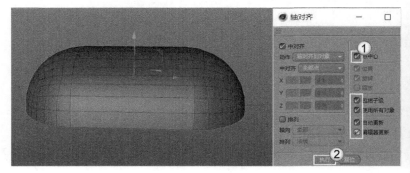

图4-212

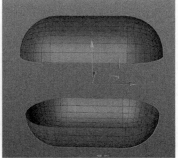

图4-213

08 此时的对象还不能缝合，因为二者并不在一个对象层中。在"对象"面板中选中这两个球体对象层，单击鼠标右键选择"连接对象+删除"工具 ，将其合二为一，"对象"面板如图4-214所示。

09 在"边"模式 下选中需要被缝合的边缘（被缝合的边缘一定要全部选中），如图4-215所示，然后单击鼠标右选择"缝合"工具 。

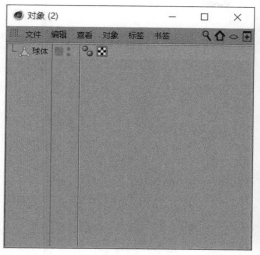

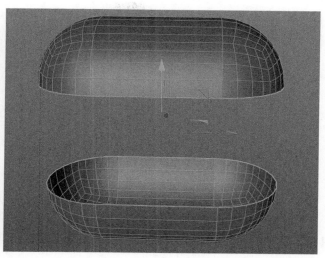

图4-214

图4-215

10 将鼠标指针移动至上半部分边缘的任意一个点，然后按住Shift键并向下拖曳，移动至下方与其对应的一个点上，效果如图4-216所示。

11 为球体添加"细分曲面"生成器 ，然后将"球体"对象层放置在"细分曲面"对象层的子级，使模型的表面更加光滑，效果如图4-217所示。

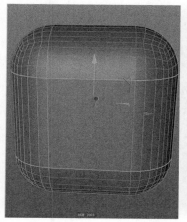

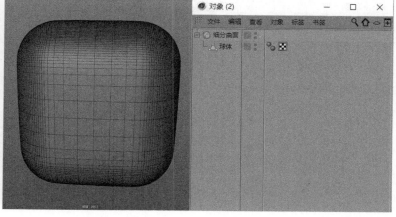

图4-216

图4-217

经验总结

通过这个案例的学习，相信读者已经掌握了"缝合"工具 的使用方法。

⊙ 技术总结

"缝合"工具 是一个使用频率较高的工具，它要求缝合的面和被缝合的面的分段数保持一致。

⊙ 经验分享

"缝合"工具 能够大幅提升面的连接效率，使用方式十分简单。

课外练习：制作U形管道模型

场景位置	无
实例位置	实例文件>CH04>课外练习32：制作U形管道模型.c4d
教学视频	课外练习32：制作U形管道模型mp4
学习目标	熟练掌握缝合工具的使用方法

⊙ 效果展示

图4-218所示为本练习的效果图。

⊙ 制作提示

这是一个U形管道模型的练习，U形管道元素在创意海报中非常常用，制作流程如图4-219所示。

第1步，使用"圆环"工具 ◎ 圆环 创建一个圆环。

第2步，将圆环转换为可编辑对象，删除圆环右侧的面。

第3步，复制第2步创建的模型，使用"连接对象+删除"工具 连接对象+删除 将复制的对象层合并。

第4步，使用"缝合"工具 缝合 对管道进行缝合。

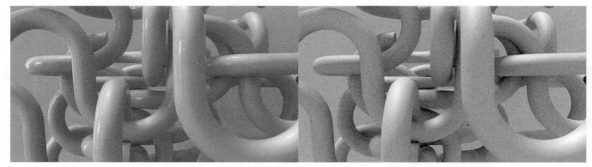

图4-218

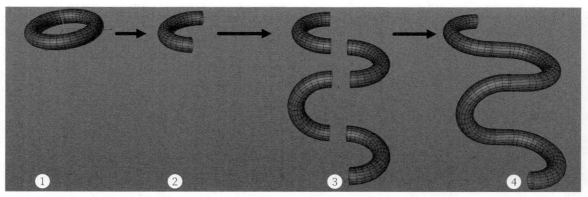

图4-219

120

中文版CINEMA 4D R20实战基础教程（全彩版）

第 5 章
材质与纹理技术

本章将介绍CINEMA 4D R20默认渲染器的材质和纹理系统。材质主要用于表现物体的颜色、质地、纹理、透明度和光泽等特性，依靠各种类型的材质可以制作现实世界中的任何物体。与建模不同，材质是模拟对象的本质，而不是外观，所以对象的逼真度、精细度都与材质有直接关系。本章从默认材质球的主要通道开始讲解，着重介绍材质球和贴图的制作方法，以及如何通过外部贴图为模型制作丰富的材质效果。

本章技术重点

»   掌握制作材质的重要通道
»   掌握材质的创建和赋予方法
»   掌握材质编辑器的常用属性
»   掌握纹理材质的制作方法

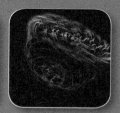

工具剖析

本例主要使用材质编辑器进行制作。

⊙ 参数解释

CINEMA 4D R20拥有一套材质系统，该系统可用以模拟真实世界的物理材质，每一个材质球对应一个材质编辑器，因此材质编辑器是编辑材质所有属性的地方。材质编辑器包含了材质的所有通道，每一个独立的通道都有其特定的材质属性，它们之间可以相互影响。材质编辑器的属性面板如图5-1所示。

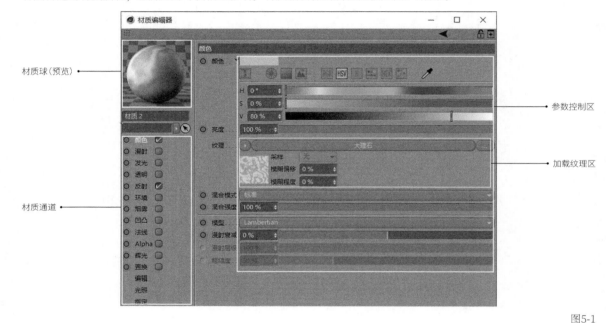

图5-1

重要参数讲解

材质球（预览）：材质纹理最终呈现效果，默认平铺在球体上，可更改为其他几何体。

材质通道：勾选通道代表激活该通道的物理属性。

参数控制区：用于调节每个通道的详细参数。

加载纹理区：加载纹理贴图。

⊙ 操作演示

工具：材质编辑器　　位置：材质面板　　演示视频：33-认识材质编辑器.mp4

步骤演示

01 制作一个简单的普通材质只需叠加通道。在"材质"面板中双击空白处，此时会自动新建一个默认的材质球，以便随时被调用，如图5-2所示。

- - - - 技巧与提示 -

　　双击"材质"面板的空白处是快速创建材质球的方法，也可通过执行"创建>材质>新材质"菜单命令（或选中"材质"面板，并按快捷键Ctrl+N）新建材质球。

图5-2

02 单击"球体"按钮  在场景中创建一个球体,将"材质"面板中新建好的材质拖曳到视图窗口中的球体上,即可完成材质赋予,如图5-3所示。

图5-3

---- 技巧与提示 ----

　　除此之外,另一种赋予材质的方式是将材质球拖曳到"对象"面板中对应模型的对象层上,赋予成功后对象层同样会出现一个材质图标。对于没有赋予场景中的任何对象的材质,可直接在"材质"面板中选中,然后按Delete键删除。若材质已经被赋予给了场景中的对象,可在"对象"面板中单击材质的图标,如图5-4所示,然后按Delete键删除。此时只是移除了对象的材质,但材质还存在于"材质"面板中,选中材质后按Delete键可彻底删除。

图5-4

03 在"材质"面板中双击材质球,进入"材质编辑器"面板,可以任意添加或减去通道,这里选择全部的通道,材质预览框变成叠加后的状态,然后将其命名为"发光混合",如图5-5所示,一个普通的材质就制作好了,材质效果如图5-6所示。注意养成重命名材质的习惯,这会方便案例的制作。

---- 技巧与提示 ----

　　真实世界的材质丰富多样,CINEMA 4D R20的材质系统将复杂的物理属性简化为若干个通道,可通过打开或关闭通道,增添或删减不同的属性。通道之间既可以是叠加关系,又可以是排斥关系。在后面的案例中,当熟悉了不同材质的调节方法后,逐渐会明白哪一些通道可以叠加,哪一些通道不能叠加。

04 在CINEMA 4D R20中制作纹理材质需要使用"着色器"。新建一个材质球,双击进入"材质编辑器"面板,在"颜色"通道中单击"纹理"旁的三角形按钮 加载外部纹理贴图,这里选择"噪波"选项。这时材质球出现噪波纹理的特性,并在右侧的长条中显示"噪波"字样,如图5-7所示。

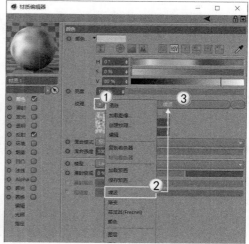

图5-5　　　　　　　　　　图5-6　　　　　　　　　　图5-7

---- 技巧与提示 ----

　　在"颜色"通道中加载贴图的效果是很明显的,其他通道也可以加载贴图,呈现的效果也会不同。如果想要删除加载后的贴图,那么单击"纹理"选项后的三角形按钮 ,然后在下拉列表中选择"清除"选项即可。

第5章 材质与纹理技术

05 单击"噪波"按钮或单击噪波的预览图，可激活"着色器"选项卡进一步编辑纹理。这里设置"噪波"为"沃洛1"，调节完参数以后，单击"返回"按钮◀返回上一层级，如图5-8所示，质质效果如图5-9所示。

06 在"材质"面板中选中材质，并执行"创建>另存材质"命令，如图5-10所示，即可在弹出的对话框中设置路径和材质名称进行保存。

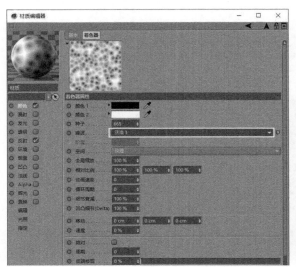

技巧与提示
　　另存材质是为了加载制作好的材质，可省去直接设置材质的过程，以便提升制作效率。在"材质"面板中执行"创建>加载材质"命令，然后在弹出的对话框中选择需要的材质即可加载制作好的材质。

图5-8　　　　　　　　　　图5-9　　　　　　　　　　图5-10

经验总结

　　根据材质表面是否有纹理或图案，可以将制作的材质分为普通材质和纹理材质两种类型。普通材质可以制作漫反射材质、透明材质、发光材质和金属材质，根据具体工程项目的需求，可能还需要通过"着色器"载入相应的纹理对材质球进行贴图，制作后的材质就是纹理材质。在CINEMA 4D R20中，大部分场景无须使用纹理贴图，纹理贴图适用于模拟真实的物理场景，做出逼真的物理效果，而对于某些艺术效果，使用普通材质足矣。

技巧与提示
　　CINEMA 4D R20内置的贴图是一种程序化纹理贴图，本质上是一个被程序设定好了的参数图案。通过"着色器"制作的图案可以作为一张真正的图片，在创建材质的过程中起到贴图的作用，一般由多种参数来控制纹理最终的图案，同时同一种纹理又会因为不同的参数而出现不同的形态，这都需要读者慢慢去调节。内置贴图的好处就是不需要调用外部资源，同时还能灵活地进行调整，因此它不止可以在"颜色"通道中使用，几乎在所有的通道中都可以使用。

实战 34
颜色：制作促销广告字的材质

场景位置	场景文件>CH05>5.c4d
实例位置	实例文件>CH05>实战34 颜色：制作促销广告字的材质.c4d
教学视频	实战34 颜色：制作促销广告字的材质.mp4
学习目标	掌握颜色通道技术及广告字的制作思路

工具剖析

　　本例主要使用材质编辑器中的"颜色"通道进行制作。

⊙ 参数解释

"颜色"通道的属性面板如图5-11所示。

重要参数讲解

颜色：设置材质显示的固有色，可以通过"色轮""光谱""RGB""HSV"等方式进行调节。

亮度：设置材质颜色的亮度值。当数值为0%时为纯黑色，100%时为材质本身的颜色，超过100%时为自发光效果。

纹理：为材质加载内置纹理或外部贴图的通道。载入纹理贴图后，可以改变纹理的混合模式和混合强度。

模型：漫反射材质计算的方式。

漫射衰减：设置材质漫射的衰减值。衰减值越大，材质越亮。

---- 技巧与提示 ----

由于属性面板中的参数较多，因此读者需要认真地观察每个参数的位置和名称，在学习的初期，熟练记忆每个参数所表达的意义是非常重要的。

⊙ 操作演示

工具：颜色 位置：菜单栏>创建>材质>新材质 >颜色

演示视频：34-颜色.mp4

图5-11

01 创建一个材质球，双击进入"材质编辑器"面板，取消勾选"反射"通道，进入"颜色"通道，设置颜色为（H:0°,S:100%,V:80%），如图5-12所示。

02 将红色材质球赋予对象，如图5-13所示。

---- 技巧与提示 ----

在默认情况下，材质是带有"反射"属性的，本例着重了解材质球的"颜色"通道，所以需要将其他通道全部关闭。

---- 技巧与提示 ----

单击"光谱模式"按钮■也可以对颜色进行设置，如图5-14所示，再次单击这个按钮，可以隐藏光谱模式。

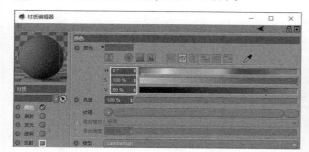

图5-12

图5-13

图5-14

☐ 实战介绍

本例使用"颜色"通道制作广告字的材质。

⊙ 效果介绍

图5-15所示为本例的效果图。

图5-15

⊙ 通道特点

"颜色"通道常用来表达橡胶材质，也适合制作反射低、表面略微粗糙的材质，因为制作简单、色彩艳丽丰富，在卡通海报中使用也较多，如图5-16所示。

思路分析

在制作材质球之前，需要对材质的用法进行分析，以便进行后续的制作。

图5-16

⊙ 制作简介

这一组文字海报需要制作的是漫反射材质，制作的方式非常简单，只需保留"颜色"通道，关闭其他通道。

⊙ 材质效果

图5-17所示为本例制作的材质效果。

(H:44°,S:0%,V:97%)　(H:44°,S:88%,V:100%)　(H:136°,S:42%,V:100%)　(H:227°,S:52%,V:100%)

图5-17

----- 技巧与提示 -----

常用的颜色调节模式是HSV模式，默认状态下也是HSV模式，这个模式中颜色的参数分别是色调（H）、饱和度（S）和明度（V）。

步骤演示

01 打开本书学习资源中的"场景文件>CH05>5.c4d"文件，效果如图5-18所示。场景中已经建立了摄像机和灯光，并已经添加了3个材质球，下面开始为场景赋予材质。

02 双击"材质"面板创建一个空白材质，然后双击创建的材质打开"材质编辑器"面板，取消勾选"反射"通道，其他参数保持默认，将"材质1"拖曳至视图中的相应对象上，如图5-19所示。

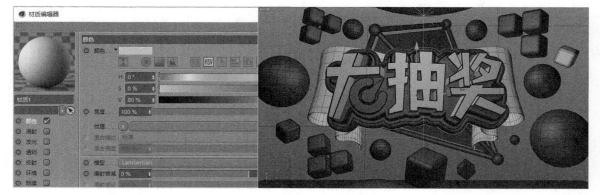

图5-18

图5-19

03 创建第2个材质球，取消勾选"反射"通道，重命名为"材质2"，设置颜色为（H:44°,S:88%,V:100%），将"材质2"拖曳至视图中相应的对象上，如图5-20所示。

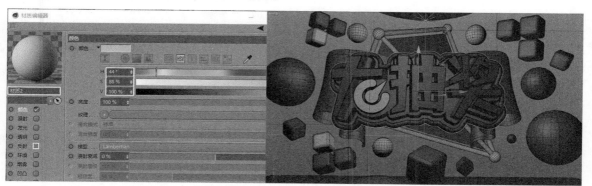

图5-20

04 创建第3个材质球，取消勾选"反射"通道，重命名为"材质3"，并设置颜色为（H:136°,S:42%,V:100%），将"材质3"拖曳至视图中相应的对象上，如图5-21所示。

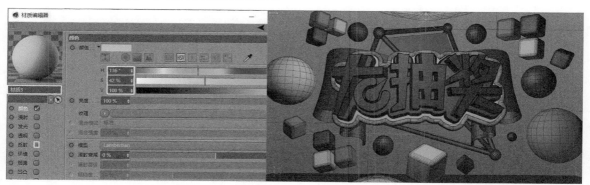

图5-21

05 创建第4个材质球，取消勾选"反射"通道，重命名为"材质4"，并设置颜色为（H:227°,S:52%,V:100%），将"材质4"拖曳至视图中相应的对象上，如图5-22所示。

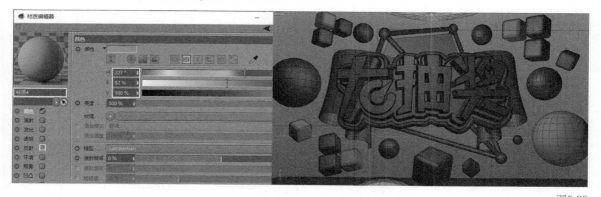

图5-22

技巧与提示

　　该材质仅设置"颜色"通道，因此可以调整好一个材质的参数后，复制多个，只需修改颜色即可，其他类似情况的材质也可使用这种方法。

06 所有的材质赋予完成后，按快捷键Ctrl+R进行渲染，效果如图5-23所示。

图5-23

🔲 经验总结

通过对本例的学习，相信读者已经掌握了漫反射材质的制作方法。

⊙ 技术总结

一个材质球的最终状态是由多个通道共同作用决定的，本例介绍了其中使用频率较高的"颜色"通道，掌握了"颜色"通道，其他通道相对好理解一些。另外，"颜色"通道不仅可以调整材质的固有色，还可以为材质添加纹理贴图。一般在"颜色"通道中加载贴图效果是非常明显的，当然也可以在其他通道加载贴图，呈现的效果也会不同。

⊙ 经验分享

制作的材质需要经过一遍遍地测试才能得到满意的效果，在此期间可通过按快捷键Ctrl+R进行渲染，预览制作的材质效果。

课外练习：制作海报字体的材质		
场景位置	场景文件>CH05>6.c4d	
实例位置	实例文件>CH05>课外练习34：制作海报字体的材质.c4d	
教学视频	课外练习34：制作海报字体的材质.mp4	
学习目标	熟练掌握颜色通道技术	

⊙ 效果展示

图5-24所示为本练习的效果图。

⊙ 制作提示

本练习同样是广告字的材质制作，制作方法与案例类似。读者可赋予材质自己喜欢的颜色，也可参考图5-25中的材质效果进行制作。

图5-24

(H:0°,S:0%,V:100%)　(H:223°,S:57%,V:100%)　(H:28°,S:100%,V:100%)　(H:46°,S:100%,V:100%)　(H:193°,S:43%,V:100%)

图5-25

中文版CINEMA 4D R20实战基础教程（全彩版）

实战 35
透明、发光:制作水晶灯具的材质

场景位置	场景文件>CH05>7.c4d
实例位置	实例文件>CH05>实战35 透明、发光:制作水晶灯具的材质.c4d
教学视频	实战35 透明、发光:制作水晶灯具的材质.mp4
学习目标	掌握透明和发光通道技术

工具剖析

本例主要使用材质编辑器中的"透明"通道和"发光"通道进行制作。

⊙ 参数解释

①"透明"通道的属性面板如图5-26所示。

重要参数讲解

颜色:设置材质的折射颜色。折射的颜色越接近白色,材质越透明。

亮度:设置材质的透明程度。

折射率预设:默认预设了一些常见透明材质的折射率。通过预设可以快速设定材质的折射效果,与"折射率"参数相对应。

折射率:设置透明材质的折射率。由于CINEMA 4D R20的材质系统基于物理渲染流程(Physically-based rendering, PBR),因此是完全基于物理进行调节的,所以经常会出现物理单位。

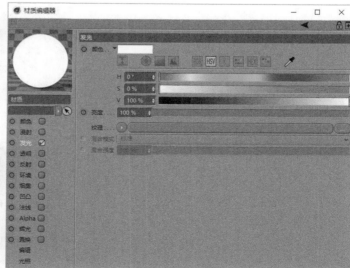

图5-26

全内部反射:设置内部是否产生反射。默认是勾选的,更加接近真实状态。

双面反射:设置基于真实透明材质的反射现象,默认是勾选的。

纹理:通过加载贴图控制材质的折射效果。

吸收颜色、吸收距离:"吸收颜色"指透明物体可被吸收的颜色,也就是透明物体的颜色;"吸收距离"指透明物体的透光距离。从图5-27所示可以很直观地感受"吸收颜色"和"吸收距离"这两个参数对透明物体的影响。

模糊:控制折射的模糊程度。数值越大,材质越模糊,从图5-28所示可以看到材质受到不同模糊程度的影响。

②"发光"通道的属性面板如图5-29所示。

图5-27

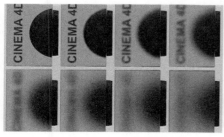

图5-28

图5-29

第5章 材质与纹理技术

129

重要参数讲解

颜色：设置材质的自发光颜色。

亮度：设置材质的自发光亮度，可大于100%。

纹理：用加载的贴图显示自发光效果。

⊙ **操作演示**

工具：透明 和 发光　位置：菜单栏>创建>材质>新材质>透明、发光　演示视频:35-透明、发光.mp4

01 新建一个材质球，双击进入"材质编辑器"面板，取消勾选其他通道，仅勾选"透明"通道，然后设置"折射率"为1.56，其他参数保持默认，如图5-30所示，就可得到透明的玻璃效果。

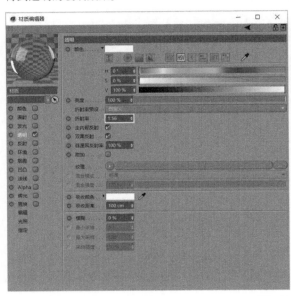

图5-30

02 打开"发光"通道，关闭其他材质通道，完成发光材质的创建，如图5-32所示。

---- 技巧与提示 ----

发光材质不仅可以进行自发光，还可以提供照明，所以有的时候可以将它附着到对象上作为场景的光源。

---- 技巧与提示 ----

在CINEMA 4D R20的材质系统中，玻璃材质是比较容易调节的，除了设置"折射率"之外，还可以通过设置"折射率预设"来调节透明物体的折射率，如图5-31所示。

图5-31

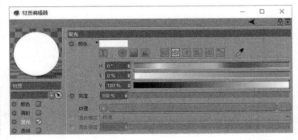

图5-32

▢ **实战介绍**

本例使用"透明"通道和"发光"通道分别制作灯具的玻璃材质和发光材质。

⊙ **效果介绍**

图5-33所示为本例的效果图。

图5-33

中文版CINEMA 4D R20实战基础教程（全彩版）

⊙ 通道特点

透明材质具有高反光、高透明的特点，是玻璃或液体的材质属性，这类材质都是通过"透明"通道制作的；发光材质具有灯光属性，可以作为光源照亮场景，这类材质都是通过"发光"通道制作的。二者可制作生活中常见的灯具，如图5-34所示。

图5-34

思路分析

在制作材质球之前，需要对材质的用法进行分析，以便进行后续的制作。

⊙ 制作简介

本例制作玻璃和发光材质，这些是日常生活中较为常见的材质，在CINEMA 4D R20的默认材质球中，由"透明"通道和"发光"通道来表达玻璃效果和发光效果。在制作灯具前，需要明确制作两种材质的前后顺序。先制作玻璃材质，再制作发光材质，这样比较容易观察玻璃的光泽。此外，在制作玻璃材质和发光材质时，将其他通道全部关闭，保持一个通道打开即可。

⊙ 材质效果

图5-35所示为制作的材质效果。

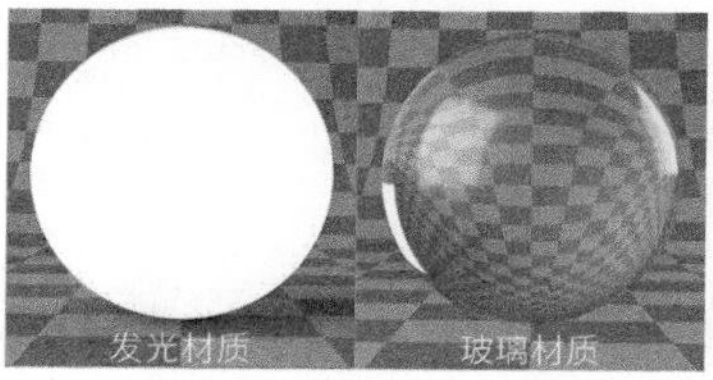

图5-35

步骤演示

01 打开本书学习资源中的"场景文件>CH05>7.c4d"文件，效果如图5-36所示。场景中已经建立了摄像机和灯光，下面开始为灯具赋予透明材质和发光材质。

02 新建一个材质，然后重命名为"玻璃"，取消勾选其他通道，仅勾选"透明"通道，接着在"透明"通道中设置"折射率"为1.56，最后将"玻璃"材质赋予除发光对象之外的所有对象上，如图5-37所示。

图5-36

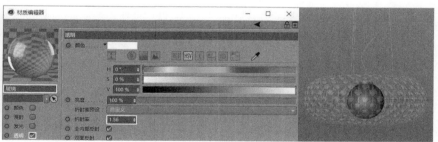

图5-37

03 新建一个材质，然后重命名为"发光"，仅勾选"发光"通道，接着将其赋予中间的小球，如图5-38所示。

04 按快捷键Ctrl+R进行渲染，效果如图5-39所示。

图5-38

图5-39

经验总结

通过这个案例的学习，相信读者已经掌握了"透明"通道和"发光"通道的设置方法。

⊙ 技术总结

使用"透明"通道和"反射"通道还能制作水，读者可以尝试制作。

⊙ 经验分享

使用"透明"通道和"发光"通道相对比较容易出效果，配合正确的灯光知识就能制作逼真的玻璃效果。

课外练习：制作霓虹灯管的材质	场景位置	场景文件>CH05>8.c4d
	实例位置	实例文件>CH05>课外练习35：制作霓虹灯管的材质.c4d
	教学视频	课外练习35：制作霓虹灯管的材质.mp4
	学习目标	熟练掌握透明和发光通道技术

⊙ 效果展示

图5-40所示为本练习的效果图。

⊙ 制作提示

这是一个灯具的练习，制作方法与案例类似，制作的材质效果如图5-41所示。

图5-40

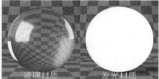

图5-41

实战 36 反射：制作金属电风扇的材质	场景位置	场景文件>CH05>9.c4d
	实例位置	实例文件>CH05>实战36 反射：制作金属电风扇的材质.c4d
	教学视频	实战36 反射：制作金属电风扇的材质.mp4
	学习目标	掌握反射通道技术和GGX的用法

工具剖析

本例主要使用材质编辑器中的"反射"通道进行制作。

⊙ 参数解释

① "反射"通道的属性面板如图5-42所示。

重要参数讲解

默认高光：作为材质的基础反光层。

类型：设置材质的高光类型。在默认状态下，反射层是"高光-Blinn（传统）"模式，这是常见的哑光材质，如果想切换至塑料或金属材质，可在此切换高光类型。

衰减：设置材质反射的衰减强度，有"添加"和"金属"两个选项。

高光强度：设置材质高光的整体强度。

层颜色：设置材质反射的颜色。

层遮罩：可为材质创建遮罩层，在多层反光材质中效果明显。

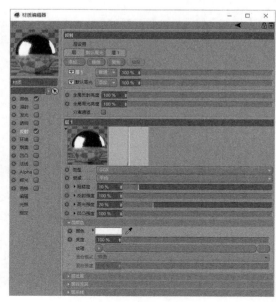

图5-42

②GGX是一种材质反射类型，因此并没有通道面板，需要在"反射"通道中进行添加，GGX的属性面板如图5-43所示。

重要参数讲解

粗糙度：设置材质的磨砂程度。默认为10%，表示该材质具有一定的粗糙属性。

反射强度：设置材质的反射强度，数值越小，材质越接近固有色。

高光强度：设置材质的高光范围。

菲涅耳：设置材质的菲涅耳属性，有"无""绝缘体""导体"3种类型，现实生活中的材质基本上都有菲涅耳效果，因此在设置材质时都会设置"菲涅耳"的类型。

折射率（IOR）：指材料表面发生折射的强度，一般用于表现绝缘体和非金属类的材质，如图5-44所示。控制金属表面反射强度的参数越大，反射效果越强烈，如图5-45所示。

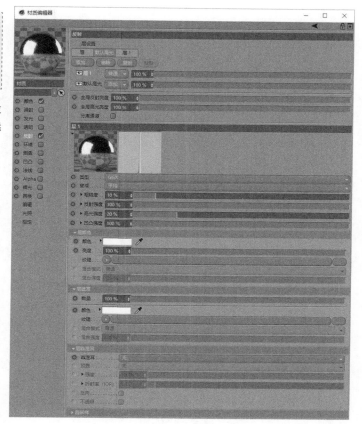

图5-43

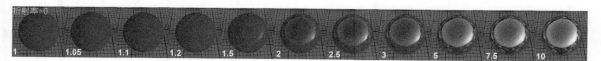

图5-44

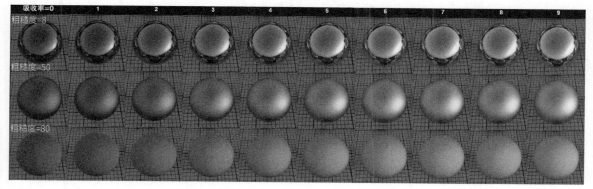

图5-45

层采样：这是关于采样的参数，一般情况下可不调节。

工具： 反射 位置：菜单栏>创建>材质>新材质 >反射 演示视频：36-反射.mp4

01 创建一个材质球，双击进入"材质编辑器"面板，勾选"反射"通道，然后单击"添加"按钮 添加，新建一个GGX反射层，如图5-46所示。

02 此时有两层反射层，一层是"默认高光"层，一层是新建的GGX高光层，同时被选中的层也有两个，一个是"层"（管理器），一个是"层1"（新建的GGX层），如图5-47所示。层是可以多选的，按住Shift键并单击一个层表示加选，再次单击就是减选。另外，在调节的时候可以同时选择多个层。

03 在"层1"中，找到"层菲涅耳"选项组，然后将"菲涅耳"切换为"导体"，完成金属材质的创建，如图5-48所示。

图5-46

中文版CINEMA 4D R20实战基础教程（全彩版）

图5-47

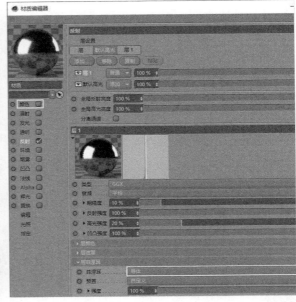

图5-48

技巧与提示

此时可见"默认高光"层被新建的"层1"叠加，"默认高光"层和GGX层叠加才是材质球最终呈现的效果。读者可以尝试将"默认高光"层关闭（在"层"管理面板中，单击"默认高光"层前方的按钮即可关闭图层），观察材质球会不会发生变化。

⊟ 实战介绍

本例使用"反射"通道制作电风扇的金属材质。

⊙ 效果介绍

图5-49所示为本例的效果图。

图5-49

⊙ 通道特点

在真实世界中，物体表面都会有反射现象产生，如图5-50所示。无论是看似透亮的金属或玻璃，还是粗糙暗淡的污垢表面，都会有被光线照射后产生的反射现象。金属材质就具有高反射的特点，通常需要借助丰富的环境光才能衬托它的质感，常用于表达各类金属材料或高反射特殊材料（如镜子）。

图5-50

□ 思路分析

在制作材质球之前，需要对材质的用法进行分析，以便进行后续的制作。

⊙ 制作简介

本例制作金属材质，在"反射"通道中添加GGX反射层，然后通过在反射层上叠加"导体"属性，实现快速制作普通金属的效果。

⊙ 材质效果

图5-51所示为制作的材质效果。

------- 技巧与提示 -------
　GGX是一种材质反射类型，常用于制作高反射类材质，如金属、塑料和水。

图5-51

□ 步骤演示

01 打开本书学习资源中的"场景文件>CH05>9.c4d"文件，效果如图5-52所示。场景中已经建立了摄像机和灯光，下面开始调节风扇的金属材质。

02 创建一个材质球，双击进入"材质编辑器"面板，关闭其他通道，在"反射"通道中添加GGX反射层，由于金属有一定的粗糙度并具有较为强烈的反光效果，因此在新建的层中设置"粗糙度"为20%，"反射强度"为50%，如图5-53所示。

03 所有的材质赋予完成后，按快捷键Ctrl+R进行渲染，效果如图5-54所示。

图5-52 　　　　　　　　　　图5-53 　　　　　　　　　　图5-54

□ 经验总结

通过这个案例的学习，相信读者已经掌握了"反射"通道的制作方法和GGX的添加方法。

⊙ 技术总结

根据材质是否具备金属属性，"层菲涅耳"可以用来定义该材质是导体还是绝缘体，参数为"无"时也是一种导体，但是不能调节其"折射率（IOR）""强度"等参数，因此想要制作更加精细的金属效果，需要将"菲涅耳"这一选项设置为"导体"，以便调节更多的反射参数。

⊙ 经验分享

金属材质的制作非常简单，读者需要掌握反射层的多层叠加逻辑，因为"反射"通道不仅可以创建多个反射层并叠加，它还可以与"透明""颜色""发光""凹凸""法线"等通道相互作用。

<table>
<tr><td rowspan="4">课外练习：制作光感装饰品的材质</td><td>场景位置</td><td>场景文件>CH05>10.c4d</td></tr>
<tr><td>实例位置</td><td>实例文件>CH05>课外练习36：制作光感装饰品的材质.c4d</td></tr>
<tr><td>教学视频</td><td>课外练习36：制作光感装饰品的材质.mp4</td></tr>
<tr><td>学习目标</td><td>熟练掌握反射通道技术</td></tr>
</table>

⊙ 效果展示

图5-55所示为本练习的效果图。

⊙ 制作提示

这是一个制作具有金属质感的装饰品的练习，其制作方法与案例类似，只是在参数设置上有一些细微的差别，它的"反射强度"可以调到最大，而"粗糙度"可以降低。材质效果如图5-56所示。

图5-55　　　　　　　图5-56

<table>
<tr><td rowspan="4">实战 37
凹凸、法线贴图：制作瓷杯的材质</td><td>场景位置</td><td>场景文件>CH05>11.c4d</td></tr>
<tr><td>实例位置</td><td>实例文件>CH05>实战37 凹凸、法线贴图：制作瓷杯的材质.c4d</td></tr>
<tr><td>教学视频</td><td>实战37 凹凸、法线贴图：制作瓷杯的材质.mp4</td></tr>
<tr><td>学习目标</td><td>掌握凹凸和法线通道技术</td></tr>
</table>

☐ 工具剖析

本例主要使用材质编辑器中的"凹凸"和"法线"通道进行制作。

⊙ 参数解释

"凹凸"和"法线"通道的效果相似，所以这两个通道使用一个就可以了，这里以"凹凸"通道为例。"凹凸"通道的属性面板如图5-57所示。

重要参数讲解

强度：设置材质外表面在视觉上的凹凸强度。

纹理：通过加载贴图控制材质的效果。想要模型表面产生凹凸效果，需要使用法线贴图，此处可以使用CINEMA 4D R20自带的着色器，也可以使用外部贴图。

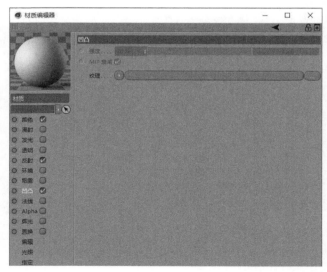

图5-57

⊙ 操作演示

工具： 凹凸 和 法线　　**位置：** 菜单栏>创建>材质>新材质>凹凸、法线　　演示视频：37-凹凸、法线.mp4

01 创建一个材质球，双击进入"材质编辑器"面板，勾选"凹凸"通道，然后单击"纹理"旁的 ◎ 按钮，选择"表面>星系"选项，如图5-58所示。

中文版CINEMA 4D R20实战基础教程（全彩版）

02 这时材质球出现星系纹理的特性，预览图显示了黑白贴图，如图5-59所示。

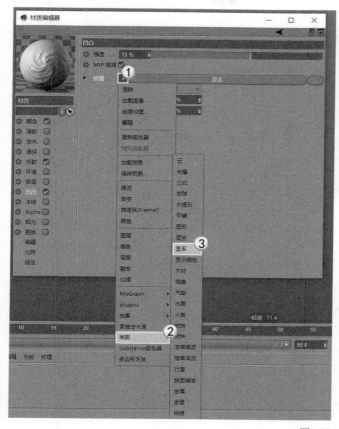

图5-59

图5-58

> **技巧与提示**
>
> "凹凸"通道可以通过黑白图片将信息转换为凹凸信息，白色部分代表凸起部分，黑色部分代表无作用部分；"法线"通道只能识别法线贴图，法线贴图需要使用专业软件制作，制作的贴图几乎为蓝紫色，如图5-60所示。此外，黑白贴图可以载入"凹凸"通道，但是不能载入"法线"通道。

图5-60

一 实战介绍

本例用材质编辑器中的"凹凸"通道和"法线"通道制作陶瓷材质。

⊙ 效果介绍

图5-61所示为本例的效果图。

⊙ 通道特点

"凹凸"和"法线"通道用于表现物体表面的凹凸或粗糙效果，如陶瓷、墙面。"凹凸"和"法线"通道是一组效果相似，但贴图类型不同的通道，选择什么样的通道，取决于贴图是黑白贴图还是法线贴图。既可以选择使用一种通道制作，又可以将两种通道叠加，一般为了让模型表面的细节更加丰富，通常会将两种通道进行叠加。图5-62所示为使用这两种通道制作的材质效果展示。

图5-61

图5-62

思路分析

在制作材质球之前，需要对材质的用法进行分析，以便进行后续的制作。

⊙ 制作简介

本例制作粗糙陶瓷材质，需要使用纹理贴图进行制作，使细节看上去更加丰富和真实。为了体现陶瓷的粗糙感，需要先调节材质球的色彩，再分别在"凹凸"通道和"法线"通道中各添加一张贴图，并将其叠加。

⊙ 材质效果

图5-63所示为制作的材质效果。

图5-63

步骤演示

01 打开本书学习资源中的"场景文件>CH05>11.c4d"文件效果，如图5-64所示。场景中的摄像机和灯光已经布置完成，下面需要调节瓶身的材质。

02 创建一个材质球，双击进入"材质编辑器"面板，勾选"凹凸"和"法线"通道，如图5-65所示。

03 先调节容易调整的颜色通道。进入"颜色"通道，设置颜色为（H:0°,S:0%,V:28%），如图5-66所示。

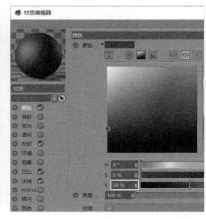

图5-64 · 图5-65 · 图5-66

04 进入"凹凸"通道，打开学习资源中的"场景文件>CH05>贴图>陶瓷黑白.jpg"，将准备好的黑白贴图拖曳到"纹理"中。将贴图载入通道后，凹凸效果一般比较强烈，所以需要将"强度"设置为10%，如图5-67所示。

05 进入"法线"通道，打开学习资源中的"场景文件>CH05>贴图>陶瓷法线.jpg"，将准备好的法线贴图拖曳到"纹理"中，如图5-68所示。

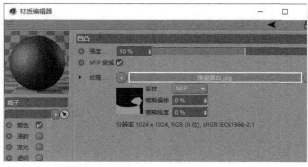

图5-67 · 图5-68

---- 技巧与提示 ----

除了将贴图拖曳到"纹理"中加载外部贴图，还可以单击"纹理"选项后的三角形按钮，在弹出的对话框中选择需要的贴图。

06 所有的材质赋予完成后，按快捷键Ctrl+R进行渲
染，效果如图5-69所示。

经验总结

通过这个案例的学习，相信读者已经掌握了陶瓷
材质的制作方法。

⊙ 技术总结

本例的两个通道都分别使用了外部贴图，使原本
平滑无细节的表面有了更加真实的质感。"凹凸"和"法线"通道的使用可以较大程度地减少工作量，并且也不会
占用计算机太多的资源。

⊙ 经验分享

一张照片去色后也可以作为"凹凸"通道的贴图，一张简单的黑白贴图就能制作复杂的凹凸起伏效果。

图5-69

课外练习：制作石砖墙面的材质

场景位置	场景文件>CH05>12.c4d
实例位置	实例文件>CH05>课外练习37：制作石砖墙面的材质.c4d
教学视频	课外练习37：制作石砖墙面的材质.mp4
学习目标	熟练掌握凹凸和法线通道技术

⊙ 效果展示

图5-70所示为本练习的效果图。

⊙ 制作提示

本练习是一个墙面的练习，其制作方法与案例类似，仅使用了一个通道，材质效果如图
5-71所示。

图5-70

图5-71

实战 38
Alpha贴图：制作飘落的叶子材质

场景位置	场景文件>CH05>13.c4d
实例位置	实例文件>CH05>实战38 Alpha贴图：制作飘落的叶子材质.c4d
教学视频	实战38 Alpha贴图：制作飘落的叶子材质.mp4
学习目标	掌握Alpha通道技术

工具剖析

本例主要使用材质编辑器中的Alpha通道进行制作。

⊙ **参数解释**

Alpha通道的属性面板如图5-72所示。

重要参数讲解

颜色：设置Alpha贴图的颜色，从而改变透明区域。

反相：将透明区域翻转。

纹理：载入外部贴图或着色器。

⊙ **操作演示**

工具：Alpha　位置：菜单栏>创建>材质>新材质>Alpha　演示视频：38-Alpha.mp4

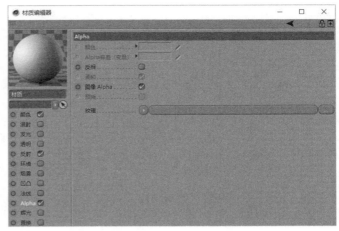
图5-72

01 单击"平面"按钮 在场景中创建一个平面，如图5-73所示。

02 创建一个材质球，然后双击进入"材质编辑器"面板，勾选Alpha通道。打开学习资源中的"场景文件>CH05>贴图>叶子Alpha.JPG"文件，将准备好的贴图载入"纹理"中，材质球就会自动形成部分透明效果，如图5-74所示。

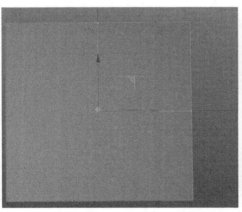
图5-73

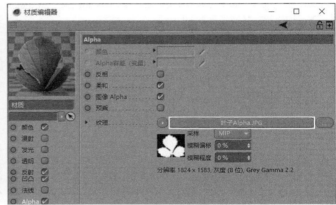
图5-74

- - - - - **技巧与提示** - - - - -
　Alpha通道类似Photoshop中的Alpha，最大的作用也是抠图，只不过这是三维软件中的抠图方式。

□ **实战介绍**

本例用Alpha通道结合贴图制作飘落在地上的叶子。

⊙ **效果介绍**

图5-75所示为本例的效果图。

⊙ **通道特点**

Alpha通道可以理解为完全透明的通道，和"透明"通道不同，Alpha通道是通过贴图或"着色器"形成一个遮罩，屏蔽一部分材质，而"透明"通道则是带有折射率的实实在在存在的材质。在渲染的时候，一些Logo的渲染就可以用到Alpha通道，如图5-76所示。

图5-75　　　　　　图5-76

☐ 思路分析

在制作材质球之前，需要对材质的用法进行分析，以便进行后续的制作。

⊙ 制作简介

本例制作叶子纹理贴图，叶子的轮廓是一个不规则的形状，若是通过建模进行制作则需要花费大量时间，因此通过Alpha通道进行制作，可直接抠出叶子的轮廓，快速形成一片叶子的形状。

⊙ 材质效果

图5-77所示为制作的材质效果。

图5-77

☐ 步骤演示

01 打开本书学习资源中的"场景文件>CH05>13.c4d"文件，效果如图5-78所示。场景中的摄像机和灯光已经布置完成，接下来开始模拟飘落的叶子效果。

02 创建一个材质球，双击进入"材质编辑器"面板，勾选Alpha通道。打开学习资源中的"场景文件>CH05>贴图>叶子Alpha.JPG"文件，将准备好的Alpha贴图拖入"纹理"中，得到图5-79所示的效果。

图5-78

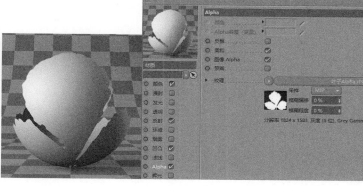

图5-79

03 此时还需要在"颜色"通道中载入贴图，才能使叶子更加有细节。进入"颜色"通道，打开"场景文件>CH05>贴图>叶子颜色.JPG"文件，将带有颜色的叶子贴图载入"纹理"，如图5-80所示，材质效果如图5-81所示。

图5-80

图5-81

04 勾选"凹凸"通道，打开"场景文件>CH05>贴图>叶子黑白.JPG"文件，将素材中的黑白图片载入"纹理"中，如图5-82所示。

05 所有的材质赋予完成后，按快捷键Ctrl+R进行渲染，效果如图5-83所示。

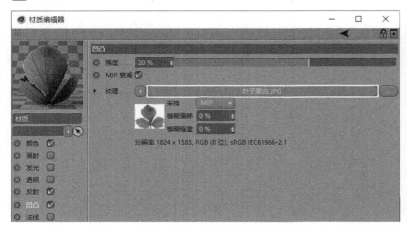

图5-82　　　　　　　　　　　　　　　　　　　　　图5-83

一 经验总结

通过这个案例的学习，相信读者已经掌握了Alpha通道的使用方法，明白它是三维中的抠图通道即可。

⊙ 技术总结

可以将Alpha通道简单地理解为完全透明通道，在这个通道中可以加载黑白贴图表示透明的位置，黑色表示透明区域，白色表示不透明区域。在使用Alpha通道的时候，需要载入一张黑白贴图。除此之外，读者可以尝试载入各式各样的贴图，观察最终效果。

⊙ 经验分享

Alpha通道可以较大程度地减少工作所需要的时间，尤其是制作小型但又较为复杂的模型轮廓的工作时间。

课外练习：制作绿叶花环的材质

场景位置	场景文件>CH05>14.c4d
实例位置	实例文件>CH05>课外练习38：制作绿叶花环的材质.c4d
教学视频	课外练习38：制作绿叶花环的材质.mp4
学习目标	熟练掌握Alpha通道技术

⊙ 效果展示

图5-84所示为本练习的效果图。

⊙ 制作提示

这是一个花环的练习，其制作方法与案例类似，材质效果如图5-85所示。

图5-84　　　　　　　　　　　　　　　　　　　　图5-85

实战 39
置换贴图:制作草地的材质

🗀 工具剖析

本例主要使用材质编辑器中的"置换"通道进行制作。

⊙ 参数解释

"置换"通道的属性面板如图5-86所示。

重要参数讲解

强度:设置置换纹理的权重值。

高度:设置载入外部贴图的高度。

纹理:载入外部贴图或着色器。

次多边形置换:勾选该选项后,会有更精细的置换效果。

细分数级别:控制材质的细节程度。细分越大,模型表面越复杂,模型细节越多、越真实。

⊙ 操作演示

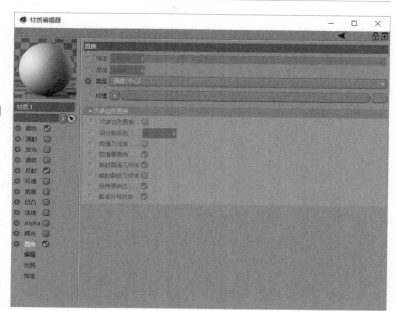

图5-86

工具: 置换 **位置**:菜单栏>创建>材质>新材质>置换 **演示视频**:39-置换.mp4

01 创建一个材质球,双击进入"材质编辑器"面板,然后勾选"置换"通道,如图5-87所示。

02 打开学习资源中的"场景文件>CH05>贴图>草地法线.jpg"文件,将预设的法线贴图载入"纹理",材质球表面将会发生变化,出现类似土壤的裂纹,如图5-88所示。

图5-87

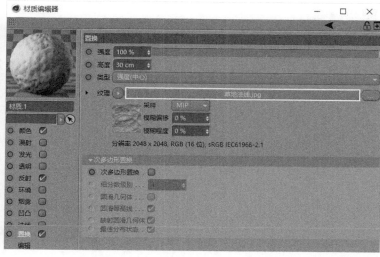

图5-88

🗀 实战介绍

本例用材质编辑器中的"置换"通道结合贴图制作草地。

⊙ 效果介绍

图5-89所示为本例的效果图。

⊙ 通道特点

土壤表面的凹凸效果较为明显，仅通过"凹凸"和"法线"通道难以模拟它的真实效果。"置换"通道其实也是一个凹凸效果通道，与"凹凸"和"法线"通道不同的是，"置换"通道是通过贴图影响模型表面的起伏，形成真实的凹凸效果，并非只是视觉上的凹凸效果，其效果如图5-90所示。

图5-89　　　　　　　　　　图5-90

思路分析

在制作材质球之前，需要对材质的用法进行分析，以便进行后续的制作。

⊙ 制作简介

本例制作一个地面纹理，这是一个非常真实的场景，既然是真实场景，使用"置换"通道能使平整的表面产生凹凸起伏的效果。使用的贴图既可以是特殊的法线贴图，又可以是黑白纹理贴图，二者结合可以得到更加逼真的效果（计算机的运算量也会更大）。因此本例需要载入前期制作好的地面图案，使模型表面产生真实的起伏效果。在制作地面的效果时，需要理解"置换"通道产生凹凸的原理。

⊙ 材质效果

图5-91所示为制作的材质效果。

图5-91

步骤演示

01 打开本书学习资源中的"场景文件>CH05>15.c4d"文件，效果如图5-92所示。场景中已经建立了摄像机和灯光，接下来模拟草地效果。

02 创建一个材质球，双击进入"材质编辑器"面板，勾选"置换"通道，如图5-93所示。

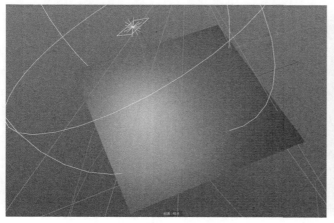 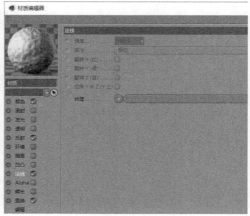

图5-92　　　　　　　　　　图5-93

03 进入"颜色"通道，打开学习资源中的"场景文件>CH05>贴图>草地颜色.jpg"文件，然后将预设的颜色贴图载入"纹理"，如图5-94所示，材质效果如图5-95所示。

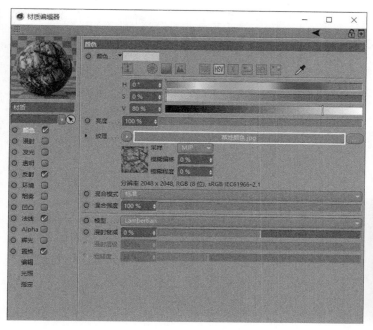

图5-94

图5-95

04 勾选"法线"通道，打开学习资源中的"场景文件>CH05>贴图>草地法线.jpg"文件，然后将准备好的法线贴图载入"纹理"，如图5-96所示，材质效果如图5-97所示。

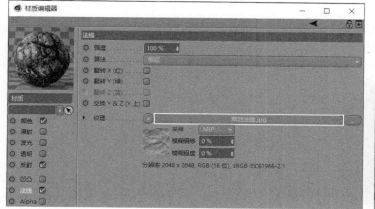

图5-96

图5-97

05 勾选"置换"通道，打开学习资源中的"场景文件>CH05>贴图>草地置换.jpg"文件，将预设的置换贴图载入"纹理"，并设置"高度"为30cm，如图5-98所示，材质效果如图5-99所示。

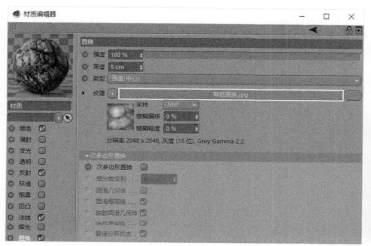

图5-98

图5-99

06 所有的材质赋予完成后，按快捷键Ctrl+R进行渲染，效果如图5-100所示。

图5-100

⊟ 经验总结

通过这个案例的学习，相信读者已经掌握了"置换"通道的使用方法。

⊙ 技术总结

通过"置换"通道制作的贴图能让模型表面产生真实的凹凸感，模型表面必须拥有足够多的面才能表现置换后的效果，否则就会出现模糊的情况。

⊙ 经验分享

"置换"通道用到的贴图可以在Photoshop中绘制或在其他软件中生成，这样就可节约大量的建模时间。

中文版CINEMA 4D R20实战基础教程（全彩版）

课外练习：制作马路街道的材质		
场景位置	场景文件>CH05>16.c4d	
实例位置	实例文件>CH05>课外练习39：制作马路街道的材质.c4d	
教学视频	课外练习39：制作马路街道的材质.mp4	
学习目标	熟练掌握置换通道技术	

⊙ 效果展示

图5-101所示为本练习的效果图。

⊙ 制作提示

这是一个真实的马路街道贴图制作的练习，需要将多个通道进行叠加，让马路表面的细节更丰富。材质效果如图5-102所示。

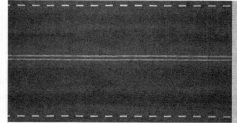

图5-101   图5-102

实战 40 毛发：制作毛绒球		
场景位置	无	
实例位置	实例文件>CH05>实战40 毛发：制作毛绒球.c4d	
教学视频	实战40 毛发：制作毛绒球.mp4	
学习目标	掌握添加毛发生成器的用法	

⊟ 工具剖析

本例主要使用"添加毛发"生成器 添加毛发 进行制作。

⊙ 参数解释

使用毛发材质球可以制作不同形态、不同色彩和不同材质的毛发，相比普通的材质球，制作毛发材质球需要使用更多的通道。"添加毛发"生成器 添加毛发 的参数非常多，但是常用的是"引导线"选项卡和"毛发"选项卡中的参数，如图5-103所示。

重要参数讲解

链接：表示生成器对什么物体起作用，在什么物体上生长毛发。

数量：设置引导线的数量，并非毛发数量。

分段：设置引导线分段数。

长度：设置引导线总体长度。

数量：设置毛发数量。

分段：设置毛发的分段数。

⊙ **操作演示**

工具：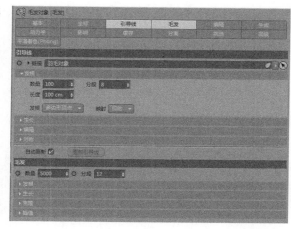 位置：菜单栏>模拟>毛发对象>添加毛发　演示视频:40-毛发.mp4

图5-103

01 单击"球体"按钮 在场景中创建一个球体，设置"分段"为50，"类型"为"二十面体"，如图5-104所示。

02 生成毛发材质。在选中球体的状态下，按住Alt键，同时执行"模拟>毛发对象>添加毛发"菜单命令，毛发就自动添加好了，并且在"对象"面板中，"球体"已经成为"毛发"的子对象层，如图5-105所示，并且自动生成毛发材质，如图5-106所示。

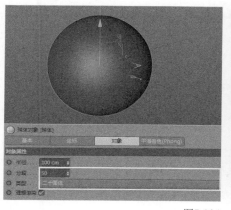

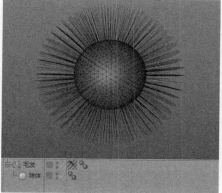

图5-104　　　　　　　　图5-105　　　　　　　图5-106

------ **技巧与提示** ------

毛发材质是特殊材质，它只能作用于毛发对象。

03 改变毛发的数量和长短。在"对象"面板中，选中"毛发"对象层，然后在"引导线"选项卡中设置"长度"为20cm；在"毛发"选项卡中设置"数量"为20000，如图5-107所示。按快捷键Ctrl+R进行渲染，效果如图5-108所示。

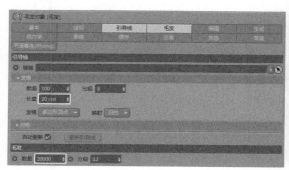

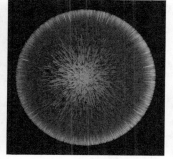

图5-107　　　　　　　图5-108

------ **技巧与提示** ------

在CINEMA 4D R20中，羽毛和毛发的渲染速度是非常快的。

04 控制毛发的形态。在"材质"面板中，双击毛发材质球进入"材质编辑器"，然后勾选所有通道，如图5-109所示。按快捷键Ctrl+R进行渲染，得到图5-110所示的效果。

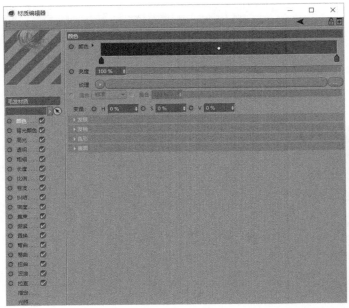
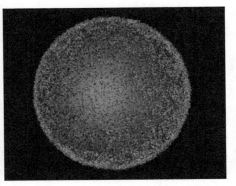

图5-109   图5-110

实战介绍

本例用"添加毛发"生成器 <添加毛发> 制作毛绒球。

⊙ 效果介绍

图5-111所示为本例的效果图。

⊙ 运用环境

毛发的细节丰富，质轻而韧，一根毛发的引导线由许许多多的小绒毛组成。实际上，在制作毛发的过程中，毛发并没有产生真实的点、边和多边形的模型，它是通过毛发特有的算法制作出数量巨大的毛发，同时还能较大程度减轻计算机的负荷。"添加毛发"生成器 <添加毛发> 主要用于模拟人体的头发、动物毛发和织物等效果，因此可用来制作常见的各种表面附着毛发的物体，如图5-112所示。当然，结合一些样条，还可以制作超现实场景。

图5-111   图5-112

思路分析

在制作材质球之前，需要对材质的特点进行分析，以便进行后续的制作。

⊙ 制作简介

本例通过"添加毛发"生成器 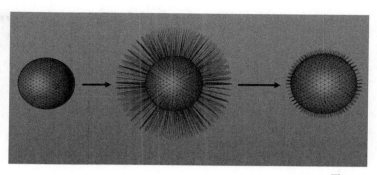 制作毛绒球，先通过制作毛发材质球并生成毛发，然后通过生成器控制毛发的长度和数量。毛绒球的形态是球体，因此必须在球体上生成毛发，所以需要使用"球体"工具 制作基本形体。

⊙ 材质效果

图5-113所示为整个过程的流程图。

图5-113

□ 步骤演示

01 生成毛发材质后，选中"毛发"对象层，在"引导线"选项卡中设置"长度"为15cm，在"毛发"选项卡中设置"数量"为20000，如图5-114所示。

02 进入毛发材质球的"材质编辑器"面板，然后进入"颜色"通道，可以看到颜色是由黑色到棕色的渐变着色器控制的，本例需将棕色改为灰蓝色（H:215°,S:45%,V:81%），勾选其余所有通道，如图5-115所示。按快捷键Ctrl+R进行渲染，效果如图5-116所示。

----技巧与提示----
毛发的数量可以非常大，毛发越浓密，渲染的效果越真实。

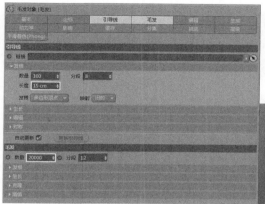

图5-114

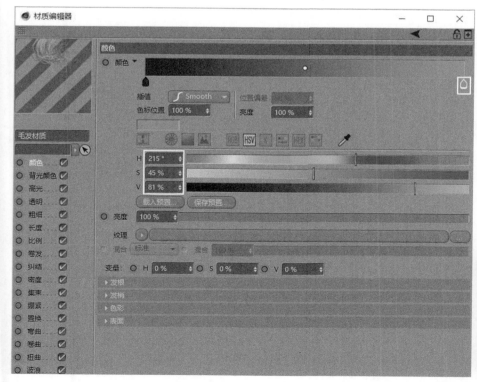

图5-115

图5-116

03 将步骤02创建的毛发材质球复制两个并进行简单的构图，大致效果如图5-117所示。

04 所有的材质赋予完成后，按快捷键Ctrl+R渲染，效果如图5-118所示。

图5-117　　　　　　　　　　　　图5-118

⊟ 经验总结

通过这个案例的学习，相信读者已经掌握了"添加毛发"生成器 的使用方法。

⊙ 技术总结

普通毛发主要使用"添加毛发"生成器 和材质球制作，这两个都是用来控制毛发的工具。"添加毛发"生成器主要控制毛发的数量和长度，材质球用来控制毛发的形态，如粗细、卷曲程度和颜色等，了解这些可以精确地设置毛发的各种属性。

⊙ 经验分享

除此之外，毛发的制作还可以使用"梳理"工具 ，这个工具的原理类似现实中的梳子，可以用于梳理"发型"，改变毛发的形状。

课外练习：制作毛绒地毯的材质	场景位置	无
	实例位置	实例文件>CH05>课外练习40：制作毛绒地毯的材质.c4d
	教学视频	课外练习40：制作毛绒地毯的材质.mp4
	学习目标	熟练掌握毛发生成器的用法

⊙ 效果展示

图5-119所示为本练习的效果图。

⊙ 制作提示

本练习是在一块平面上生长出毛发，并改变毛发的属性。读者思考激活毛发材质中的什么通道才能制作出图5-120所示的效果。

图5-119　　　　　　　　　　　　图5-120

实战 41 羽毛：制作螺旋羽毛	场景位置	无
	实例位置	实例文件>CH05>实战41 羽毛：制作螺旋羽毛.c4d
	教学视频	实战41 羽毛：制作螺旋羽毛.mp4
	学习目标	掌握羽毛对象生成器的用法

⊟ 工具剖析

本例主要使用"羽毛对象"生成器 进行制作。

⊙ 参数解释

"羽毛对象"生成器 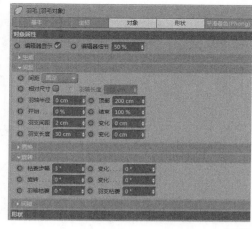 的属性面板如图5-121所示。

重要参数讲解

生成：控制生成的羽毛是毛发还是样条，同时还能控制毛发的分段数。

间距：控制样条左右两侧羽毛之间的距离。

置换：为笔直的毛发增加弯曲度，图5-122所示为调整该参数后的一些效果。

旋转：设置羽毛旋转的角度，可用于制作图5-123所示的有趣效果。

间隔：模拟真实羽毛的随机间隔，图5-124所示为模拟羽毛间隔的效果。

5-121

图5-122

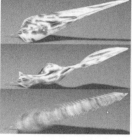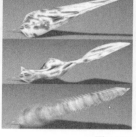
图5-123

图5-124

⊙ 操作演示

工具： 羽毛对象　　位置：菜单栏>模拟>毛发对象>羽毛对象　　演示视频：41-羽毛.mp4

01 使用"圆环"工具 圆环 在场景中创建一个圆环样条，如图5-125所示，接下来羽毛将生长在该形状上。

02 生成羽毛材质。在选中圆环样条的状态下，按住Alt键的同时执行"模拟>毛发对象>羽毛对象"菜单命令，羽毛自动添加完成，并且在"对象"面板中圆环已经成为羽毛的子对象层，自动生成了羽毛材质，如图5-126所示。

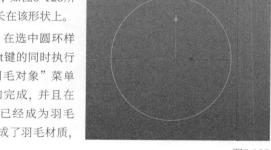
图5-125

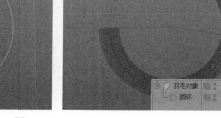
图5-126

03 在"对象"面板中选中"羽毛对象"对象层，然后设置"开始"为0%，这样整个圆环上都布满了羽毛，如图5-127所示。

04 双击毛发材质球，打开"材质编辑器"面板，勾选"颜色""高光""粗细""长度""比例"通道，然后给"颜色"通道设置"渐变"的4种颜色，分别为（H:47°,S:46%,V:100%）、（H:138°,S:40%,V:100%）、（H:208°,S:58%,V:100%）、（H:221°,S:75%,V:55%），如图5-128所示。按快捷键Ctrl+R进行渲染，效果如图5-129所示。

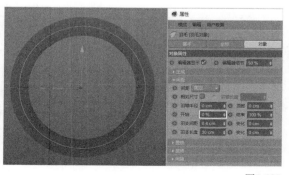
图5-127

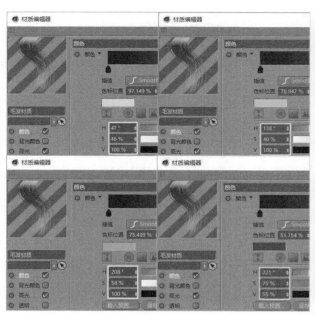

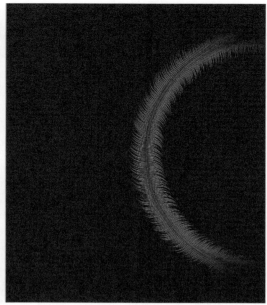

图5-128　　　　　　　　　　　　　　　　　　　　　　　　　　　　　　　　　　图5-129

实战介绍

本例用"羽毛对象"生成器 羽毛对象 制作螺旋形羽毛。

⊙ 效果介绍

图5-130所示为本例的效果图。

⊙ 运用环境

羽毛的细节丰富，一根羽毛由许许多多
的小绒毛组成，图5-131所示为鸟类羽毛效
果。"羽毛对象"生成器 羽毛对象 主要模拟动
物的羽毛。当然，结合一些样条的使用，还
可以制作超现实场景。

图5-130　　　　　　　　　图5-131

思路分析

在制作材质球之前，需要对材质的特点
进行分析，以便进行后续的制作。

⊙ 制作简介

在使用"羽毛对象"生成器 羽毛对象 制
作羽毛时，必须要有样条作为生长羽毛的载
体，所以需要创建合适的样条。本例使用
"螺旋"工具 螺旋，生成具有螺旋形态的羽
毛艺术作品。

⊙ 材质效果

图5-132所示为整个过程的流程图。

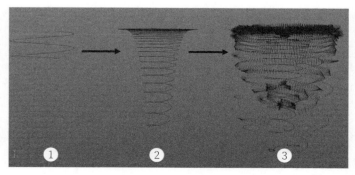

图5-132

步骤演示

01 先确定整个形态的大体形状。单击"螺旋"按钮 ⊗ 螺 在场景中创建一个螺旋，设置"起始半径"为250cm，"开始角度"为-10000°，"终点半径"为72cm，"高度"为650cm，"高度偏移"为5%，"细分数"为300，"平面"为XZ，然后旋转180°，参数设置及效果如图5-133所示。

02 在"对象"面板中选中"螺旋"对象层，按住Alt键的同时执行"模拟>毛发对象>羽毛对象"菜单命令，添加"羽毛对象"生成器和毛发材质球，如图5-134所示。按快捷键Ctrl+R进行渲染，效果如图5-135所示。

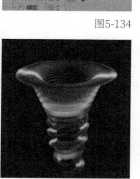

图5-134

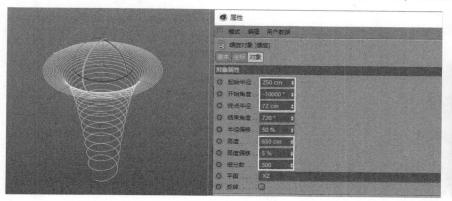

图5-133　　　　　图5-135

- - - - - 技巧与提示 - - - - -

在视图窗口中，生成的羽毛可能不会出现任何变化，因为羽毛的数量太多容易导致无法显示，需要渲染后才能查看结果。

03 在羽毛对象的属性面板中，设置"顶部"为200cm，"开始"为0%，"羽支间距"为2cm，"枯萎步幅"为3°，参数及效果如图5-136所示。

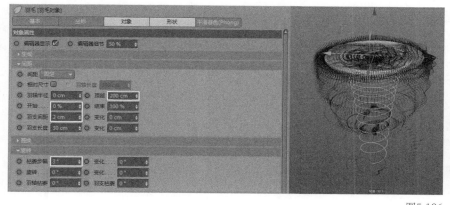

- - - - - 技巧与提示 - - - - -

本例演示的参数是作者一遍一遍测试出来的结果，读者可以自行设置参数，多次尝试后才能够制作比较满意的效果。

图5-136

04 在羽毛对象的属性面板中切换到"形状"选项卡，通过样条来调整羽毛的形状。将"右"的样条调节至图5-137所示形状，效果如图5-138所示。

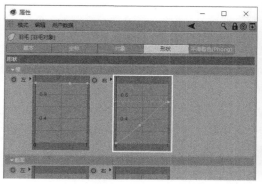

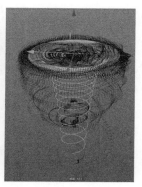

图5-137　　　　　图5-138

153

第5章　材质与纹理技术

05 进行简单的构图后，按快捷键Ctrl+R进行渲染，效果如图5-139所示。

经验总结

通过这个案例的学习，相信读者已经掌握了"羽毛对象"生成器 🪶羽毛对象 的使用方法。

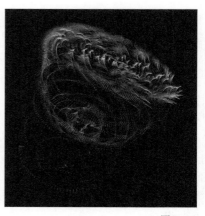

⊙ 技术总结

羽毛的创建方式和毛发的创建方式非常相似，因为创建工具都是生成器，所以都需要将物体放入它们的子对象层，区别是羽毛放入的是样条，而毛发放入的是多边形。

⊙ 经验分享

使用"羽毛对象"生成器 🪶羽毛对象 可以进行很多超现实的艺术设计，为设计工作者带来想象的空间和创作的灵感。另外，还可以用Illustrator绘制自由度更高的样条，再导入CNIEMA 4D R20制作更加丰富的抽象艺术形态。

图5-139

课外练习：制作环形羽毛的材质		
场景位置	无	
实例位置	实例文件>CH05>课外练习41：制作环形羽毛的材质.c4d	
教学视频	课外练习41：制作环形羽毛的材质.mp4	
学习目标	熟练掌握羽毛生成器的用法	

⊙ 效果展示

图5-140所示为本练习的效果图。

⊙ 制作提示

本练习使用圆环作为基本形，然后为毛发材质添加"颜色""高光""粗细""长度"属性，其中颜色需要使用3种颜色制作渐变色，分别为（H:221°,S:75%,V:55%）、（H:138°,S:40%,V:100%）和（H:47°,S:46%,V:100%），材质效果如图5-141所示。

图5-140

图5-141

第 6 章
常用材质的制作方法

上一章我们学习了CINEMA 4D R20默认渲染器的材质系统，并通过常用的材质和贴图制作了一些简单的常见材质。在实际工作中，需要制作的材质有很多，本章将介绍一些工作中常见材质的制作方法，包括不锈钢、塑料、磨砂玻璃、大理石、皮革和木材等。另外，由于篇幅问题，还有很多材质的制作方法未在本章介绍，会在后面的案例中以综合实训的方式进行介绍。

本章技术重点

» 掌握金属类材质的制作方法

» 掌握塑料类材质的制作方法

» 掌握玻璃类材质的制作方法

» 掌握大理石材质的制作方法

» 掌握皮革、木材材质的制作方法

场景位置	场景文件>CH06>17.c4d
实例位置	实例文件>CH06>实战42 金属类材质：制作不锈钢水管.c4d
教学视频	实战42 金属类材质：制作不锈钢水管.mp4
学习目标	掌握抛光不锈钢材质的制作方法

一 实战介绍

本例制作抛光不锈钢材质。

⊙ 效果介绍

图6-1所示为本例的效果图。

⊙ 材质属性

抛光不锈钢属于金属材质，它的外观光亮，反射强度高，具有较高的耐蚀性及较强的装饰性，常用于制作工业用具、餐具和厨房用具，如图6-2所示。金属的高亮感和暗色调环境结合，也能很好地表现一些科技场景。

图6-1

图6-2

二 思路分析

在制作材质球之前，需要对材质的特点进行分析，以便进行后续的制作。

⊙ 制作简介

根据抛光不锈钢的材质特点，抛光不锈钢仍然具有粗糙度，但是粗糙度较低，并且反射强度较高，因此需要在GGX反射层上调节"粗糙度"和"吸收"。

图6-3

⊙ 材质效果

图6-3所示为制作的材质效果。

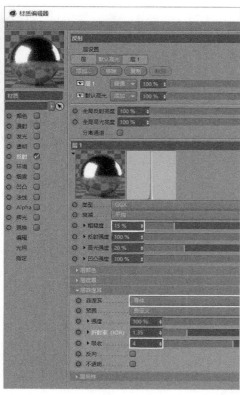

图6-4

三 步骤演示

创建一个材质球，然后进入"反射"通道，添加一个GGX反射层，并设置"层1"的"粗糙度"为15%，"菲涅耳"为"导体"，"吸收"为4，具体参数如图6-4所示。将材质赋予水管模型。

四 经验总结

通过这个案例的学习，相信读者已经掌握了不锈钢金属材质的制作方法。

⊙ 技术总结

GGX反射类型比较接近真实的物理反射效果，在制作金属材质时，GGX是用得较多的反射类型。除了GGX以外的反射类型，如Beckmann、Phong和Ward等都是用来模拟高反射材质的预设类型。

⊙ 经验分享

现实生活中的材质成千上万，在学习材质制作时，千万不能死记硬背参数，应该对材质进行归类，掌握每一类材质的制作原理，如抛光金属材质和哑光金属材质，它们都属于金属，在制作原理上是相同的。

课外练习:制作金属洗手盆的材质	场景位置	场景文件>CH06>18.c4d
	实例位置	实例文件>CH06>课外练习42:制作金属洗手盆的材质.c4d
	教学视频	课外练习42:制作金属洗手盆的材质.mp4
	学习目标	掌握哑光不锈钢材质的制作方法

⊙ 效果展示

图6-5所示为本练习效果图。

⊙ 制作提示

相对抛光金属材质，哑光金属材质的粗糙度明显要大一些，所以在制作材质时，应注意对"粗糙度"的设置，材质效果如图6-6所示。

图6-5　　　　　　　　图6-6

实战 43 塑料类材质: 制作气球	场景位置	场景文件>CH06>19.c4d
	实例位置	实例文件>CH06>实战43 塑料类材质:制作气球.c4d
	教学视频	实战43 塑料类材质:制作气球.mp4
	学习目标	掌握塑料材质的制作方法

⊟ 实战介绍

本例制作塑料材质。

⊙ 效果介绍

图6-7所示为本例的效果图。

图6-7

☉ 材质属性

塑料材质广泛运用在各类场景中，除了模拟一些塑料产品，它还可以用来制作背景，如图6-8所示。

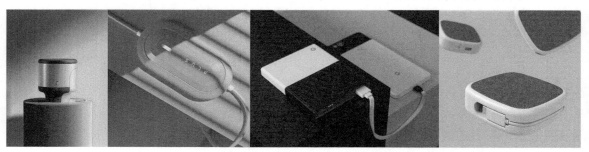

图6-8

思路分析

在制作材质球之前，需要对材质的特点进行分析，以便进行后续的制作。

☉ 制作简介

在CINEMA 4D R20中，塑料材质（不具备任何金属属性）和金属材质的区别仅体现在反射模式是绝缘体还是导体，可以按照创建金属材质的思路创建塑料材质。

☉ 材质效果

图6-9所示为制作的材质效果。

图6-9

步骤演示

01 创建一个材质球，将创建的材质赋予气球模型。关闭"颜色"通道，在"反射"通道中新建一个GGX层，然后在GGX层（层1）设置"菲涅耳"为"绝缘体"。高亮塑料材质创建完成后，尝试调节其细节参数，设置"粗糙度"为20%，如图6-10所示。

02 在"颜色"通道中需要设置3种颜色，分别为（H:360°,S:38%,V:100%）、（H:205°,S:44%,V:100%）和（H:54°,S:57%,V:100%），如图6-11所示。

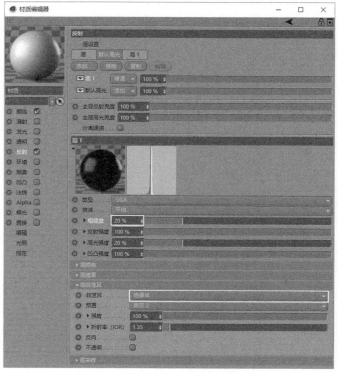

图6-10

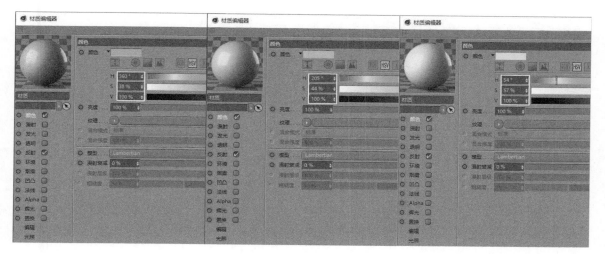

图6-11

经验总结

通过这个案例的学习，相信读者已经掌握了塑料材质的制作方法。

⊙ 技术总结

想要区分塑料材质和金属材质，只需要区分它们的反射类型。绝缘体在反射时会带有颜色通道中的信息，而导体在反射时则不会，在导体中出现的反射属于全反射，"颜色"通道对其不产生任何影响。

> **技巧与提示**
>
> 金属材质是全反射导体，类似镜子的反射效果，而塑料材质是绝缘体反射，反射时会带有自己本身材质的固有色。

⊙ 经验分享

当"菲涅耳"设置为"绝缘体"时，不仅可以制作塑料，还可以模拟非常多的材质，如木材、陶瓷和橡胶等。

课外练习：制作防摔碗具的材质

场景位置	场景文件>CH06>20.c4d
实例位置	实例文件>CH06>课外练习43：制作防摔碗具的材质.c4d
教学视频	课外练习43：制作防摔碗具的材质.mp4
学习目标	熟练掌握塑料材质的制作方法

⊙ 效果展示

图6-12所示为本练习效果图。

⊙ 制作提示

这是一个制作塑料材质的练习，其制作方法与案例类似。不同的是，相对案例中的塑料，本练习的粗糙度明显要大一些，所以在制作材质时，应注意对"粗糙度"的设置，材质效果如图6-13所示。

图6-12　　　　　　　　　　图6-13

☐ 实战介绍

本例制作磨砂玻璃材质。

⊙ 效果介绍

图6-14所示为本例的效果图。

⊙ 材质属性

与透明玻璃相比,磨砂玻璃的透明度较低,因此不能被大量光线穿透,而呈现出一种模糊感。磨砂玻璃通常用于制作粗糙玻璃和磨砂质感玻璃,如图6-15所示。磨砂玻璃的表现形式有表面粗糙和内部粗糙两种,这是两种不同的材质效果。基于宝石的特性,本例制作前者。

图6-14

图6-15

☐ 思路分析

在制作材质球之前,需要对材质的用法进行分析,以便进行后续的制作。

⊙ 制作简介

磨砂玻璃的视觉效果是不透明或不完全透明的,而且凭观察就能分辨其表面不光滑,所以根据这两个特性就能设置其材质参数。本例涉及有色玻璃和磨砂玻璃两种形式的叠加,有色玻璃调节的是"吸收颜色"和"吸收距离"两个参数,磨砂质感则需要调节"粗糙度"。

⊙ 材质效果

图6-16所示为制作的材质效果。

图6-16

☐ 步骤演示

01 创建一个材质球。勾选"透明"通道,设置"折射率"为1.56,"吸收颜色"为(H:0°,S:79%,V:100%),"吸收距离"为1cm,如图6-17所示。

02 进入"反射"通道,设置"粗糙度"为40%,如图6-18所示。

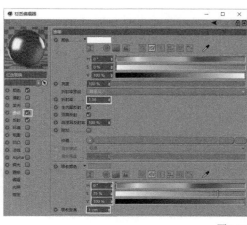

图6-17

图6-18

经验总结

通过这个案例的学习，相信读者已经掌握了透明材质的制作方法。

⊙ 技术总结

对于玻璃来说，它的磨砂质感是通过"粗糙度"来体现的，而固有色则是通过"吸收颜色"来调节的。

⊙ 经验分享

磨砂玻璃是日常生活中常见的材质，需要多加练习才能掌握真实的玻璃材质的制作方法。

课外练习：制作玻璃杯的材质	场景位置	场景文件>CH06>22.c4d
	实例位置	实例文件>CH06>课外练习44：制作玻璃杯的材质.c4d
	教学视频	课外练习44：制作玻璃杯的材质.mp4
	学习目标	掌握磨砂玻璃材质的制作方法（外部粗糙）

⊙ 效果展示

图6-19所示为本练习的效果图。

⊙ 制作提示

本练习制作外部粗糙的磨砂玻璃，其制作方法与案例类似。不同的是，制作外部粗糙的磨砂玻璃是更改"透明"通道中的"粗糙度"，而制作内部粗糙的磨砂玻璃是更改"反射"通道中的"粗糙度"，两者在观感上有明显差异。因此在制作本练习的材质时，应注意对"模糊"的设置，材质效果如图6-20所示。

图6-19　　　　　　　　　　图6-20

实战 45 石材类材质：制作大理石摆件	场景位置	场景文件>CH06>23.c4d
	实例位置	实例文件>CH06>实战45 石材类材质：制作大理石摆件.c4d
	教学视频	实战45 石材类材质：制作大理石摆件.mp4
	学习目标	掌握大理石材质的制作方法

实战介绍

本例制作大理石材质。

⊙ 效果介绍

图6-21所示为本例的效果图。

⊙ 材质属性

大理石表面光滑，反射强度较大，同时它的纹理非常丰富和细腻。大理石材质在日常生活中随处可见，常用于搭建建筑场景或厚重的工业背景，如图6-22所示。

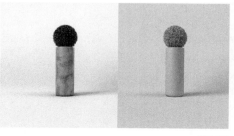 

图6-21　　　　　　　　　　图6-22

思路分析

在制作材质球之前，需要对材质的用法进行分析，以便进行后续的制作。

⊙ 制作简介

根据大理石的材质特点，可以用CINEMA 4D R20内置的大理石贴图来制作大理石的纹理。除了需要调节"菲涅耳"参数外，默认的大理石贴图的颜色和纹理也不是想要的效果，这都需要在"颜色"通道中进行设置，但只有外观的改变还不行，大理石的表面具有凹凸质感，因此需要将大理石贴图复制到"凹凸"通道中。

⊙ 材质效果

图6-23所示为制作的材质效果。

图6-23

步骤演示

01 创建一个材质球，将创建的材质赋予摆件模型。进入"颜色"通道，单击"纹理"选项旁的按钮，选择"纹理>表面>大理石"选项，加载预设材质，如图6-24所示。

02 单击"大理石"（或单击贴图图案），进入它的"着色器"属性选项组，然后双击颜色条下的色标1，弹出"渐变色标设置"对话框，设置颜色为（H:0°，S:0%，V:64%），单击"确定"按钮，如图6-25所示，这时渐变色变为从灰色到黑色的渐变。颜色调整完成后，设置"频率"分别为5、5和5，"湍流"为4%。

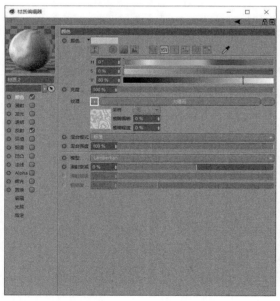

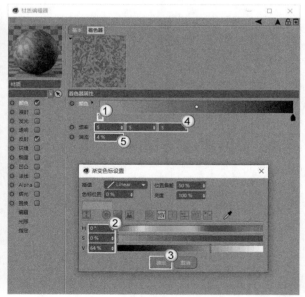

图6-24 图6-25

03 因为大理石表面是平整有光泽的，所以给材质球添加一个高亮的反光层。进入"反射"通道，添加一个GGX反射层，然后将"菲涅耳"改为"绝缘体"，如图6-26所示。

04 在"颜色"通道中，单击"纹理"选项旁的三角形按钮，选择"复制着色器"选项，如图6-27所示。

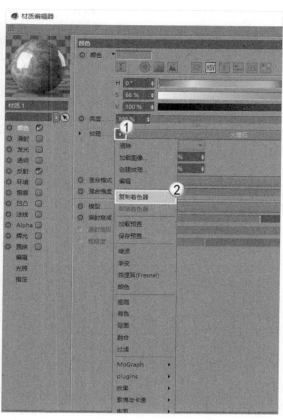

图6-26   图6-27

05 勾选"凹凸"通道,单击"纹理"旁的三角形按钮 ▶,选择"粘贴着色器"选项,将"颜色"通道中的大理石着色器复制到"凹凸"通道中,如图6-28所示。

06 默认参数的凹凸值太大,因此需要设置"强度"为5%,如图6-29所示。

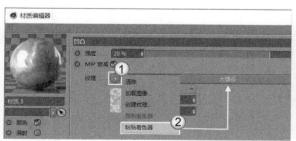

图6-28   图6-29

⊟ 经验总结

通过这个案例的学习,相信读者已经掌握了大理石材质的制作方法。

⊙ 技术总结

对于大理石来说，它的纹理是通过加载纹理贴图来体现的，调节纹理贴图的色彩和强度等参数可以得到逼真的效果。

⊙ 经验分享

通过着色器制作图案是贴图的一种方式（内部贴图），此外还可以在网上下载一张大理石纹理并拖曳到此处进行渲染。二者都是加载贴图，前者是参数化的，后者是位图，应优先使用参数化贴图。

<table>
<tr><td rowspan="4">课外练习：制作地板砖的材质</td><td>场景位置</td><td>场景文件>CH06>24.c4d</td></tr>
<tr><td>实例位置</td><td>实例文件>CH06>课外练习45：制作地板砖的材质.c4d</td></tr>
<tr><td>教学视频</td><td>课外练习45：制作地板砖的材质.mp4</td></tr>
<tr><td>学习目标</td><td>熟练掌握大理石材质的制作方法</td></tr>
</table>

⊙ 效果展示

图6-30所示为本练习的效果图。

⊙ 制作提示

这是一个制作大理石地板砖的练习，需要将颜色调得更暗，材质效果如图6-31所示。

图6-30   图6-31

<table>
<tr><td rowspan="4">实战 46
皮革类材质：制作办公椅</td><td>场景位置</td><td>场景文件>CH06>25.c4d</td></tr>
<tr><td>实例位置</td><td>实例文件>CH06>实战46 皮革类材质：制作办公椅.c4d</td></tr>
<tr><td>教学视频</td><td>实战46 皮革类材质：制作办公椅.mp4</td></tr>
<tr><td>学习目标</td><td>掌握皮革材质的制作方法</td></tr>
</table>

▭ 实战介绍

本例制作皮革材质。

⊙ 效果介绍

图6-32所示为本例的效果图。

⊙ 材质属性

皮革是生活中比较常见的一种对象。皮革的表面有一种特殊的粒面层，具有自然的粒纹和光泽，手感舒适。常用于衣服面料或室内家具，如图6-33所示。

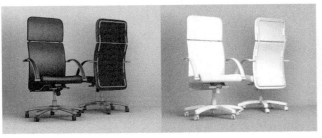 

图6-32   图6-33

☐ 思路分析

在制作材质球之前，需要对材质的特点进行分析，以便进行后续的制作。

⊙ 制作简介

根据皮革的特点，它应该属于绝缘体。皮革表面分布了非常细小的颗粒（但是整体比较光滑），所以在"凹凸"通道中需要添加相似的纹理贴图，如噪波贴图。另外，为了模拟面料的质感，还需要使用"菲涅耳（Fresnel）"纹理贴图，用于模拟菲涅耳反射效果。

⊙ 材质效果

图6-34所示为制作的材质球效果。

图6-34

☐ 步骤演示

01 创建一个材质球，将创建的材质赋予办公椅模型。进入颜色通道，设置"颜色"为（H:0°, S:0%, V:14%），如图6-35所示。

02 进入"反射"通道，添加GGX反射层，然后在"层1"中设置"菲涅耳"为"绝缘体"，如图6-36所示。

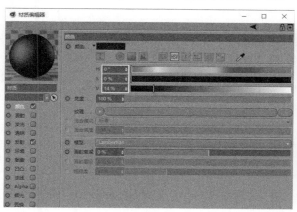

图6-35

图6-36

03 勾选"凹凸"通道，然后单击"纹理"旁的三角形按钮█，加载"噪波"贴图，接着设置"强度"为2%，如图6-37所示。

04 单击"噪波"（或单击贴图图案），进入它的"着色器属性"选项组，然后设置"全局缩放"为0.5%，"低端修剪"为47%，"高端修剪"为60%。通过调节噪波的属性影响材质的凹凸感，这时材质球表面会分布非常细小的颗粒，如图6-38所示。

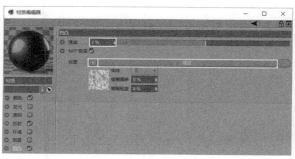

图6-37

图6-38

05 在"颜色"通道中，单击"纹理"旁的三角形按钮█，加载"菲涅耳（Fresnel）"纹理贴图，进入它的"着色器属性"选项组，双击渐变条中左边的滑块，设置颜色为（H:0°，S:0%，V:50%），如图6-39所示，添加这个贴图的目的是让球体的菲涅耳效应更加明显。

---- 技巧与提示 ----
"菲涅耳（Fresnel）"贴图非常实用，它可以制作类似丝绒的材质，如图6-40所示。不过一般需要在"着色器"选项组中调整它的色彩，才会让菲涅耳强度不会过于明显。

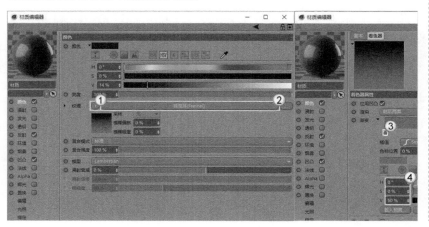

图6-40

图6-39

🔲 经验总结

通过这个案例的学习，相信读者已经掌握了皮革材质的制作方法。

⊙ 技术总结

"噪波"和"菲涅耳（Fresnel）"都属于程序化着色器，被内置在CINEMA 4D R20材质系统中，还有一些贴图（如"渐变""融合"等）也是工作时可能会用到的。

---- 技巧与提示 ----
CINEMA 4D R20自带的纹理贴图的种类较多，掌握了"噪波"和"菲涅耳（Fresnel）"贴图的使用方式后，读者可以举一反三地结合其他贴图制作更丰富的材质。

⊙ 经验分享

"噪波"贴图可以为材质表面做出细微的凹凸感，也可以制作非常夸张的凹凸效果。

课外练习:制作沙发的材质		
	场景位置	场景文件>CH06>26.c4d
	实例位置	实例文件>CH06>课外练习46:制作沙发的材质.c4d
	教学视频	课外练习46:制作沙发的材质.mp4
	学习目标	熟练掌握皮革材质的制作方法

⊙ 效果展示

图6-41所示为本练习的效果图。

⊙ 制作提示

这是一个制作沙发表面肌理的练习，注意添加的噪波贴图的大小和对比度。材质效果如图6-42所示。

图6-41　　　　　　　　　　　　　　图6-42

中文版CINEMA 4D R20实战基础教程（全彩版）

<table>
<tr><td rowspan="4">实战 47
木材类材质：
制作木地板</td><td>场景位置</td><td>场景文件>CH06>27.c4d</td></tr>
<tr><td>实例位置</td><td>实例文件>CH06>实战47 木材类材质：制作木地板.c4d</td></tr>
<tr><td>教学视频</td><td>实战47 木材类材质：制作木地板.mp4</td></tr>
<tr><td>学习目标</td><td>掌握木材类材质的制作方法</td></tr>
</table>

□ 实战介绍

本例制作木材类材质。

⊙ 效果介绍

图6-43所示为本例的效果图。

⊙ 材质属性

木材材质在生活中随处可见，自然状态下木材表面是哑光、粗糙的，但是人工加工的木材表面涂抹过清漆，显得非常光亮，因此在渲染木材材质时会设置一定的反光属性，有这种效果会更加真实。木材材质广泛应用于建筑、家具等行业，如图6-44所示。随着电商海报的流行，木材材质也开始应用在海报中。

图6-43

图6-44

□ 思路分析

在制作材质球之前，需要对材质的用法进行分析，以便进行后续的制作。

⊙ 制作简介

CINEMA 4D R20内置了木材材质纹理贴图，它可以模拟种类较多的木材材质，木材材质一般附着在材质球的"颜色"通道。木材材质的制作非常简单，一般在"颜色"通道中添加木材材质贴图，再在"反射"通道中添加一个高亮的反射层就可以了。

图6-45

⊙ 材质效果

图6-45所示为制作的材质效果。

□ 步骤演示

01 创建一个材质球，将材质赋予地板。进入"反射"通道，添加一个GGX反射层，在"层1"中，设置"菲涅耳"为"绝缘体"，如图6-46所示。

图6-46

02 在"颜色"通道中，单击"纹理"旁的三角形按钮，选择"表面>木材"选项，将木材着色器载入"颜色"通道。单击"木材"，进入木材的"着色器"属性选项组，设置"年轮比例"为15%，"颗粒"为40%，"波浪"为40%，如图6-47所示。

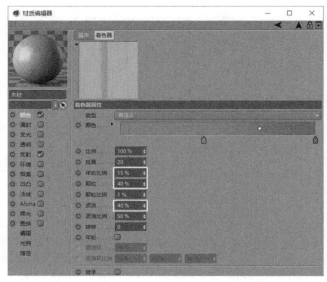

图6-47

经验总结

通过这个案例的学习，相信读者已经掌握了木材材质的制作方法。

⊙ 技术总结

制作木材材质也可以使用外部贴图，但是CINEMA 4D R20内置的木材类型非常多，使用它们可快速制作不同类型的木材材质。

⊙ 经验分享

通过CINEMA 4D R20内置的木材贴图可以调节木头的色彩、形状等信息，足以制作各类木材材质效果，不过它的木材纹理并不能覆盖所有的效果，所以在制作一些纹理复杂的木材材质时，依旧需要使用外部贴图。

课外练习：制作木纹的材质		
场景位置	场景文件>CH06>28.c4d	
实例位置	实例文件>CH06>课外练习47：制作木纹的材质.c4d	
教学视频	课外练习47：制作木纹的材质.mp4	
学习目标	熟练掌握木材材质的制作方法	

⊙ 效果展示

图6-48所示为本练习的效果图。

⊙ 制作提示

这是一个制作木纹材质的练习，注意颜色需要调整得更暗。材质效果如图6-49所示。

图6-48   图6-49

第 7 章
灯光技术

没有灯光的世界是一片漆黑的，三维场景中也是一样，CINEMA 4D R20中的灯光系统囊括了现实中的许多发光体，可以用于模拟现实生活中不同类型的光源，包括普通灯具、舞台、电影布景中使用的照明设备，甚至太阳光。本章将重点介绍点光源、环境光和面光源的使用方法，以及如何搭配这些光源来制作不同空间下的灯光效果。

本章技术重点

» 掌握各类灯光的不同效果

» 了解灯光的基本参数和调节方法

» 了解打光的基本思路和常见的布光技巧

» 掌握半封闭空间灯光的制作方法

» 掌握环境光的制作方法

场景位置	场景文件>CH07>29.c4d
实例位置	实例文件>CH07>实战48 点光源：使用泛光灯.c4d
教学视频	实战48 点光源：使用泛光灯.mp4
学习目标	掌握灯光的创建方法、模拟点光源的方法

工具剖析

本例主要使用"灯光"工具 ￼ 进行制作。

⊙ 参数解释

"灯光"工具 ￼ 的参数非常多，刚接触CINEMA 4D R20"灯光"工具的读者，只需要掌握"常规"选项卡、"细节"选项卡和"投影"选项卡中的重要参数即可。

①"常规"选项卡中的参数如图7-1所示。

重要参数讲解

颜色：更换灯光颜色。

使用色温：勾选该选项后，可调节灯光色温。

强度：调节灯光强度，默认为100%，灯光强度设置可以大于100%。

类型：设置灯光类型。

投影：设置投影类型。

可见灯光：设置灯光是否可见。

②"细节"选项卡中的参数如图7-2所示。

重要参数讲解

衰减：开启后可以选择灯光衰减类型。

③"投影"选项卡中的参数如图7-3所示。

重要参数讲解

投影：设置灯光投影类型。

密度：设置投影密度。

颜色：设置投影颜色。

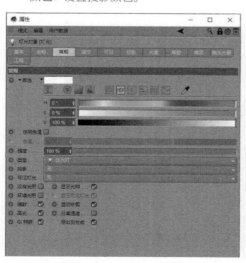

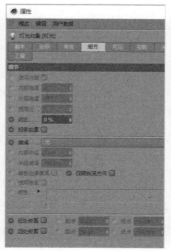

图7-1　　　　　　　　　　　图7-2　　　　　　　　　　　图7-3

⊙ 操作演示

工具：￼　　位置：菜单栏>创建>灯光>灯光　　演示视频：48-灯光.mp4

01 单击"球体" 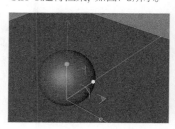 按钮和"平面" 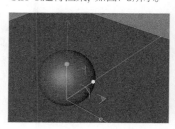 按钮，在场景中分别创建一个球体和一个平面，然后将球体向上移动100cm，将球体置于平面上，如图7-4所示。

02 单击"灯光"按钮 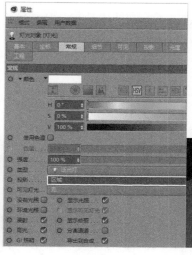 在场景中创建灯光，在默认状态下，灯光不会将物体渲染出投影，因此需要设置投影的类型。在属性面板中选择"常规"选项卡，设置"投影"为"区域"，按快捷键Ctrl+R进行渲染，如图7-5所示。

—— 技巧与提示 ——
测试灯光效果时，可以自行制作一个小型、简单的场景作为测试环境。

—— 技巧与提示 ——
投影的类型为"区域"时阴影的效果是较为真实的。

图7-4　　　　　　　　　　　　　　　　　　　　　　　　图7-5

03 在属性面板中，切换到"细节"选项卡，然后设置"衰减"为"倒数立方限制"。按快捷键Ctrl+R进行渲染，得到图7-6所示的效果。相比步骤02中的效果，这个效果更加真实，因为灯光具有明显的衰减效果。

—— 技巧与提示 ——
默认状态下的灯光并不会有任何衰减效果，但是在真实的世界中，灯光都会有一定程度的衰减。手电筒的光线照射到一定的距离会变暗，就是典型的衰减现象。

图7-6

实战介绍

本例用"灯光"工具 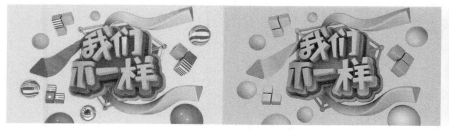 制作点光源。

⊙ 效果介绍

图7-7所示为本例的效果图。

⊙ 运用环境

点光源经常用来模拟单点光源、白炽灯光等效果，常用于进行两点布光和三点布光。图7-8所示是用白炽灯照明的效果。

　　　　　　　　　　　　　　　　　　　　图7-7　　　　　　　　　　图7-8

第7章　灯光技术

171

□ 思路分析

在布光之前，需要对画面的效果进行判断，以便进行后续制作。

⊙ 制作简介

本例制作点光源，通过使用"灯光"工具▓▓▓对模型进行整体照明。要想照亮整个场景，仅使用一盏灯是不够的，因此需要对场景进行两点布光。另外，第2盏灯起到的是补光的作用，所以它会比较暗淡，但是光源的面积较大。

┌─── 技巧与提示 ───
│
│ 布置灯光一般使用两点布光法或三点布光法，本例使用的是两点布光法，通常以一盏灯作为主光源，另一盏灯进行补光。
│ 两盏灯既可以是不同类型，又可以是相同类型。
│
└──

⊙ 图示导向

图7-9所示为布光位置参考。

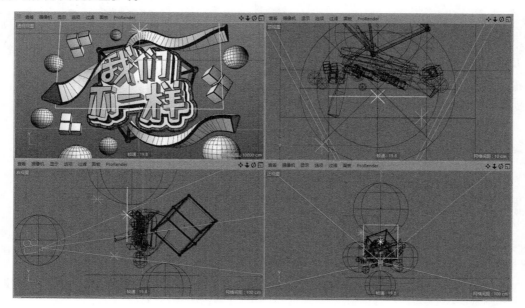

图7-9

□ 步骤演示

01 打开本书学习资源中的"场景文件>CH07>29.c4d"文件，效果如图7-10所示。

02 在"对象"面板中单击"摄像机"对象层右侧的按钮▓进入摄像机视角，如图7-11所示。按快捷键Ctrl+R渲染摄像机视图，效果如图7-12所示，这时的环境中没有灯光照射。

图7-10　　　　图7-11

图7-12

┌─── 技巧与提示 ───
│
│ 在"对象"面板中，"摄像机"对象层右侧的按钮如果是黑色状态▓，那么表示并未进入摄像机视角；如果是白色状态▓，
│ 那么表示已进入当前摄像机，单击按钮可以退出摄像机。
│ 　摄像机属性会在动画章节中详细介绍，本章的摄像机只是起到固定视角的作用，读者掌握如何进入和退出摄像机即可。
│
└──

03 单击"灯光"按钮 在场景中创建一盏灯，然后设置P.X为-113cm，P.Y为273cm，P.Z为-160cm，这样灯光就移动到了图7-13所示的位置。

04 在属性面板中切换到"常规"选项卡，然后设置"强度"为70%，"投影"为"区域"，如图7-14所示，接着进入摄像机视角，按快捷键Ctrl+R进行渲染，效果如图7-15所示。现在的灯光并没有产生任何的衰减效果，这是因为此时的灯光几乎和平行光一样，显然不够真实，下面需要给灯光添加衰减效果。

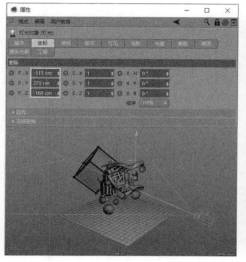

技巧与提示

在实际工作中，每创建一盏或一组灯光，都要进行测试，待达到设计要求后，才可以开始下一盏灯的创建。

图7-13　　　　　　　　图7-14　　　　　　　　　　　　图7-15

05 在属性面板中切换到"细节"选项卡，设置"衰减"为"倒数立方限制"，这时灯光变成一个线框球体，这个球体内部的光线不会被衰减，但是球体外部的光线会被衰减，如图7-16所示。按快捷键Ctrl+R渲染摄像机视图，效果如图7-17所示。

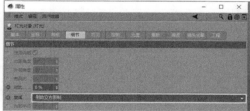

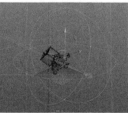

图7-16　　　　　　　　　　　　　　　　图7-17

技巧与提示

灯光外部的球体大小可以改变，以此更改光线的衰减范围，也可在"细节"选项卡中精确调节衰减范围。

06 目前模型的底部完全是黑的，需要继续添加灯光将这些区域照亮，接下来创建场景中的第2盏灯，它和第1盏灯的参数设置是非常相似的。单击"灯光"按钮 再建一盏灯，然后设置P.X为90cm，P.Y为69cm，P.Z为-98cm，这样灯光就移动到了图7-18所示的位置。

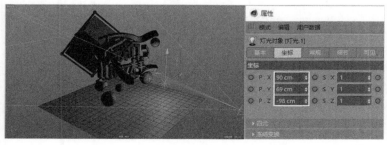

技巧与提示

创建第2盏灯的目的是让场景的暗部明亮一点，不会出现过黑的情况。这就是两点布光的思路，一盏灯用来作主光源，另一盏灯用来作辅助光源。

图7-18

07 在属性面板中切换到"常规"选项卡,然后设置"强度"为90%,"投影"为"区域";接着切换到"细节"选项卡,设置"衰减"为"倒数立方限制",如图7-19所示。待灯光变为线框球体后,按快捷键Ctrl+R渲染摄像机视图,渲染效果如图7-20所示。添加了第2盏灯后,场景明显明亮了许多,尤其是模型的底部有了细节。

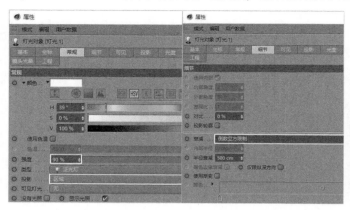

图7-19 图7-20

📖 经验总结

通过这个案例的学习,相信读者已经掌握了"灯光"工具 ❤️ 灯光 的使用方法。

⊙ 经验分享

在布置灯光时,灯光的强度不可能一次就设置到位,在工作中都是通过不断测试来确定最终参数的。

⊙ 技术总结

不管是哪一种光,想要光源显得真实,必须要调节"投影"和"衰减"参数(这几乎是必需的操作),当然最后的效果和渲染参数也有很大的关系。

<table>
<tr><td rowspan="4">课外练习:制作
筒光效果</td><td>场景位置</td><td>场景文件>CH07>30.c4d</td></tr>
<tr><td>实例位置</td><td>实例文件>CH07>课外练习48:制作筒光效果.c4d</td></tr>
<tr><td>教学视频</td><td>课外练习48:制作筒光效果.mp4</td></tr>
<tr><td>学习目标</td><td>熟练掌握点光源的制作方法</td></tr>
</table>

⊙ 效果展示

图7-21所示为本练习的效果图。

⊙ 制作提示

本练习是一个两点布光的练习,与案例的布光方式相似,只是在布光的位置上有所不同,灯光布置参考位置如图7-22所示。

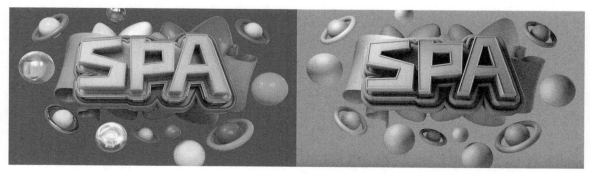

图7-21

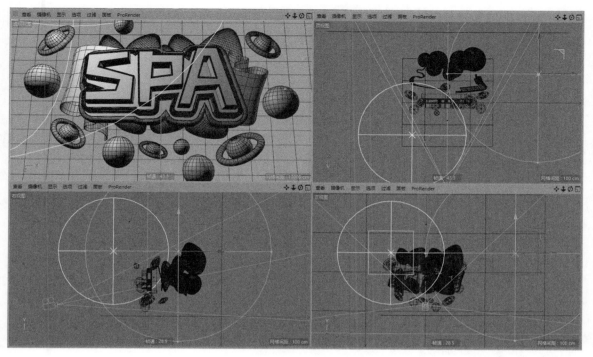

图7-22

实战 49
环境光：使用 HDR

场景位置	场景文件>CH07>31.c4d
实例位置	实例文件>CH07>实战49 环境光：使用HDR.c4d
教学视频	实战49 环境光：使用HDR.mp4
学习目标	掌握模拟环境光的方法、载入外部贴图的方法

⊟ 工具剖析

本例主要使用"天空"工具 进行制作。

⊙ 参数解释

① "天空"工具 的属性面板如图7-23所示。

天空没有任何参数，需要配合发光材质球才能产生效果。

② "发光"材质球的属性面板如图7-24所示。

重要参数讲解

纹理：可载入
HDR贴图。

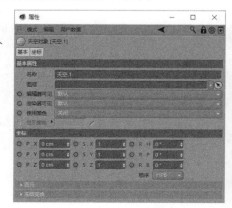

图7-23

图7-24

175

⊙ 操作演示

工具： 位置：菜单栏>创建>场景>天空 演示视频：49-天空.mp4

01 单击"天空"按钮 在场景中创建一个天空，如图7-25所示。

02 创建一个材质球，双击进入"材质编辑器"面板，仅开启"发光"通道，并将发光材质球拖曳到"天空"对象层上，如图7-26所示。一个巨大的球体环境灯就制作好了，它可以为场景提供照明，如图7-27所示。

┌ 技巧与提示 ┄┄┄┄┄┄┄
在CINEMA 4D R20中，天空实际上是一个无限大的球体。
└┄┄┄┄┄┄┄┄┄┄┄┄┄┄

图7-25

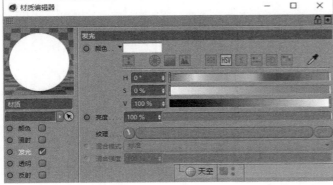

图7-26

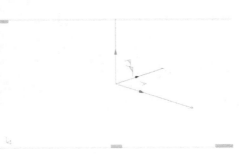

图7-27

实战介绍

本例用"天空"工具 结合发光材质球制作环境光。

⊙ 效果介绍

图7-28所示为本例的效果图。

⊙ 运用环境

在CINEMA 4D R20中，通常是用球形天空来模拟真实的环境，同时天空需要贴一张带有发光信息的HDR（High-Dynamic Range，高范围动态）贴图，使用环境光贴图不仅减少了渲染灯光的数量，同时也能使场景更加真实。如果场景内有金属、玻璃这样的高反射材质，那么一般都会创建HDR天空环境。因为金属、玻璃都具备高反射的特点，简单的光源反射在它们的表面会显得比较单调，所以加入环境贴图可表现更为丰富的反射信息。图7-29所示是添加了环境光渲染的效果图。

图7-28 图7-29

思路分析

在布光之前，需要对画面的效果进行判断，以便进行后续制作。

中文版CINEMA 4D R20实战基础教程（全彩版）

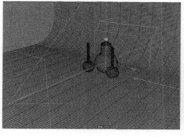

图7-30

⊙ 制作简介

本例的模型具有高反射属性，因此在制作环境光时要考虑灯光的真实效果，并根据效果预先制作贴图。制作环境光就是制作贴图，在"发光"通道中载入HDR贴图，同时在制作发光材质前还要在场景中使用"天空"工具 ⊙ 天空 创建一个天空。

⊙ 图示导向

图7-30所示为制作的材质效果。

🔲 步骤演示

01 打开本书学习资源中的"场景文件>CH07>31.c4d"文件，效果如图7-31所示。

02 单击"天空"按钮 ⊙ 天空 在场景中创建一个天空，按快捷键Ctrl+R渲染摄像机视图，效果如图7-32所示，这时默认状态下的天空并不发光。

图7-31

图7-32

03 创建一个材质球，双击进入"材质编辑器"面板，然后打开"场景文件>CH07>tex>HDR.exr"文件，在"发光"通道中载入预设好的HDR贴图，得到一个自发光材质球，如图7-33所示。

04 将材质球赋予天空，按快捷键Ctrl+R渲染摄像机视图，效果如图7-34所示。此时的画面依然很暗，这时需要设置渲染参数，进一步添加效果。

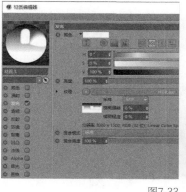

图7-33

图7-34

> **技巧与提示**
> 与制作材质贴图的原理相同，载入的HDR贴图可改变光源。

05 单击工具栏中的"编辑渲染设置"按钮 ，然后单击"效果"按钮 效果 选择"全局光照"选项，如图7-35所示。

06 添加"全局光照"效果后退出，按快捷键Ctrl+R进行渲染，此时就可以得到正确的渲染结果，如图7-36所示。

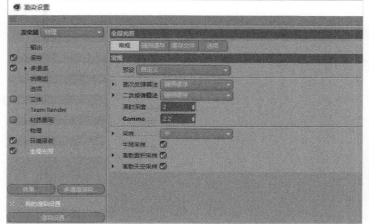

图7-35

> **技巧与提示**
> 由于天空是一个巨大的球体，因此可以将天空的照明方式看作是全局光照，待设置为"全局光照"效果后，才能得到正确的渲染结果。关于"全局光照"的讲解及渲染器的使用会在渲染器章节详细介绍。

图7-36

第7章 灯光技术

177

一 经验总结

通过这个案例的学习，相信读者已经掌握了"天空"工具的使用方法。

⊙ 技术总结

"天空"工具需要配合发光材质球才能发挥效果。

⊙ 经验分享

HDR贴图是一种带有光照信息的图片，比普通图片的体积更大，这种贴图需要加载到材质的"发光"通道才会起作用。和制作材质贴图的原理相同，HDR所用的光照图片可以通过相关的软件制作，也可以自行拍摄，网上也有很多共享的资源可供使用。

课外练习：制作环境光效果	

场景位置	场景文件>CH07>32.c4d
实例位置	实例文件>CH07>课外练习49：制作环境光效果.c4d
教学视频	课外练习49：制作环境光效果.mp4
学习目标	熟练掌握环境光源的制作方法

⊙ 效果展示

图7-37所示为本练习的效果图。

⊙ 制作提示

本练习的制作过程与案例相似，同样需要将HDR贴图载入"发光"通道。灯光参考位置如图7-38所示。

图7-37

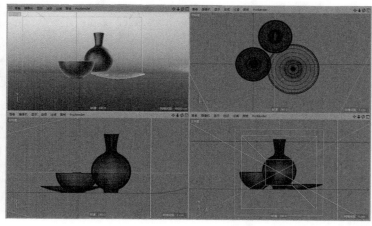

图7-38

实战 50 面光源：使用区域光	

场景位置	场景文件>CH07>33.c4d
实例位置	实例文件>CH07>实战50 面光源：使用区域光.c4d
教学视频	实战50 面光源：使用区域光.mp4
学习目标	掌握模拟面光源的方法

一 工具剖析

本例主要使用"区域光"工具进行制作。

⊙ 参数解释

"区域光"工具的参数与其他灯光几乎是一样的，重要的参数主要分布在"常规""细节""投影"选项卡中。

⊙ **操作演示**

工具：██区域光█   位置：菜单栏>创建>灯光>区域光   演示视频：50-区域光.mp4

01 单击"球体"按钮██ 和"平面"按钮██ 在场景中创建一个球体和一个平面。选中球体，将其向上移动100cm；接着扩大平面，选中平面，在"对象"选项卡中设置"宽度"为1300cm，"高度"为1300cm，如图7-39所示。

02 单击"区域光"按钮██区域光█ 在场景中创建一个区域光，然后设置P.Y为519cm，P.Z为-483cm，R.P为-43°，如图7-40所示。

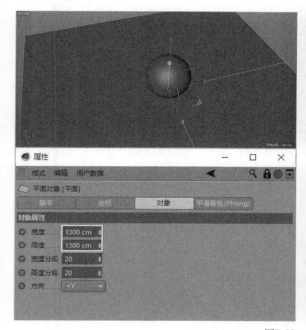

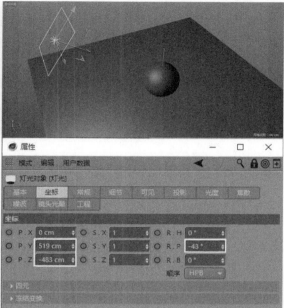

图7-39   图7-40

    技巧与提示

    移动灯光有两种方法，一种是在"坐标"选项卡中设置参数，这种方法更为精准；另一种是在视图中通过坐标轴进行移动、缩放和旋转，使用这种方法更加直观。一般情况下会结合使用这两种办法。

----

03 在属性面板中，切换到"常规"选项卡，设置"投影"为"区域"，按快捷键Ctrl+R渲染摄像机视图，参数和效果如图7-41所示。

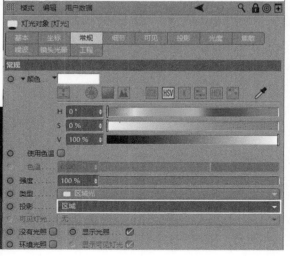

图7-41

04 在属性面板中，切换到"细节"选项卡，设置"衰减"为"倒数立方限制"，按快捷键Ctrl+R渲染摄像机视图，参数及效果如图7-42所示。相比步骤03的效果，这个效果更加真实，灯光具有明显的衰减效果。

图7-42

05 在"细节"选项卡中，设置"水平尺寸"为20cm，"垂直尺寸"为20cm，按快捷键Ctrl+R渲染摄像机视图，参数及效果如图7-43所示。可以观察到，调整"水平尺寸"和"垂直尺寸"可获得不同的投影效果。当范围越大，投影就越虚，边缘较软；当范围越小，投影就越实，边缘较硬。

图7-43

☐ 实战介绍

本例用"区域光"工具 ![区域光] 制作面光源。

⊙ 效果介绍

图7-44所示为本例的效果图。

⊙ 运用环境

区域光是使用频率较高，且较为重要的一种光源，它可以模拟影棚中的柔光箱，在中小型场景和静物渲染中十分常用，如图7-45所示，此外还可将其用作反光板。

图7-44   图7-45

思路分析

在布光之前，需要对画面的效果进行判断，以便进行后续制作。

⊙ 制作简介

本例制作面光源，布光的方法和点光源相似，只是使用的工具有所不同。使用"区域光"工具 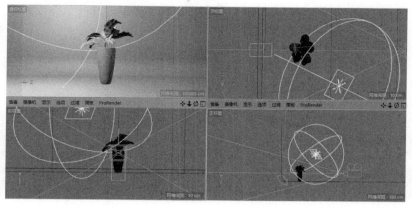 在场景中添加一盏区域光作为主光源，调节相关参数后，再使用另一盏区域光作为补光。

⊙ 图示导向

图7-46所示为本例布光位置的参考图。

图7-46

步骤演示

01 打开本书学习资源中的"场景文件>CH07>33.c4d"文件，效果如图7-47所示。按快捷键Ctrl+R渲染摄像机视图，得到图7-48所示的效果，这时会发现渲染的视图的底部是一片阴影。

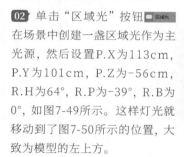

图7-47

图7-48

02 单击"区域光"按钮 在场景中创建一盏区域光作为主光源，然后设置P.X为113cm，P.Y为101cm，P.Z为-56cm，R.H为64°，R.P为-39°，R.B为0°，如图7-49所示。这样灯光就移动到了图7-50所示的位置，大致为模型的左上方。

图7-49

图7-50

03 在属性面板中，切换到"常规"选项卡，设置"投影"为"区域"，如图7-51所示。按快捷键Ctrl+R渲染摄像机视图，效果如图7-52所示。这时场景的光太"平"，盆栽的体积感并没有体现出来，所以还需要进一步调节灯光的参数。

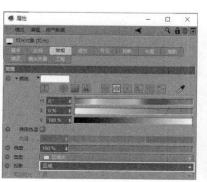

图7-51

技巧与提示

是否需要进一步调节灯光的参数是根据渲染的画面效果来决定的。

图7-52

04 在属性面板中，切换至"细节"选项卡，设置"衰减"为"倒数立方限制"，"外部半径"为22cm，"水平尺寸"为44cm，"垂直尺寸"为44cm，"半径衰减"为110cm，如图7-53所示。按快捷键Ctrl+R渲染摄像机视图，得到图7-54所示的效果。将灯光面积变小以后，现在的投影效果更明显，但是暗部显得过于黑了，因此需要继续添加灯光。

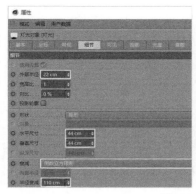

图7-53

图7-54

05 单击"区域光"按钮 ，在场景中创建第2盏灯，然后设置P.X为80cm，P.Y为67cm，P.Z为170cm，R.H为155°，R.P为-20°，R.B为0°，这样灯光就移动到了图7-55所示的位置，大致位于模型的右上方。

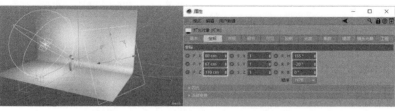

图7-55

06 在属性面板中，切换到"常规"选项卡，设置"强度"为40%，"投影"为"区域"，如图7-56所示。进入摄像机视角，按快捷键Ctrl+R进行渲染，效果如图7-57所示。

技巧与提示

其实每一盏灯所调节的参数都大同小异，调节灯光就是这样，主要是通过调节相关参数，达到合适的灯光效果。

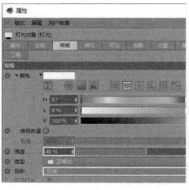

图7-56

图7-57

07 进一步调节第2盏灯的细节。在属性面板中，切换到"细节"选项卡，设置"衰减"为"倒数立方限制"，"外部半径"为67cm，"半径衰减"为336cm，如图7-58所示。按快捷键Ctrl+R进行渲染，最终效果如图7-59所示。

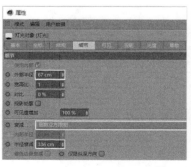

图7-58

图7-59

经验总结

通过这个案例的学习，相信读者已经掌握了"区域光"工具 的使用方法。

⊙ 技术总结

除了面光源外，大多数光源都可以通过修改灯光的尺寸来控制阴影的虚化程度。

中文版CINEMA 4D R20实战基础教程（全彩版）

⊙ 经验分享

"区域光"工具 区域光 常用来模拟面光源,它可以用来模拟常见的影棚柔光箱和反光板效果。

课外练习:制作柔光箱照明效果	场景位置	场景文件>CH07>34.c4d
	实例位置	实例文件>CH07>课外练习50:制作柔光箱照明效果.c4d
	教学视频	课外练习50:制作柔光箱照明效果.mp4
	学习目标	熟练掌握面光源的制作方法

⊙ 效果展示

图7-60所示为本练习的效果图。

⊙ 制作提示

本练习是一个制作多种几何形体搭建的场景的练习,其光源的制作方法与案例方法相似。灯光参考位置如图7-61所示。

图7-60

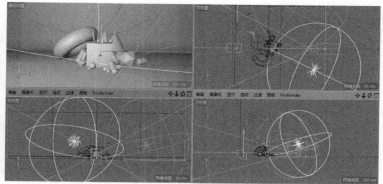

图7-61

实战 51 平行光:使用无限光	场景位置	场景文件>CH07>35.c4d
	实例位置	实例文件>CH07>实战51 平行光:使用无限光.c4d
	教学视频	实战51 平行光:使用无限光.mp4
	学习目标	掌握半封闭空间的照明方法、模拟日光的方法

⊟ 工具剖析

本例主要使用"无限光"工具 无限光 进行制作。

⊙ 参数解释

"无限光"工具 无限光 的参数与其他灯光几乎是一样的,重要的参数主要分布在"常规""细节""投影"选项卡中。

⊙ 操作演示

工具: 无限光   位置: 菜单栏>创建>灯光>无限光

演示视频:51-无限光.mp4

01 单击"球体"按钮 球体 和"平面"按钮 平面 在场景中创建一个球体和一个平面,然后将球体向上移动100cm,效果如图7-62所示。

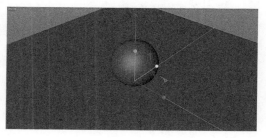

图7-62

02 单击"无限光"按钮 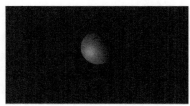 ，按快捷键Ctrl+R进行渲染，效果如图7-63所示。现在的场景太暗，并且没有投影。

03 在"对象"面板中选中"无限光"对象层，然后在"坐标"选项卡中设置R.P为-40°；切换到"常规"选项卡，设置"投影"为"区域"，按快捷键Ctrl+R进行渲染，参数和效果如图7-64所示。

> **技巧与提示**
> 平行光只需要调节角度，位置、缩放等属性的调节并不会对光照产生影响。

图7-63   图7-64

04 在默认状态下渲染的投影边缘是非常锐利的，想要"软化"投影，可以在"细节"选项卡中，设置"无限角度"为10°，按快捷键Ctrl+R进行渲染，参数和效果如图7-65所示。

> **技巧与提示**
> 当使用其他灯光时，若想要模糊或锐化投影，都是通过放大或缩小灯光的尺寸来完成的，但是无限光则需要调节"无限角度"这个参数。同等属性的调节并不会对光照产生影响。

图7-65

□ 实战介绍

本例用"无限光"工具 制作平行光源。

⊙ 效果介绍

图7-66所示为本例的效果图。

⊙ 运用环境

由"无限光"工具 制作的光实际上就是平行光，它是太阳光的简化版（没有色温信息），在制作半封闭空间的照明和日常场景的布光时比较常用，如图7-67所示。

图7-66   图7-67

□ 思路分析

在布光之前，需要对画面的效果进行判断，以便进行后续制作。

中文版CINEMA 4D R20实战基础教程（全彩版）

⊙ **制作简介**

本例制作生活中的日光，日光是平行光，需要为场景添加"无限光" ![无限光]。

⊙ **图示导向**

图7-68所示为灯光的制作步骤分解图。

图7-68

步骤演示

01 打开本书学习资源中的"场景文件>CH07>35.c4d"文件，效果如图7-69所示。

02 单击"无限光"按钮 ![无限光]，为了更方便地调节无限光，可以将它移动到方便调节的任意位置。按快捷键Ctrl+R渲染摄像机视图，效果如图7-70所示。

03 进入摄像机视角，调整无限光的角度。在"坐标"选项卡中设置R.H为-70°，R.P为-12°，R.B为56°，如图7-71所示。按快捷键Ctrl+R渲染摄像机视图，效果如图7-72所示。

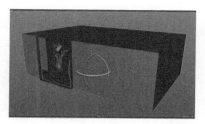

图7-69

图7-70　　　　　　　　　　　图7-71　　　　　　　　　　　图7-72

04 增加投影。在"常规"选项卡中设置"强度"为250%，"投影"为"区域"，如图7-73所示。按快捷键Ctrl+R渲染摄像机视图，效果如图7-74所示，这时已经可以看出一些光影，但是灯光的质感比较生硬。

05 由于未受到光照的部分太黑，因此需要开启"全局光照"效果。单击工具栏中的"编辑渲染设置"按钮 ![]，然后单击"效果"按钮 ![效果] 选择"全局光照"选项。添加"全局光照"效果后，按快捷键Ctrl+R进行渲染，效果如图7-75所示。

图7-73　　　　　　　　　　　图7-74　　　　　　　　　　　图7-75

经验总结

通过这个案例的学习，相信读者已经了解了"无限光"工具 ![无限光] 的使用方法。

⊙ 技术总结

由于"无限光"工具 无限光 模拟的是平行光,因此不管怎么移动它的坐标,都不影响它的照明效果。若要影响它的照明效果,只需要调节光照的角度。

⊙ 经验分享

"无限光"工具 无限光 通常应用于室内和大场景的渲染中,且非常适合作为主光源。

<table>
<tr><td rowspan="4">课外练习:制作日光效果</td><td>场景位置</td><td>场景文件>CH07>36.c4d</td></tr>
<tr><td>实例位置</td><td>实例文件>CH07>课外练习51:制作日光效果.c4d</td></tr>
<tr><td>教学视频</td><td>课外练习51:制作日光效果.mp4</td></tr>
<tr><td>学习目标</td><td>熟练掌握平行光的制作方法</td></tr>
</table>

⊙ 效果展示

图7-76所示为本练习的效果图。

⊙ 制作提示

这是一个静物场景的布光练习,其制作方法与案例中的方法相同。灯光参考位置如图7-77所示。

图7-76

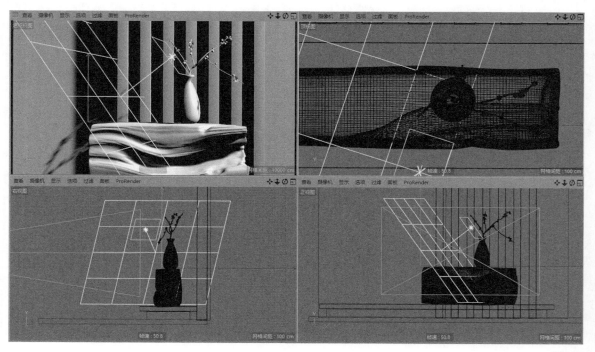

图7-77

实战 52
三点布光：石膏人像

场景位置	场景文件>CH07>37.c4d
实例位置	实例文件>CH07>实战52 三点布光：石膏人像.c4d
教学视频	实战52 三点布光：石膏人像.mp4
学习目标	掌握三点布光的方法

⊟ 工具剖析

本例主要使用"点光"工具 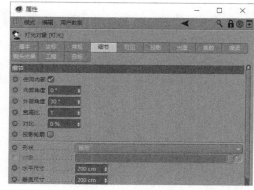 进行制作。

⊙ 参数解释

"点光" 的参数与其他灯光几乎是一样的，重要的参数主要分布在"常规""细节""投影"选项卡中。与其他灯光不同的是，"细节"选项卡中有新的参数，如图7-78所示。

重要参数讲解

使用内部：设置灯光边缘模糊效果。
内部角度：设置内部灯光的大小。
外部角度：设置外部灯光的大小。
宽高比：设置灯光的宽度和高度的比值。
对比：设置光照效果的对比度。

⊙ 操作演示

工具： 位置：菜单栏>创建>灯光>点光
演示视频：52-点光.mp4

图7-78

01 单击"球体"按钮 和"平面"按钮 在场景中创建一个球体与一个平面。选中球体，并将其向上移动100cm；接着增加平面的尺寸，选中平面，在"对象"选项卡中设置"宽度"为1300cm，"高度"为1300cm，参数设置及效果如图7-79所示。

02 单击"点光"按钮 在场景中新建一个点光源，如图7-80所示。

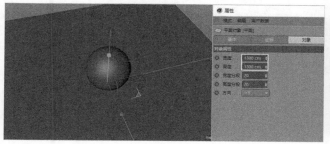

图7-79

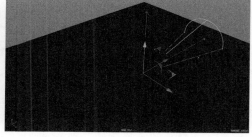

图7-80

技巧与提示

点光实际上是射线光，可模拟现实世界中的射灯、聚光灯和手电筒等光源，因此可用于制作聚光灯效果或渲染人像。

03 为了让灯光始终对准球体，给点光添加一个目标标签。在"对象"面板中，选中"点光"对象层，单击鼠标右键执行"CINEMA 4D标签>目标"命令，添加完成后选择"目标"标签 ，属性面板如图7-81所示。

技巧与提示

"目标"标签 的作用是使一个物体的z轴朝向始终对准目标对象。

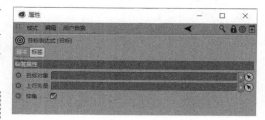

图7-81

04 在"对象"面板中，将"球体"对象层拖曳至"目标"标签属性面板中的"目标对象"选项框中，如图7-82所示，这样灯光和球体就建立了对齐关系。这时候任意移动灯光，灯光的z轴始终对准球体中心。

05 选中"灯光"对象层，在"坐标"选项卡中设置P.Y为500cm，P.Z为-500cm。这时因为"目标"标签◉的作用，灯光的z轴一定会对准球体球心，所以R.P会变成-38.66°，如图7-83所示。

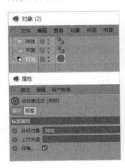

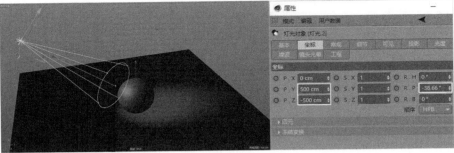

图7-82

图7-83

> **技巧与提示**
>
> 创建"目标"标签◉是一个控制灯光方向的好办法，如果在视图中一个一个地调节灯光，使其对准球体，那么不仅会浪费很多时间，而且要将其对准目标对象也很困难。

06 在"常规"选项卡中设置"投影"为"区域"，按快捷键Ctrl+R进行渲染，参数和效果如图7-84所示。

07 在点光的"细节"选项卡中，设置"衰减"为"倒数立方限制"，按快捷键Ctrl+R进行渲染，参数和效果如图7-85所示。这时的灯光具有了衰减效果，显得更为真实。

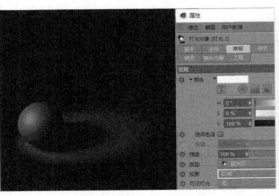

图7-84

图7-85

08 在点光的"细节"选项卡中，设置"外部角度"为50°，按快捷键Ctrl+R进行渲染，参数及效果如图7-86所示，光照面积明显扩大了。

09 在点光的"细节"选项卡中，设置"内部角度"为50°，按快捷键Ctrl+R进行渲染，参数及效果如图7-87所示，光源的边缘变得锐利了。由此可见，"内部角度"与"外部角度"的差值越大，光线边缘会越模糊。

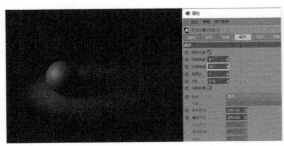

图7-86

图7-87

实战介绍

本例用"点光"工具 进行三点布光。

⊙ 效果介绍

图7-88所示为本例的效果图。

⊙ 运用环境

三点布光是非常常用的一种布光方式，常在影棚环境用于人像摄影或静物摄影，如图7-89所示。三点布光法是通过3盏灯对物体进行照明，3盏灯既可以是不同类型，又可以是相同类型。一般情况下，每盏灯的照明都有明确的目的，一盏光用于主要照明，其他两盏用于辅助照明。

图7-88　　　　　　　　　　图7-89

思路分析

在布光之前，需要对画面的效果进行判断，以便进行后续制作。

⊙ 制作简介

本例对静物进行三点布光，其布置原理与两点布光相似，只是需要多打一盏灯。对于多个灯光的布光，一个一个地进行设置是相当麻烦的，并且通常不一定能对准目标对象，因此需要为灯光添加"目标"标签 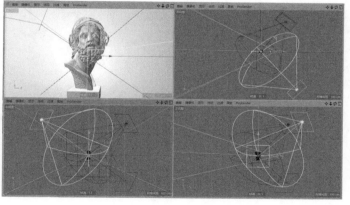。

⊙ 图示导向

图7-90所示为布光位置参考图。

图7-90

步骤演示

01 打开本书学习资源中的"场景文件>CH07>37.c4d"文件，效果如图7-91所示，按快捷键Ctrl+R渲染摄像机视图，效果如图7-92所示。

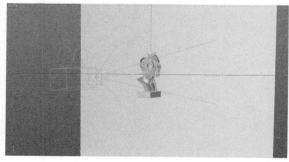 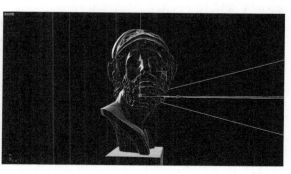

图7-91　　　　　　　　　　　　　　　图7-92

02 单击"点光"按钮 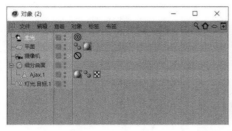 在场景中创建一个点光源，并将其命名为"主光"，然后在场景中右击并选择"CINEMA 4D标签>目标"选项给点光添加一个"目标"标签，如图7-93所示。

03 在"对象"面板中将"灯光 目标1"对象层拖曳至"目标"标签属性面板中的"目标对象"选项框中，如图7-94所示。

图7-93 图7-94

------ 技巧与提示 ------
"目标"标签 🎯 锁定的目标既可以是一个普通的对象、模型，又可以是一个空对象，设置空对象的好处是方便调节对齐点。

04 在点光的"坐标"选项卡中，设置P.X为390cm，P.Y为316cm，P.Z为-418cm，R.H为43.015°，R.P为-28.932°。由于"目标"标签的作用，灯光会自动旋转为图7-95所示的参数的位置，按快捷键Ctrl+R渲染摄像机视图，效果如图7-96所示。

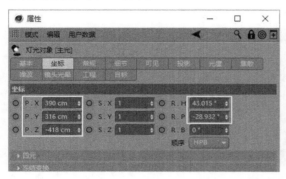

图7-95 图7-96

05 在"常规"选项卡中设置"投影"为"区域"，如图7-97所示。按快捷键Ctrl+R渲染摄像机视图，效果如图7-98所示。

06 将光照的范围扩大。在"细节"选项卡中设置"外部角度"为76°，"衰减"为"倒数立方限制"，"半径衰减"为650cm，如图7-99所示。按快捷键Ctrl+R渲染摄像机视图，效果如图7-100所示。

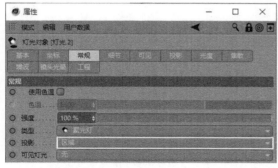

图7-97 图7-98

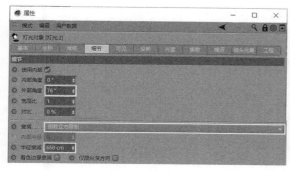

图7-99   图7-100

07 在"对象"面板中复制主光源,并将其作为"辅光1",关闭"主光源"对象层,开始调节"辅光1"的效果。在"坐标"选项卡中,设置P.X为248cm,P.Y为-244cm,P.Z为340cm,R.H为142.808°,R.P为29.756°;在"常规"选项卡中,设置"强度"为40%,"投影"为"区域",设置的参数如图7-101所示。按快捷键Ctrl+R渲染摄像机视图,效果如图7-102所示。

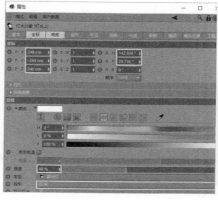

图7-101   图7-102

08 在"对象"面板中复制主光源,并将其作为"辅光2",关闭"辅光1"对象层,开始调节"辅光2"的效果。在"坐标"选项卡中设置P.X为269cm,P.Y为290cm,P.Z为335cm,R.H为141.236°,R.P为-34.019°;在"常规"选项卡中设置"强度"为20%,如图7-103所示。按快捷键Ctrl+R渲染摄像机视图,效果如图7-104所示。

09 在"对象"面板中开启全部的灯光,按快捷键Ctrl+R渲染摄像机视图,效果如图7-105所示。相比只有主光照明的效果,添加两盏辅光后,暗部的阴影更加通透并且具有细节。

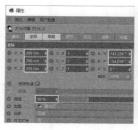

图7-103   图7-104   图7-105

经验总结

通过这个案例的学习,相信读者已经掌握了"点光"工具 的使用方法。

⊙ 技术总结

使用三点布光法进行布光的难点在于很难使光源对准目标,添加"目标"标签 后就能解决这个问题。

⊙ 经验分享

使用三点布光法进行布光的效果会更加真实，通过调节灯光参数，还能增加场景的氛围。

课外练习：制作包装片头效果	场景位置	场景文件>CH07>38.c4d
	实例位置	实例文件>CH07>课外练习52：制作包装片头效果.c4d
	教学视频	课外练习52：制作包装片头效果.mp4
	学习目标	熟练掌握三点布光的方法

⊙ 效果展示

图7-106所示为本练习的效果图。

⊙ 制作提示

这是一个包装片头的场景练习，其制作方法与案例中的方法相同。灯光参考位置如图7-107所示。

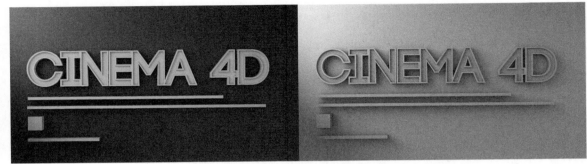

图7-106

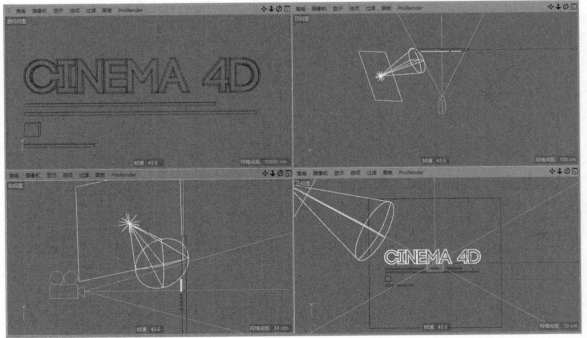

图7-107

第 8 章
渲染技术

　　当完成了建模、材质和灯光的环节后，就已经"万事俱备，只欠东风"了，这里的"东风"就是指"渲染"。渲染就是对场景进行着色的过程，它是通过复杂的运算，将虚拟的三维场景投射到二维平面上，这个过程需要对渲染器进行复杂的设置。本章将介绍CINEMA 4D R20内置的"标准"渲染器和"物理"渲染器，并详细解释"标准"渲染器与"物理"渲染器的区别和特点，最终使读者熟练掌握两种基础渲染器。

本章技术重点

» 掌握"标准"渲染器与"物理"渲染器
» 掌握渲染器的类型和工具
» 掌握渲染效果图的方法

场景位置	无
实例位置	无
教学视频	实战53 认识默认渲染器.mp4
学习目标	认识常用的渲染器面板

工具剖析

在CINEMA 4D R20中，一般将内置的"标准"渲染器和"物理"渲染器统称为"默认渲染器"。除了这两种渲染器，还会用到其他渲染器，它们以插件的形式存在，主流的插件渲染器有Arnold、RedShift、Corona、OCtane和VRay等。每一款渲染器都有其自身擅长的领域，学好一款渲染器后，对其他渲染器也能举一反三了。

⊙ 参数解释

默认的两个渲染器的属性面板基本相同，下面重点介绍常用的参数。

①"输出"选项组用于设置渲染图片的尺寸、渲染帧范围等，如图8-1所示。

重要参数讲解

宽度、高度：设置图片的宽度和高度，默认单位为"像素"，也可以使用"厘米""英寸""毫米"等单位。

锁定比率：勾选该选项后，无论是修改"宽度"还是"高度"的数值，另一个数值都会根据"胶片宽高比"自行更改。

分辨率：设置图片的分辨率。

渲染区域：勾选该选项后，可在下方设置渲染区域的大小。

胶片宽高比：设置画面的宽度和高度的比例。

帧频：设置动画播放的频率。

帧范围：设置渲染动画时的帧起始范围。

帧步幅：设置渲染动画的帧间隔，默认的1表示逐帧渲染。

②"保存"选项组用于设置渲染图片的保存路径和格式，如图8-2所示。

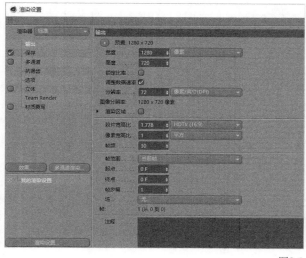

图8-1

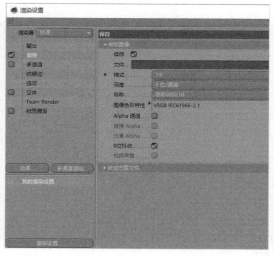

图8-2

重要参数讲解

文件：设置图片的保存路径。

格式：设置图片的保存格式，默认状态下为TIF。

深度：设置图片的深度，默认是8位/通道，部分格式可以设置为8、16和32位深度。深度越大，存储的色彩信息就越多，文件越大。

名称：设置图片的保存名称。

Alpha通道：勾选后，图片会保留透明信息。

③"多通道"选项组用于将图片渲染为多个图层,方便在后期软件中进行调整,如图8-3所示。

重要参数讲解

分离灯光:设置分离灯光的范围,有"无""全部""选取对象"3个选项。

模式:设置分离通道的类型。

投影修正:勾选后,通道的投影会得到修正。

④"抗锯齿"选项组用于控制模型边缘的锯齿,让模型的边缘更加圆滑细腻,如图8-4所示。

图8-3   图8-4

重要参数讲解

抗锯齿:设置抗锯齿的程度,有"无""几何体""最佳"3种,图8-5所示分别为3种模式的渲染结果。选择"最佳"时,将激活"最小级别"和"最大级别"选项。

最小级别、最大级别:数值越大,抗锯齿的能力越强,但渲染的时间会更久。

图8-5

┌ - - - 技巧与提示 - - - -
在出图时,一般选择"最佳"模式。"抗锯齿"功能仅对"标准"渲染器起作用,"物理"渲染器、ProRender和RedShift等渲染器都不支持此功能。
└ - - - - - - - - - - - - - -

⊙ **操作演示**

工具:渲染设置   位置:菜单栏>渲染>渲染设置   演示视频:53-认识默认渲染器.mp4

▭ **步骤演示**

`01` 单击"球体"按钮 和"平面"按钮 ,在场景中分别创建一个球体和一个平面,然后将球体向上移动100cm,将球体置于平面上,如图8-6所示。

`02` 单击"灯光"按钮 创建一个泛光灯,在属性面板的"常规"选项卡中设置"投影"为"区域",在"细节"选项卡中设置"衰减"为"倒数立方限制",参数如图8-7所示。

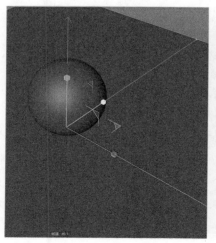

图8-6   图8-7

03 单击"编辑渲染设置"按钮█，进入"渲染设置"面板。单击左上角的"渲染器"下拉列表框，可以切换不同的渲染器，默认使用"标准"渲染器，如图8-8所示。

04 在"输出"选项组中，设置"宽度"为1280，"高度"为720，"分辨率"为72，如图8-9所示。

05 在"保存"选项组中，单击"更多"按钮█，弹出"保存"文件对话框，选择保存的位置，然后将"格式"切换为PNG，如图8-10所示。

技巧与提示

内置渲染器和第三方插件渲染器的切换都在这个面板中。

技巧与提示

"1280像素×720像素"是720P视频的大小，也称之为小高清图片，分辨率是72，经常用于电子阅读器显示的图片和视频。

技巧与提示

由于PNG比JPEG保存的信息更多，因此在输出图片时建议保存为无损的PNG格式，且PNG格式可以载入Alpha通道。多通道图像路径也是同样的设置方式。

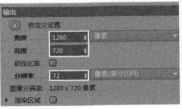

图8-8　　　　　　　　　图8-9　　　　　　　　　图8-10

06 在"渲染设置"面板的左下方是保存个人渲染设置模板的地方，这里可以设置渲染参数的模板，以便减少后期在渲染时调节渲染设置参数的步骤。单击"渲染设置"按钮，在打开的菜单中选择"保存预置"选项，如图8-11所示。然后在弹出的对话框中将预置的模板重命名为"快速渲染设置"。再次单击"渲染设置"按钮█，就能在打开的菜单中通过"加载预置"选项加载保存的"快速渲染设置"模板。

07 制作完成后，使用"交互式区域渲染（IRR）"工具█和"区域渲染"工具█都可以查看渲染结果。长按"渲染到图片查看器"按钮█可以找到不同的渲染方式，选择合适的渲染方式会提高作图的效率。一般情况下，"渲染到图片查看器"是在整个工程制作到最后阶段才会使用的渲染方式，在对刚制作的项目进行测试时，最好使用"交互式区域渲染（IRR）"工具█或"区域渲染"工具█。按快捷键Ctrl+R进行渲染，渲染效果如图8-12所示。

技巧与提示

保存个人渲染参数模板是一个提高工作效率的方法，读者可以自行设置。

技巧与提示

由于本章提供的案例的灯光、场景等元素都已经制作完成，因此不需要进行渲染调试，但是读者在工作的时候需要反复通过不同的渲染方式进行调试，希望读者能够尽早学会使用不同的渲染方式，以提高工作效率。

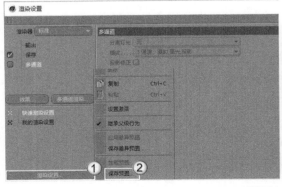

图8-11

图8-12

〇 经验总结

无论是"标准"渲染器、"物理"渲染器，还是第三方插件渲染器，它们都有着各自的特点。在最初的学习过程中，推荐读者学习CINEMA 4D R20内置的渲染器。另外，对于初学者来说，"渲染设置"面板中的参数看起来比较复杂，但是常用的渲染设置并不多，读者可轻松掌握。

实战 54
**标准渲染器:
渲染公园长凳**

场景位置	场景文件>CH08>39.c4d
实例位置	实例文件>CH08>实战54 标准渲染器:渲染公园长凳.c4d
教学视频	实战54 标准渲染器:渲染公园长凳.mp4
学习目标	掌握标准渲染器的使用方法

工具剖析

本例主要使用"标准"渲染器进行制作。

参数解释

"标准"渲染器的属性面板默认打开的是"保存"选项卡,相关参数不再进行解释。

操作演示

工具:标准渲染器　　位置:菜单栏>渲染>渲染设置>标准渲染器　　演示视频:54-标准渲染器.mp4

实战介绍

本例使用内置渲染器中的"标准"渲染器渲染公园长凳模型。

效果介绍

图8-13所示为本例的效果图。

运用环境

"标准"渲染器是一个"轻量版"物理渲染器,它有着渲染快速、兼容性好等优点,并且完美兼容CINEMA 4D R20的所有功能。"标准"渲染器是需要读者仔细学习的渲染器,在实际的工作中,大多时候都会用到"标准"渲染器。图8-14所示是用CINEMA 4D R20内置的"标准"渲染器制作的效果图。

图8-13

图8-14

思路分析

使用"标准"渲染器渲染视图的方式很简单,只需要选择输出条件并选择保存的路径即可。

步骤演示

01 打开本书学习资源中的"场景文件>CH08>39.c4d"文件,场景如图8-15所示。场景中的材质、灯光和摄像机已经布置完成。

图8-15

02 按快捷键Ctrl+B,打开"渲染设置"面板,切换至"输出"选项组,设置"宽度"为1280,"高度"为720,单位为"像素","分辨率"为72,如图8-16所示。

03 切换至"保存"选项组,单击"更多"按钮,选择本地路径及输出文件的文件名称,然后设置"格式"为PNG,如图8-17所示。

图8-16

04 切换至"抗锯齿"选项组,设置"抗锯齿"为"最佳","最小级别"为2×2,"最大级别"为8×8,如图8-18所示。

图8-17

图8-18

第8章 渲染技术

197

05 单击"效果"按钮，选择"全局光照"选项，待激活"全局光照"效果后，设置"首次反弹算法"为"准蒙特卡洛（QMC）"，"二次反弹算法"为"准蒙特卡洛（QMC）"，如图8-19所示。

06 设置完成后，按快捷键Shift+R渲染到图片查看器，并将渲染结果保存到本地。除此之外，按快捷键Shift+F6可以预览渲染结果，也可以观察渲染进度，如图8-20所示。

> 技巧与提示
>
> 在CINEMA 4D R20的渲染效果中，经常会添加"环境吸收"和"全局光照"两个效果，使渲染的场景更加逼真，在接下来的案例中会详细说明这两个效果的作用和原理。

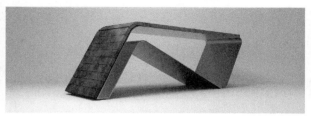

图8-19   图8-20

☐ 经验总结

通过这个案例的学习，相信读者已经掌握了"标准"渲染器各项参数的设置。

⊙ 技术总结

相对于其他渲染器，"标准"渲染器的优点是兼容性强、渲染速度快，所以在学习早期它是一个非常不错的选择。

⊙ 经验分享

后面的案例会介绍"物理"渲染器，在学习"物理"渲染器后，针对同样的工程，读者可以比较一下"标准"渲染器和"物理"渲染器。

中文版CINEMA 4D R20实战基础教程（全彩版）

课外练习：渲染圆形长凳		
场景位置	场景文件>CH08>40.c4d	
实例位置	实例文件>CH08>课外练习54:渲染圆形长凳.c4d	
教学视频	课外练习54:渲染圆形长凳.mp4	
学习目标	熟练掌握标准渲染器的使用方法	

本练习是一个圆形长凳的渲染练习，要渲染金属表面需要添加一个天空环境，这样渲染出来的金属反射才会比较逼真，否则金属看起来比较单调，甚至会有一些简陋。图8-21所示为本练习的效果图。

图8-21

实战 55 全局光照：渲染咖啡机		
场景位置	场景文件>CH08>41.c4d	
实例位置	实例文件>CH08>实战55 全局光照:渲染咖啡机.c4d	
教学视频	实战55 全局光照:渲染咖啡机.mp4	
学习目标	掌握全局光照渲染场景的方法	

☐ 工具剖析

本例主要使用"全局光照"进行制作。

⊙ **参数解释**

"全局光照"是计算光线反弹的算法，激活后场景会变得更加明亮，尤其是暗部（"死黑"部分消失）。"全局光照"的属性面板如图8-22所示。

重要参数讲解

预设：设置渲染的精度模式。根据不同场景，CINEMA 4D R20提供了不同的全局光照方案，如图8-23所示，最初可以直接选择这些标准方案进行渲染。

首次反弹算法、二次反弹算法：设置光线是否为首次或二次反弹的方式。从图8-24所示能清晰地看出加入反弹算法后对渲染结果的影响，左边是没有加入全局光照（GI）的渲染结果，中间是只加入了首次反弹算法的结果，右边是加入了首次与二次反弹算法的结果。光线反弹的次数越多，渲染的效果越真实，但是渲染的时间会越长。默认的"首次反弹算法"是"辐照缓存"，"辐照缓存"用于设置辐照缓存的精度。

图8-22　　　　　　　　图8-23

图8-24

漫射深度：设置光线穿透漫射材质的能力。深度越大，穿透力越强，从图8-25所示可以很直观地看到漫射深度对渲染结果的影响。

Gamma：设置画面的整体亮度值，可以理解为吸收光线的能力。Gamma值越大，被反弹的光线就越亮，从图8-26所示可以看到不同Gamma值对画面亮度的影响。

采样：设置图片像素的采样精度。

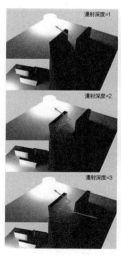

图8-25

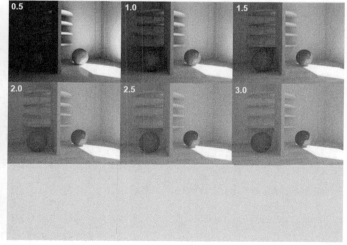

图8-26

⊙ **操作演示**

工具：全局光照　　位置：菜单栏>渲染>渲染设置>全局光照　　演示视频：55-全局光照.mp4

▭ **实战介绍**

本例使用"标准"渲染器中的"全局光照"渲染咖啡机模型。

⊙ **效果介绍**

图8-27所示为本例的效果图。

⊙ **运用环境**

在真实的世界中，光线照射到物体后都会被反弹，并且反弹的次数从理论上讲是无限的。要使场景出现光线反弹的现象需要添加"全局光照"，光线反弹才会被计算，否则不会被计算，因此渲染的结果只有直接照明，不会有间接照明，造成渲染的结果偏暗。在室内场景中，为了让光照更加充足，模拟效果更加真实，一般需要打开"全局光照"效果，否则会出现光照不足且噪点偏多的现象。图8-28所示是用"全局光照"效果制作的效果图。

图8-27　　　　　　　　　　　　　图8-28

⊟ 思路分析

本例添加了玻璃和金属材质，它们的折射率较高，粗糙度较小，因此渲染这类材质需要添加额外的光照贴图，以渲染出光线充足的效果图。

本场景创建了一个灯光贴图，用于模拟摄影棚中的灯光效果，如果不打开"全局光照"效果，那么天空光将不会被渲染出来。本例在"标准"渲染器中添加"全局光照"效果，并设置合适的参数。

⊟ 步骤演示

01 打开本书学习资源中的"场景文件>CH08>41.c4d"文件，场景如图8-29所示。场景中的材质、灯光和摄像机已经布置完成。

02 单击"编辑渲染设置"按钮🖼，在打开的"渲染设置"面板中激活"全局光照"选项组，然后设置"首次反弹算法"为"准蒙特卡洛（QMC）"，"二次反弹算法"为"准蒙特卡洛（QMC）"，如图8-30所示。

┌─── 技巧与提示 ───┐

默认"首次反弹算法"是"辐照缓存"，为了渲染精度更高、更真实的效果，这里直接选择用较为精确的算法进行光线的反弹模拟。
└─────────────────┘

图8-29　　　　　　　　　　　　　图8-30

03 切换至"抗锯齿"选项组，设置"抗锯齿"为"最佳"，如图8-31所示。

04 按快捷键Shift+R渲染到图片查看器，渲染的效果如图8-32所示。

⊟ 经验总结

通过这个案例的学习，相信读者已经掌握了"全局光照"的各项参数的设置。

图8-31　　　　　　　　　　　　　图8-32

⊙ 技术总结

在模拟真实世界的渲染时，尤其是渲染室内效果图时，"全局光照"效果非常有必要添加。另外，"全局光照"本质上是模拟光线反弹算法，所以不同算法有各自的优劣，读者可自行测试。

⊙ 经验分享

在设置"首次反弹算法"和"二次反弹算法"时，"准蒙特卡洛（QMC）"和"辐照缓存"有着不同的模拟效果，但是差异并不算大，毕竟都是为了模拟真实效果，不过使用流程会有一点区别。读者在实际工作中，需要根据项目特征来选择适合的算法。

课外练习：渲染榨汁机

场景位置	场景文件>CH08>42.c4d
实例位置	实例文件>CH05>课外练习55：渲染榨汁机.c4d
教学视频	课外练习55：渲染榨汁机.mp4
学习目标	熟练掌握全局光照渲染场景的方法

这是一个榨汁机的渲染练习，本练习的效果如图8-33所示。

图8-33

实战 56
环境吸收：渲染玩具模型

场景位置	场景文件>CH08>43.c4d
实例位置	实例文件>CH08>实战56 环境吸收：渲染玩具模型.c4d
教学视频	实战56 环境吸收：渲染玩具模型.mp4
学习目标	掌握环境吸收渲染场景的方法

一 工具剖析

本例主要使用"环境吸收"进行制作。

⊙ 参数解释

"环境吸收"的属性面板如图8-34所示。

重要参数讲解

颜色：控制映射渐变的强度。可以看作最大值和最小值的映射，左边的黑色代表最大值，右边的白色代表最小值，如果环境吸收的整体强度过大，那么可以将黑色变为灰色，减少环境吸收的影响。

最小光线长度、最大光线长度：设置光线的影响长度。

⊙ 操作演示

工具：环境吸收　　位置：菜单栏>渲染>渲染设置>环境吸收

演示视频：56-环境吸收.mp4

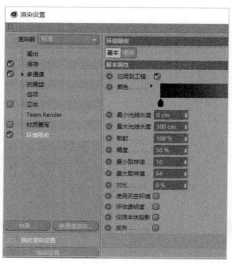

图8-34

实战介绍

本例使用"标准"渲染器中的"环境吸收"效果渲染玩具模型。

⊙ 效果介绍

图8-35所示为本例的效果图。

⊙ 运用环境

在真实的世界中，光线在两个物体之间发生反复的弹射，最终会被急剧消耗，这种现象在渲染器中通常被看作是光线的吸收，所以会有"环境吸收"的概念。环境吸收也是为了模拟更加真实的物理环境，简单地说，环境吸收是将物体和物体之间的环境光吸收，达到减少物体之间光线的作用。"环境吸收"本身也是一种光线反射的算法，但是在渲染中，它被模拟成了光线吸收。图8-36所示是用"环境吸收"效果制作的效果图。

图8-35

图8-36

思路分析

本例在"标准"渲染器中添加"环境吸收"效果，并设置合适的参数。

> ----- 技巧与提示 -----
> 在渲染设置中，"环境吸收"的渲染方式和"全局光照"的渲染方式基本相似，而且在大多数项目中，"全局光照"和"环境吸收"是可以同时打开的。

步骤演示

01 打开本书学习资源中的"场景文件>CH08>43.c4d"文件，场景如图8-37所示。场景中的材质、灯光和摄像机已经布置完成。

02 单击"编辑渲染设置"按钮，打开"渲染设置"面板，激活"环境吸收"选项组，如图8-38所示。

图8-37

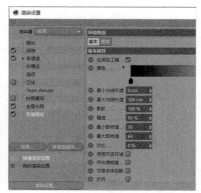

图8-38

03 切换至"抗锯齿"选项组，设置"抗锯齿"为"最佳"，如图8-39所示。

04 按快捷键Shift+R渲染到图片查看器，渲染的效果如图8-40所示。

图8-39

图8-40

⊟ 经验总结

通过这个案例的学习，相信读者已经掌握了"环境吸收"各项参数的设置。

⊙ 技术总结

在渲染项目时，是否添加"环境吸收"效果取决于画面的整体效果和个人喜好。因此，并不是每一个项目都必须添加"环境吸收"，添加了"环境吸收"后的项目，渲染出来的图片看起来会更加接近真实的物理场景。

⊙ 经验分享

"全局光照"效果和"环境吸收"效果叠加后，会出现非常真实的渲染效果，读者可以反复测试。

课外练习：渲染花瓶	场景位置	场景文件>CH08>44.c4d
	实例位置	实例文件>CH08>课外练习56:渲染花瓶.c4d
	教学视频	课外练习56:渲染花瓶.mp4
	学习目标	熟练掌握环境吸收渲染场景的方法

这是一个静物渲染的练习，添加"环境吸收"后的渲染结果普遍会比没有添加"环境吸收"的渲染结果要暗，较暗的地方集中在模型结构复杂处。图8-41所示为本练习的效果图。

图8-41

实战 57 **多通道渲染：** **渲染复古竹椅**	场景位置	场景文件>CH08>45.c4d
	实例位置	实例文件>CH08>实战57 多通道渲染:渲染复古竹椅.c4d
	教学视频	实战57 多通道渲染:渲染复古竹椅.mp4
	学习目标	掌握多通道渲染渲染场景的方法

⊟ 工具剖析

本例主要使用"多通道渲染"进行制作。

⊙ 参数解释

"多通道渲染"可以添加的参数如图8-42所示。

⊙ 操作演示

工具：多通道渲染　位置：菜单栏>渲染>渲染设置>多通道渲染

演示视频：57-多通道渲染.mp4

⊟ 实战介绍

本例使用"标准"渲染器中的"多通道渲染"渲染复古竹椅模型。

⊙ 效果介绍

图8-43所示为本例的效果图。

增加图像图层	焦散
增加材质图层	大气
增加全部	大气（正片叠底）
删除	后期效果
全部删除	材质颜色
	材质漫射
混合通道	材质发光
对象缓存	材质透明
RGBA 图像	材质反射
环境光	材质环境
漫射	材质高光
高光	材质高光色
投影	材质法线
反射	材质 UVW
折射率	运动矢量
环境吸收	光照
全局光照	深度

图8-42

⊙ 运用环境

"多通道渲染"就是在渲染过程中将原本合并好的渲染图进行不同属性的归类，然后将其拆分为独立的通道或图层，这样做的目的是使后期调节图片的过程更加灵活，因此更容易调节一些特殊效果。另外，默认渲染器的"多通道渲染"功能非常强大，相比其他插件的多通道功能，需要设置较多的参数。图8-44所示是将渲染的模型拆分为不同类型图层的展示图。

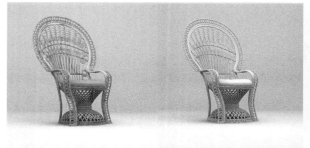

图8-43   图8-44

思路分析

　　"多通道渲染"的使用过程很像添加渲染效果的过程，只是需要单击"多通道渲染"按钮 ，然后选择需要分离的通道，在渲染结束后，将自动完成通道分离。

步骤演示

01 打开本书学习资源中的"场景文件>CH08>45.c4d"文件，场景如图8-45所示。场景中的材质、灯光和摄像机已经布置完成。

02 单击"编辑渲染设置"按钮 ，打开"渲染设置"面板，然后激活"多通道"选项组，如图8-46所示。

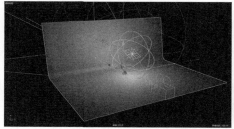

图8-45   图8-46

03 切换至"保存"选项组，单击"更多"按钮 ，分别设置图像、多通道的保存路径，另外设置常规图像

> **技巧与提示**
> 　　要想使用多通道渲染功能，必须先在渲染设置中勾选"多通道"选项组。

的"格式"为PNG，"多通道图形"的"格式"为PSD，"深度"为"16位/通道"，如图8-47所示。

04 单击"多通道渲染"按钮 ，在打开的菜单中添加图8-48所示的选项。

05 切换至"抗锯齿"选项组，设置"抗锯齿"为"最佳"，"最小级别"为2×2，"最大级别"为8×8，如图8-49所示。

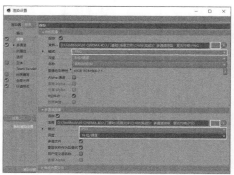
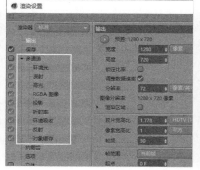

图8-47   图8-48   图8-49

> **技巧与提示**
> 　　为了便于后期合成，"多通道"一般需要保存为PSD或OpenEXR格式。这里的保存参数基本上是图片输出的标准流程，请读者牢记。

06 单击"渲染到图片查看器"按钮 ，完成最终的输出，如图8-50所示。

07 输出后有两个文件，一个是常规图片的PNG格式文件，另一个是多通道渲染后的PSD格式文件，如图8-51所示。

08 打开Photoshop，载入PSD文件并观察图层，在步骤04选择的图层已经在Photoshop中分离完成，如图8-52所示。

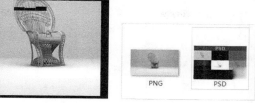

图8-50   图8-51   图8-52

⊟ 经验总结

通过这个案例的学习，相信读者已经掌握了使用"多通道渲染"的调节方法。

⊙ 技术总结

"多通道"的概念非常像"图层"的概念，就是将已经渲染完成的图片进行"拆分"，这样就可以单独调节每一个被拆分的图层，因此调节起来非常高效。当然，并不是每一个项目都需要设置多通道，也并不是每一个项目都需要设置很多的通道，这需要根据项目的实际情况来设置。虽然通道越多，调节起来越灵活，但是工作量也就越大。

⊙ 经验分享

除了使用Photoshop调节多通道外，OpenEXR格式专门用于After Effects的后期合成，有兴趣的读者可以尝试使用。

课外练习：渲染巴塞罗那椅

场景位置	场景文件>CH08>46.c4d
实例位置	实例文件>CH08>课外练习57：渲染巴塞罗那椅.c4d
教学视频	课外练习57：渲染巴塞罗那椅.mp4
学习目标	熟练掌握多通道渲染渲染场景的方法

⊙ 效果展示

图8-53所示为本练习效果图。

⊙ 制作提示

本练习是一个多通道渲染的练习，其制作方式与案例类似，需要分离的图层如图8-54所示。

图8-53   图8-54

实战 58
物理渲染器：渲染早间室内场景

场景位置	场景文件>CH08>47.c4d
实例位置	实例文件>CH08>实战58 物理渲染器：渲染早间室内场景.c4d
教学视频	实战58 物理渲染器：渲染早间室内场景.mp4
学习目标	掌握物理渲染器的使用方法、采样器的使用方法

⊟ 工具剖析

本例主要使用"物理"渲染器进行制作。

⊙ 参数解释

"物理"渲染器的属性面板如图8-55所示。

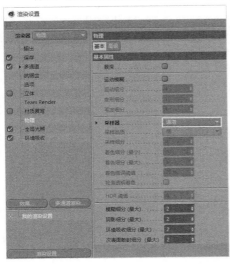

图8-55

重要参数讲解

景深： 设置渲染时是否开启景深效果。从图8-56所示可看出景深强度。

运动模糊： 物体在运动时，摄像机拍摄物体，画面周围会产生一定程度的"残影"，残影一般都会被模糊，这就是常见的运动模糊。快门数值越大，运动模糊越强；快门数值越小，运动模糊越弱，如图8-57所示。

图8-56

图8-57

采样器： 采样器有"固定的""自适应""递增"3种。"递增"模式可以快速预览渲染效果，渲染是按照渐进式渲染的，"固定的"模式是通过设置参数直接出图，"自适应"模式是设置参数后系统根据参数自动判断渲染时间。采样值越大，图片越清晰，如图8-58所示。

图8-58

采样品质： 设置画面的清晰程度。默认状态下是"低"，还有"中""高""自动""自定义"等模式，与"采样细分"选项有着密切关系。采样品质值越高，图片的噪点就越少，画面越清晰，从图8-59可看出不同采样品质值对画面的影响。

采样细分： 该选项与"采样品质"有关，可以理解为调节更精细的采样品质。采样细分值越高，画面越清晰，图8-60所示分别是"采样细分"为0和"采样细分"为6的效果。

模糊细分（最大）： 影响反射和折射物体的采样。数值越大，采样值越大，噪点就越少，如图8-61所示。

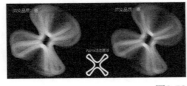

图8-59

图8-60

图8-61

阴影细分（最大）： 控制阴影的采样值，如图8-62所示。

环境吸收细分（最大）： 控制环境吸收的采样值，如图8-63所示。

次表面散射细分（最大）： 控制次表面散射的采样值。数值越大，材质透光性就越好，如图8-64所示。

图8-62

图8-63

图8-64

⊙ 操作演示

| 工具：物理渲染器 | 位置：菜单栏>渲染>渲染设置>物理渲染器 | 演示视频：58-物理渲染器.mp4 |

☐ 实战介绍

本例使用内置渲染器中的"物理"渲染器渲染室内场景。

⊙ 效果介绍

图8-65所示为本例的效果图。

⊙ 运用环境

若要模拟真实的场景，在制作渲染场景时就必须遵循物理规则，并且最好使用"物理"渲染器，否则会与真实场景有一些偏差。图8-66所示就是用CINEMA 4D R20内置的"物理"渲染器制作的效果图，该渲染器的操作具有中等难度，希望读者多多练习。

图8-65

图8-66

☐ 思路分析

要制作复杂、逼真的场景，推荐使用"物理"渲染器。"物理"渲染器可以更为精细地调节画面的质量，根据所要表达的效果，设置"采样器""采样品质""采样细分""模糊细分（最大）""阴影细分（最大）""环境吸收细分（最大）""次表面散射细分（最大）"等参数。

☐ 步骤演示

01 打开本书学习资源中的"场景文件>CH08>47.c4d"文件，场景如图8-67所示。场景中的材质、灯光和摄像机已经布置完成。

图8-67

02 单击"编辑渲染设置"按钮，将"渲染器"设置为"物理"，然后切换至"物理"选项组，设置"采样器"为"固定的"，"采样品质"为"高"，"采样细分"为6，"模糊细分（最大）"为6，"阴影细分（最大）"为6，"环境吸收细分（最大）"为6，"次表面散射细分（最大）"为6，如图8-68所示，这样能输出一张质量很高的图片。

03 想要使渲染结果没有噪点，就必须提高与之对应的采样参数。设置"采样器"为"递增"，其他参数保持默认，如图8-69所示。这样能无限循环地渲染，因此渲染时间为无限，渲染质量为无限，需要手动关闭渲染器，才能终止渲染。这种渲染模式非常适合新手，因为它不需要调节复杂的采样值，直接渲染即可出图。

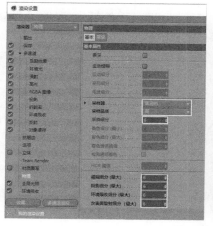

图8-68

图8-69

04 设置"采样器"为"自适应"，其他参数保持默认，如图8-70所示，这组参数表示渲染高质量图片。"自适应"模式的选项较多，可自定义的参数也很多，需要读者掌握"递增"和"固定"后，再去研究新的模式。

05 按快捷键Shift+R渲染到图片查看器，渲染效果如图8-71所示。

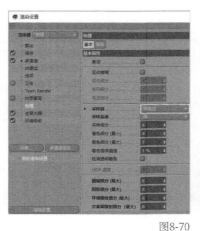

图8-70

技巧与提示

选择不同的采样器，其渲染的时间是不同的。当"采样器"为"自适应"时，渲染速度明显加快，但是它比较考验设计师的渲染经验。

图8-71

经验总结

通过这个案例的学习，相信读者已经掌握了"物理"渲染器的各项参数设置。

⊙ 技术总结

在制作静态图片时，"物理"渲染器有着非常大的优势，它可以制作逼真的画面，创作细节更多的效果图，这对于三维效果图制作者是非常有帮助的。

⊙ 经验分享

如果说"标准"渲染器中的"全局光照"和"环境吸收"效果是为了更好地模拟真实的物理现象，那么"物理"渲染器就是接近现实的渲染器。"物理"渲染器相对于"标准"渲染器，其效果更加真实可靠，可以调节的参数更加贴近物理参数，但是它的渲染速度会大幅下降，所以用什么渲染器制作项目，取决于项目的具体要求。

一般来说，"物理"渲染器非常适合制作大型项目，因为它的效果看起来非常的逼真，并且参数的设置也不算复杂，最重要的一点就是能与"标准"渲染器实现无缝对接，因为它们都兼容CINEMA 4D R20内置的纹理贴图和灯光等效果，所以在转换时不会对效果产生太大的影响，只有一点轻微的偏差，但是与其他渲染器之间几乎不能相互切换，如Arnold渲染器制作的工程用RedShift会渲染出错误的结果。当然，"物理"渲染器和"标准"渲染器之间的差异，还需要读者自己尝试。

▶ **课外练习：渲染夜间室内场景**

场景位置	场景文件>CH08>48.c4d
实例位置	实例文件>CH08>课外练习58：渲染夜间室内场景.c4d
教学视频	课外练习58：渲染夜间室内场景.mp4
学习目标	熟练掌握多通道渲染渲染场景的方法

这是一个室内场景的练习，添加"全局光照"与"环境吸收"效果后，使用默认渲染器得到的渲染结果会更加真实、精确。图8-72所示为本练习的效果图。

图8-72

第9章
粒子与动力学技术

本章将介绍CINEMA 4D R20中内置的Thinking Particles粒子系统和动力学系统。粒子技术通过设置粒子的相关参数，模拟密集对象群的运动，从而形成复杂的动画效果；动力学技术可以快速地制作物体与物体之间真实的物理作用效果。粒子技术可以配合动力学技术完成一系列有趣的三维艺术创作。

本章技术重点

- » 熟练掌握CINEMA 4D R20内置的Thinking Particles粒子
- » 掌握刚体和碰撞体的用法
- » 掌握风力和湍流力场的用法
- » 掌握粒子与动力学的烘焙

<table>
<tr><td>实战 59</td><td>场景位置</td><td>无</td></tr>
<tr><td rowspan="3">认识粒子系统</td><td>实例位置</td><td>无</td></tr>
<tr><td>教学视频</td><td>实战59 认识粒子系统.mp4</td></tr>
<tr><td>学习目标</td><td>掌握粒子系统与动力学系统</td></tr>
</table>

🔲 工具剖析

粒子系统本质上是设定发射点的位置坐标，然后以发射器将不同的点生成不同的网格面，从而形成复杂的动画效果。CIENMA 4D R20内置了许多力场，粒子若配合这些力场，就可以组成各种各样的形态，模拟部分真实的物理效果。

⊙ 参数解释

粒子系统包含的粒子力场如图9-1所示。

重要参数讲解

发射器：定义粒子发射的属性、状态及粒子的形态。由于是绿色图标，因此它可以作为生成器。

引力：让粒子聚于一点的力。

反弹：使粒子产生反弹力，朝相反方向移动。

破坏：让产生的粒子被破坏。

摩擦：为粒子提供摩擦阻力。

重力：为粒子提供重力。

旋转：为粒子提供旋转力。

湍流：为粒子提供扰乱的力。

风力：为粒子提供定向风力。

烘焙粒子：提供粒子的烘焙，烘焙后的粒子可以通过移动时间线的方式进行回放。

图9-1

⊙ 操作演示

工具：粒子　位置：菜单栏>模拟>粒子　演示视频：59-认识粒子系统.mp4

🔲 步骤演示

01 执行"模拟>粒子>发射器"菜单命令，场景中产生一个方形粒子发射器，同时在"对象"面板中也会出现"发射器"对象层，如图9-2所示。

02 单击时间轴上的"向前播放"按钮▷，场景中出现一些运动的粒子，如图9-3所示。

03 此时的粒子不能渲染出任何效果，想要粒子被渲染出来，必须添加几何体。单击"球体"按钮⊙在场景中创建一个半径为10cm的球体，然后将"球体"对象层放置在"发射器"对象层的子级，这样就可以渲染出粒子，如图9-4所示。

> ⌐ ¬ **技巧与提示** ⌐ ¬
> 　　粒子都会从粒子发射器出发并开始运动，形成力场。

图9-2

图9-3

图9-4

04 单击时间轴上的"向前播放"按钮▶后，场景中依然没有任何物体出现。选中发射器，然后在它的属性面板中勾选"显示对象"选项，再次播放动画，粒子将会以半径为10cm的小球出现，如图9-5所示。

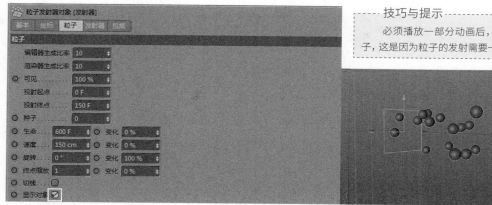

技巧与提示

必须播放一部分动画后，场景中才会产生粒子，这是因为粒子的发射需要一定的时间来激活。

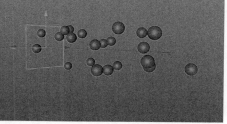

图9-5

05 单击力场的按钮创建力场。这里创建"湍流"力场 ，再次单击"向前播放"按钮▶，粒子不会沿着直线运行，而是会受到湍流力场的影响，如图9-6所示。

技巧与提示

力场可以改变粒子的运动轨迹，此外力场和力场还可以相互叠加。

06 通过"域"设定力场的范围和权重，如域的左边是没有受到湍流影响的粒子，域的右边是受到湍流影响的粒子，单击"向前播放"按钮▶，粒子的运动情况如图9-7所示。

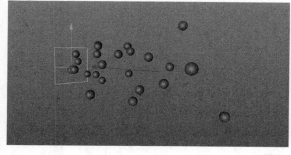

图9-6

图9-7

技巧与提示

线框内部有一个箭头，箭头前方表示1，表示完全受到湍流力；箭头后方表示0，表示球体外部不再有湍流力；线框内部是0~1的部分，就是衰减区域（从最弱影响到最强影响），这个域的整体大小和内部大小都是可以自定义调节的，位置也可以任意进行变动（这里面受到的影响完全等于参数设置的影响）。有了衰减效果，风力就变得更加真实，可以联想夏天吹风扇的情景，距离越远，风越小。

经验总结

通过这个案例的学习，相信读者已经掌握了粒子系统的基本用法。

CINEMA 4D R20新增了"域"的概念，有了域就可以控制力场的作用范围。没有添加"域"的力场，作用范围是无限大的。简单地说，"域"就是老版本中的衰减功能（功能类似，但是可拓展性更强），让力有一个作用范围。它是CINEMA 4D R20有别于其他三维软件的地方，也是运动图形的核心功能之一。当力场结合了域以后会有更多的用法，如作用于力场、运动图形和驱动定点贴图等，设计师便能够创作出更多有趣的作品。

技巧与提示

"发射器" 也是生成器，将模型放入它的子级中，就可以将原本的粒子替换为几何体渲染出来，这种用法适用于任何模型。

实战 60
刚体、碰撞体：让几何体塞满杯子

场景位置	场景文件>CH09>49.c4d
实例位置	实例文件>CH09>实战60 刚体、碰撞体：让几何体塞满杯子.c4d
教学视频	实战60 刚体、碰撞体：让几何体塞满杯子.mp4
学习目标	掌握刚体和碰撞体的用法、刚体和碰撞体属性的动画制作方法

⊟ 工具剖析

本例主要使用"刚体"标签 ▥ 刚体 和"碰撞体"标签 ▥ 碰撞体 进行动画的制作。

⊙ 参数解释

① "刚体"标签 ▥ 刚体 的属性面板有"动力学""碰撞""力""质量"等选项卡，如图9-8所示。

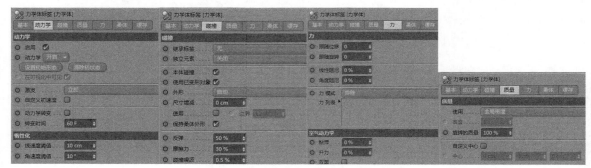

图9-8

重要参数讲解

动力学：设置动力学初始化状态和触发条件，默认为"开启"选项。

设置初始形态：单击该按钮，设置刚体对象的初始形态。

清除初状态：单击该按钮可以清除设置的初始形态。

激发：设置刚体对象的计算方式，有"立即""在峰速""开启碰撞""由XPresso"4种模式，默认的"立即"选项会无视初速度进行模拟。

自定义初速度：勾选该选项后，可以设置刚体对象的"初始线速度"和"初始角速度"。

外形：设置刚体对象模拟的轮廓。

反弹：设置刚体碰撞的反弹力度，数值越大，反弹越强烈。

摩擦力：设置刚体与碰撞对象的摩擦力，数值越大，摩擦力越大。

使用："质量"选项卡中的"使用"可设置刚体对象的质量，从而改变碰撞效果。有"全局密度""自定义密度""自定义质量"3个选项。"全局密度"可根据场景中对象的尺寸设置密度。"自定义密度"可设置刚体对象的密度。"自定义质量"可设置刚体对象的质量。

自定义中心：勾选该选项后，可以在输入框内设置对象的中心位置。

跟随位移：添加力后刚体对象跟随力进行位移。

② "碰撞体"标签 ▥ 碰撞体 的属性面板主要有"碰撞"选项卡，如图9-9所示。

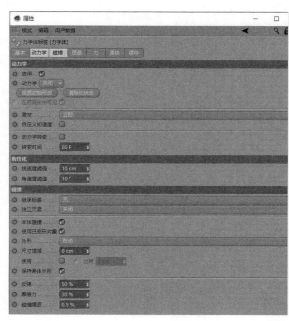

图9-9

中文版CINEMA 4D R20实战基础教程（全彩版）

重要参数讲解

继承标签：图9-10所示是"继承标签"在不同模式下的碰撞测试，当"继承标签"为"无"时，两个破碎的立方体就会"穿过"彼此的模型，出现穿帮现象；为"应用标签到子级"时，子级内部的元素将会全部被计算，左下角就是应用到子级的状态；复合碰撞外形就是将模型看成一个整体，忽略内部的破碎结构，进行碰撞模拟。

反弹：设置刚体或柔体对象的反弹强度，数值越大，反弹效果越强。

摩擦力：设置刚体对象或柔体对象与碰撞体之间的摩擦力。

图9-10

全部烘焙：将模拟的动力学动画烘焙关键帧后，可进行动画的播放。

清除对象缓存：将选中对象所烘焙的关键帧全部删除。

清除全部缓存：将场景中所有对象所烘焙的关键帧全部删除。

----- 技巧与提示 -----

只有将模拟的动力学动画烘焙后才能播放动画，否则无法通过后退观察动画效果。

⊙ **操作演示**

工具：⬛ 立方体 和 ▱ 平面体   位置：右击对象层>模拟标签>刚体、碰撞体   演示视频:60-刚体、碰撞体.mp4

01 单击"立方体"按钮 ⬛立方体 在场景中创建一个立方体，然后设置P.X为30cm，P.Y为30cm，P.Z为30cm，如图9-11所示。

02 单击"平面"按钮 ▱平面 在场景中创建一个平面，然后向下移动100cm，将其移动到图9-12所示的位置。

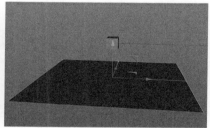

图9-11

图9-12

03 在"对象"面板中，选中"立方体"对象层，单击鼠标右键，在打开的菜单中选择"模拟标签>刚体"选项，为立方体添加刚体标签，如图9-13所示。选中"刚体"标签 🔲，在下方的属性面板中可以设置参数。

图9-13   图9-14

04 按照同样的方式，为"平面"对象层添加"碰撞体"标签，如图9-14所示。

05 单击"向前播放"按钮 ▶，此时将播放立方体自由下落到平面的动画效果，如图9-15所示。

图9-15

实战介绍

本例使用"刚体"标签 和"碰撞体"标签 制作球体塞满杯子动画。

⊙ 效果介绍

图9-16所示为本例的效果图。

⊙ 运用环境

在CINEMA 4D R20中，刚体表示较硬的物体，它是力学系统中的一个属性，在模拟硬质物体的时候，需要使用"刚体"标签，使其不会因碰撞而产生形变，完成一些特定的动画效果。除此之外，还可以利用物体的刚体属性制作一些超现实主题的海报效果，如图9-17所示。

图9-16   图9-17

思路分析

在制作模型之前，需要对物体间的关系进行分析，以便进行后续制作。

⊙ 制作简介

刚体和碰撞体可以看作石头和地面，刚体就是石头，碰撞体就是地面。石头和地面需要通过赋予其"刚体"和"碰撞体"标签来实现物理属性的模拟，本例中的几何体就是石头，而杯子和L形板（背景板）就是地面。因此为几何体添加"刚体"标签，使其具有碰撞属性；为杯子添加"碰撞体"标签，并在其中添加"发射器"生成器，使几何体能源源不断地从杯子内部发射出来。另外，发射器针对的对象是几何体，需按顺序置入。

> **技巧与提示**
>
> 本例初次介绍"模拟标签"的用法，"模拟标签"是赋予物体动力学属性的标签，可以模拟刚体、柔体和布料3种类型的物体的动力学效果。

⊙ 图示导向

图9-18所示为动画制作的步骤分解图。

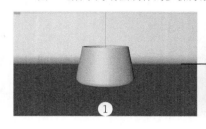

图9-18

步骤演示

01 打开本书学习资源中的"场景文件>CH09>49.c4d"文件，场景中有一个杯子模型，然后执行"模拟>粒子>发射器"菜单命令 创建一个粒子发射器，接着在"坐标"选项卡中设置P.Y为30cm，R.P为-90°，如图9-19所示。

02 新建图9-20所示的几何体，各项尺寸大约为20cm，然后将它们全部放置在"发射器"对象层的子级，接下来发射器会按照顺序依次发射几何体。

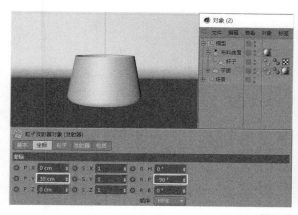
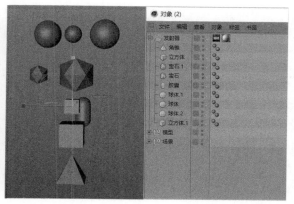

图9-19   图9-20

03 框选所有的几何体，然后单击鼠标右键选择"模拟标签>刚体"选项，为它们添加"刚体"标签，如图9-21所示。

04 选择"杯子"对象层和"平面"对象层，单击鼠标右键选择"模拟标签>碰撞体"选项，为它们添加"碰撞体"标签，如图9-22所示。

05 在"对象"面板中找到"发射器"对象层，然后设置"编辑器生成比率"为40，"渲染器生成比率"为40，"投射终点"为400F，"速度"为15cm，如图9-23所示。

技巧与提示

添加了"刚体"标签 _{刚体} 后，发射出来的所有"粒子"都会有相互碰撞的属性。

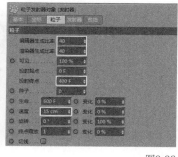

图9-21   图9-22   图9-23

技巧与提示

"编辑器生成比率"和"渲染器生成比率"都是控制粒子发射器的生成比率。简单地说，就是增大粒子发射数量，前者是增大编辑器中粒子的发射数量，后者是增大渲染器中粒子的生成数量，这两个参数需要保持一致，渲染的粒子数量才会正常。

06 单击"向前播放"按钮▶，待播放到400F时，暂停播放并进行渲染，如图9-24所示。

技巧与提示

使用这种方式可以快速创建许多几何体，制作起来非常简单、方便。

图9-24

📄 经验总结

通过这个案例的学习，相信读者已经掌握了"刚体"标签 _{刚体} 和"碰撞体"标签 _{碰撞体} 的使用方法。

⊙ 技术总结

"刚体"标签 _{刚体} 和"碰撞体"标签 _{碰撞体} 是模拟物理现象的两个标签，它们虽然参数复杂，但是使用起来却非常方便，需要设置的参数也不算太多。此外，"碰撞体"标签 _{碰撞体} 一般赋予被碰撞的物体，该物体既可以是一个平面，又可以是一个几何体。

⊙ 经验分享

一般情况下，当场景中出现刚体时，就一定会有碰撞体，它们成对出现，相互之间产生作用。

课外练习：制作	场景位置	无
向内发射效果	实例位置	实例文件>CH09>课外练习60：制作向内发射效果.c4d
	教学视频	课外练习60：制作向内发射效果.mp4
	学习目标	熟练掌握刚体和碰撞体的用法

⊙ 效果展示

图9-25所示为本练习的效果图。

⊙ 制作提示

本练习的制作方式比案例更加巧妙，使用的工具是相同的。本练习中的刚体仍然是发射器中的几何体，但是"碰撞体"标签则赋予球体，发射器在这个球体的内部进行发射，制作流程如图9-26所示。

图9-25

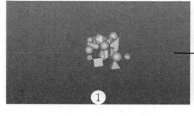

图9-26

技巧与提示

练习中唯一的技巧就是被赋予"碰撞体"标签的球体的参数设置。在"碰撞"选项组中，"外形"默认是"自动"，这里需要将"外形"修改为"静态网格"，球体才会成为一个内部的容器，否则几何体将会全部被弹开。

实战 61	场景位置	无
柔体：制作充气	实例位置	实例文件>CH09>实战61 柔体：制作充气的立方体模型.c4d
的立方体模型	教学视频	实战61 柔体：制作充气的立方体模型.mp4
	学习目标	掌握柔体的用法、模拟充气效果

☐ 工具剖析

本例主要使用"柔体"标签 ![柔体] 进行制作。

⊙ 参数解释

柔体和刚体之间有着非常紧密的联系，柔体就是打开了柔体属性的刚体，而刚体就是没有打开柔体属性的柔体，所以在CINEMA 4D R20中它们是同一个东西，"柔体"的属性面板如图9-27所示。

重要参数讲解

柔体：可以理解为刚体和柔体之间的切换开关。它有3种模式，分别是"关闭"（刚体）、"由多边形/线构成"（柔体）和"由克隆构成"（抽象），如图9-28所示。

构造：设置柔体对象在碰撞时的形变效果，数值为0时则完全形变，如图9-29所示。

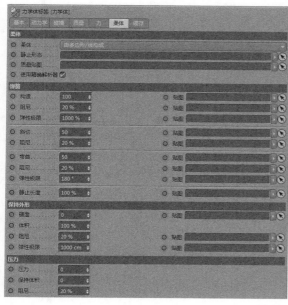

图9-27   图9-28   图9-29

阻尼：设置柔体与碰撞体之间的摩擦力，默认为20%。

弹性极限：设置柔体弹力的极限值。一旦超过这个值，柔体将不再发生形变，默认为100%。

斜切：设置柔体斜面方向的支撑力。斜切值越大，斜面方向的支撑力越大，如图9-30所示。

弯曲：设置柔体与碰撞体之间的弯曲程度。弯曲值越小，柔体会变得很软，如图9-31所示。

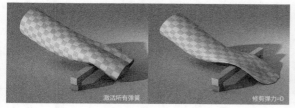

图9-30   图9-31

硬度：设置柔体外表的硬度，可以看作是充气效果，如图9-32所示。

压力：设置柔体对象内部的强度。

保持体积：设置柔体的体积强度。参数越大，体积结构越硬，如图9-33所示。

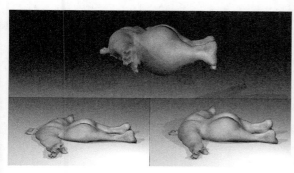

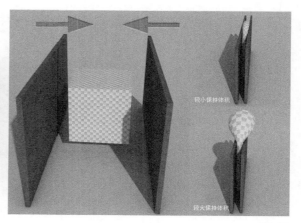

图9-32   图9-33

使用"布料"和"柔体"都能模拟一些形态较为简单的布料，可以二者选其一来制作，都能达到相似的效果。如图9-34所示，一个是用"柔体"动力学制作的布料，另一个是用"布料"标签制作的布料。

柔体制作　　　　　　　　　　　　　　布料制作

图9-34

⊙ 操作演示

工具： ![柔体] 　　位置：右击对象层>模拟标签>柔体　　演示视频：61-柔体.mp4

01 单击"球体"按钮 ![] 在场景中创建一个球体，然后设置"半径"为20cm，"类型"为"二十面体"，如图9-35所示。

设置球体的"类型"为"二十面体"，是因为这种类型的球体布线均匀，在结合动力学时不容易出错。

02 将鼠标指针放在"球体"对象层上，单击鼠标右键选择"模拟标签>柔体"选项，为球体添加一个"柔体"标签，如图9-36所示。

03 单击"平面"按钮 ![平面] 新建一个平面，然后将平面向下移动100cm，接着将鼠标指针放在"平面"对象层上，单击鼠标右键选择"模拟标签>碰撞体"选项，为平面添加一个"碰撞体"标签，如图9-37所示。

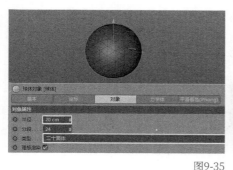

图9-35　　　　　　　图9-36　　　　　　　　　　　　　　　　　　　图9-37

04 单击"向前播放"按钮 ![▶]，柔体效果就产生了，如图9-38所示。

![图9-38]

图9-38

使用动力学需要通过播放才能使物体产生柔体效果。

▭ 实战介绍

本例使用"碰撞体"标签 ![碰撞体] 制作一块被充气小球填充的立方体。

⊙ **效果介绍**

图9-39所示为本例的效果图。

⊙ **运用环境**

比起前文提到过的刚体，柔体看上去更加引人注目，因为它有着更加丰富的细节和变化，"柔体"标签  可以定义物体的质量、密度和气压等物理参数，它可以让看似刚硬的几何体变得软塌塌的，或类似布料一样的软体。柔体通常用于制作布料类物体效果，这在日常生活中比较常见。除此之外，还可以制作充气的柔性物体，效果如图9-40所示，但是制作的难度也相对更大一些。

图9-39　　　　　　　　图9-40

思路分析

在制作模型之前，需要对物体间的关系进行分析，以便进行后续制作。

⊙ **制作简介**

本例使用"柔体"标签模拟小球充气的效果，并用小球将立方体填满，使其具有固定形态。制作的方式非常简单，先为小球添加"柔体"标签，再为立方体添加静态网格"碰撞体"标签。另外，在制作柔体时，为了避免模型的网格发生交错，模型和模型之间要隔一定的距离，同时还要尽量避免制作特别复杂的模型。

⊙ **图示导向**

图9-41所示为模型制作的步骤分解图。

 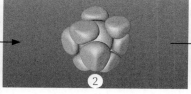 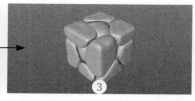

图9-41

步骤演示

01 单击"立方体"按钮在场景中创建一个立方体，使其作为碰撞体。在"对象"面板中，将鼠标指针放在"立方体"对象层上，单击鼠标右键选择"CINEMA 4D标签>显示"选项，给物体添加一个"显示"标签，如图9-42所示。

图9-42

------ **技巧与提示** ------
"显示"标签可以使某个物体单独出现一种显示效果。

02 选中"显示"标签，然后在"标签"选项卡中勾选"使用"选项，并设置"着色模式"为"网线"，这样有利于制作时观察内部的实体模型，如图9-43所示。

图9-43

03 在"对象"面板中，将鼠标指针放在"立方体"对象层上，单击鼠标右键选择 "模拟标签>柔体"选项，为立方体添加一个"柔体"标签，如图9-44所示。 图9-44

04 执行"模拟>布料>布料曲面"菜单命令，为立方体添加一个"布料曲面"生成器，然后将"立方体"对象层放入"布料曲面"对象层的子级，接着在"对象"面板中，单击"布料曲面"对象层，然后设置"细分数"为0，"厚度"为10cm，参数设置及效果分别如图9-45和图9-46所示。

05 单击"球体"按钮 ，在立方体的内部创建12个球体，并设置"类型"为"二十面体"，半径控制在30~50cm，同时使小球不相互重叠，均匀地分布在立方体的内部，如图9-47所示。

图9-45

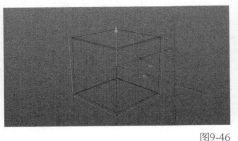
图9-46

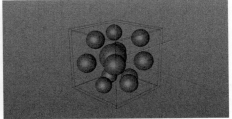
图9-47

> ------ 技巧与提示 ------
> 　　为立方体添加一个厚度，这样在进行柔体的渲染时，可避免网格之间出现穿帮现象。

> ------ 技巧与提示 ------
> 　　球体与球体之间千万不能有任何交叉的部分，否则会计算错误。

06 单击"空白"按钮 在场景中创建一个"空白"对象，然后将所有球体拖曳到"空白"对象的子层级，接着选中所有球体，单击鼠标右键选择"模拟标签>柔体"选项，为所有的球体创建一个"柔体"标签，再添加"细分曲面"生成器 ，将"空白"对象层放入"细分曲面"对象层的子级，如图9-48所示。

> ------ 技巧与提示 ------
> 　　为了提高渲染速度，小球分段数会比较低，此时可以使用"细分曲面"生成器 增加分段数，这样不会影响渲染速度。

07 选中所有的"柔体"标签，然后在"柔体"选项卡中，设置"构造"为10，"压力"为100，如图9-49所示。

图9-48

图9-49

08 单击"向前播放"按钮 ，待播放到60F时开始渲染，如图9-50所示。

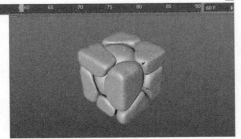

📄 经验总结

　　通过这个案例的学习，相信读者已经掌握了"柔体"标签 的使用方法。

⊙ 技术总结

　　在三维制作中，柔体是一个使用频率非常高的工具，许多艺术家都喜欢制作如棉花糖一般的艺术效果，所以在学习柔体时，应该注意每个参数的工作方式。当然，对于初学者来说，柔体的特性并不好掌握，每一个参数都需要多尝试。

图9-50

⊙ 经验分享

　　刚体和柔体之间可以相互切换，每一个参数都有着独特的作用，了解的参数越多，使用柔体创建模型的方式就越多，制作的效果也就越丰富。

课外练习：制作充气效果

场景位置	无
实例位置	实例文件>CH09>课外练习61：制作充气效果.c4d
教学视频	课外练习61：制作充气效果.mp4
学习目标	熟练掌握柔体标签的用法

⊙ 效果展示

图9-51所示为本练习的效果图。

⊙ 制作提示

这是用充气小球将球体填满的练习，制作流程如图9-52所示。

图9-51

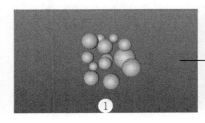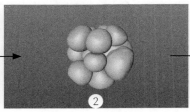

图9-52

实战 62
布料：制作窗帘模型

场景位置	无
实例位置	实例文件>CH09>实战62 布料：制作窗帘模型.c4d
教学视频	实战62 布料：制作窗帘模型.mp4
学习目标	掌握布料标签的用法

⊙ 工具剖析

本例主要使用"布料"标签 布料 进行制作。

⊙ 参数解释

"布料"标签 布料 的属性面板包含"标签""影响""修整""缓存""高级"等选项卡，如图9-53所示。

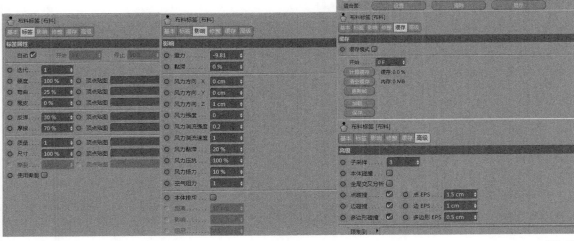

图9-53

重要参数讲解

自动：默认是勾选状态，从时间线的第1帧开始模拟布料效果。不勾选该选项则可设置布料模拟的帧范围。

迭代：设置布料模拟的精度，数值越高，计算越精准，效果就越好。

硬度：设置布料模拟时的形变与穿插，数值越大，形变越小，如图9-54所示。

弯曲：设置布料弯曲的效果。

橡皮：设置布料的拉伸弹力效果，数值越大，布料越软，如图9-55所示。

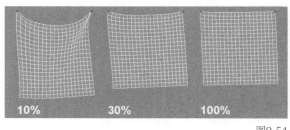 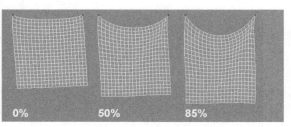

图9-54　　　　　　　　　　　　　　　　　　图9-55

反弹：设置布料间的碰撞效果。

摩擦：设置布料间碰撞的摩擦力。

质量：设置布料的质量。

使用撕裂：勾选后布料会形成碰撞撕裂效果。

重力：设置布料受到的重力强度，一般保持默认不更改。

黏滞：形成与重力相反的力，减缓布料下坠的速度。

风力方向.X、风力方向.Y、风力方向.Z：设置布料初始速度的方向。

风力强度：设置风力的强度，如图9-56所示。

风力湍流强度：湍流力就是扰乱力，是一个随机的力场。数值越大，形变越强烈，如图9-57所示。

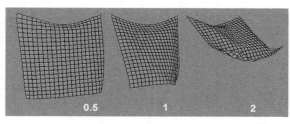 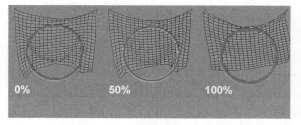

图9-56　　　　　　　　　　　　　　　　　　图9-57

风力湍流速度：设置湍流力的速度。

风力黏滞：和之前的黏滞参数很相似，模糊风力边缘，如图9-58所示。

本体排斥：勾选该选项后，会减少布料模型相互穿插的效果，但会增加计算时间。

松弛：平缓布料的褶皱。

计算缓存：烘焙模拟布料所生成的动画关键帧。

图9-58

⊙ 操作演示

工具：　布料　　　位置：右击对象层>模拟标签>布料　　演示视频：62-布料.mp4

01 单击"球体"按钮 球体 和"平面"按钮 平面 在场景中分别添加一个球体和一个平面，并将球体置于平面下方100cm处，如图9-59所示。

02 在"对象"面板中选中"球体"对象层，然后设置"分段"为50，"类型"为"二十面体"，如图9-60所示。

03 在"对象"面板中选择"平面"对象层，然后设置"宽度分段"为50，"高度分段"为50，按C键将布料转换为可编辑多边形，如图9-61所示。

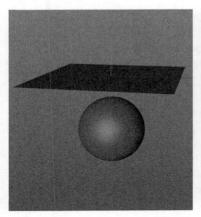
图9-59

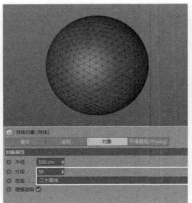
图9-60

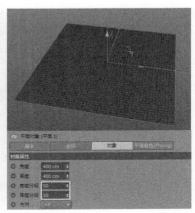
图9-61

技巧与提示

　　球体和平面的布线尽量调整得密集一些，因为布线越密集，模拟计算越准确，但是消耗的时间也会越长。

技巧与提示

　　"布料"标签不能识别参数化物体，需要将物体转换为可编辑对象。

04 在"对象"面板中选中"平面"对象层，单击鼠标右键选择"模拟标签>布料"选项为平面添加"布料"标签，添加"布料"标签后的平面就是一个布料了。单击"布料"标签，在属性面板中设置"迭代"为100，提高布料的计算精度，如图9-62所示。

05 在"对象"面板中选中"球体"对象层，然后单击鼠标右键选择"模拟标签>布料碰撞器"选项，为"球体"添加布料碰撞器，如图9-63所示。

06 单击"向前播放"按钮，有趣的现象就发生了，一块平整的平面随着时间的推移，下落并碰撞到球体，呈现布料的特性，如图9-64所示，这就是"布料"标签的基础作用。

技巧与提示

　　"迭代"值越高，布料模拟越精确。

技巧与提示

　　被定义的布料不能与所有的物体进行碰撞，在CINEMA 4D R20中，必须使用一个标签来定义它为被碰撞对象，布料也会识别这个对象并进行碰撞计算。

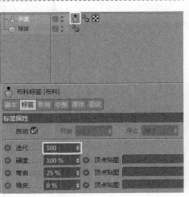
图9-62

图9-63

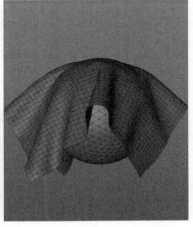
图9-64

▱ 实战介绍

　　本例使用"布料"标签制作窗帘。

⊙ **效果介绍**

图9-65所示为本例的效果图。

⊙ **运用环境**

"布料"标签  是用来模拟布料的标签，添加这个标签后，在播放动画时系统会自动计算布料的形态。除了需要使用真实的材质贴图模拟布料，还需要将模型制作得同布料形态一样真实，但是通过建模制作布料不仅效率低，而且不能制作动画，所以"布料"标签就带来了解决方案。在三维艺术创作中，免不了制作布料，同时布料也是非常好用的视觉元素，它不仅有着柔软的外表，而且还可以制作许多反自然现象的动画。图9-66所示为布料效果。

图9-65　　　　　　　　　　　　　　　　　　　　　图9-66

思路分析

在制作模型之前，需要对物体间的关系进行分析，以便进行后续制作。

⊙ **制作简介**

布料制作起来相对简单，只需要添加一个"布料"标签 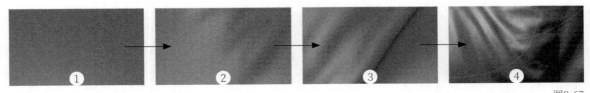，然后添加"布料曲面"生成器 ，一块完整的布料就制作完成了。但是没有力场或撞击布料的碰撞器，仅根据系统提供的"布料"标签制作布料是不能产生真实的布料效果的。本例就是通过"风力"力场 和"湍流"力场 共同作用于布料，形成最终的布料形态。另外，为了不让布料因力的作用而看不出变形，还必须让布料固定于一点。

⊙ **图示导向**

图9-67所示为模型制作的步骤分解图。

图9-67

步骤演示

01 单击"平面"按钮 在场景中创建一个平面，然后设置"宽度分段"为100，"高度分段"为100，"方向"为+Z，最后将其旋转至图9-68所示的朝向。

图9-68

------ 技巧与提示 ------

在转换为可编辑对象之前需要添加足够多的分段数，这样在模拟布料的过程中才会有足够的细节。

02 按C键将其转换为可编辑多边形，因为布料标签只能识别可编辑对象，不能识别参数化对象。在"对象"面板中选中"平面"对象层，单击鼠标右键选择"模拟标签>布料"选项为平面添加布料标签。在"点"模式 下选择平面左右两端的两个顶点，然后在"布料标签"的"修整"选项卡中，单击"固定点"中的"设置"按钮，这样布料在受到风力影响的时候能保证这两个部分不会受到影响。创建好的固定点会一直显示为洋红色，参数设置及效果如图9-69所示。

03 执行"模拟>粒子>风力"菜单命令，为场景添加一个风力力场，模拟风扇吹动的效果，然后设置"速度"为5cm，"紊流"为50%，如图9-70所示。

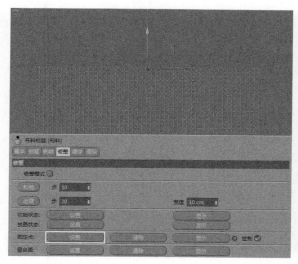

图9-69

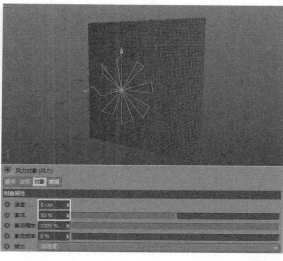

图9-70

> **技巧与提示**
>
> "固定点"是非常实用的小功能，它可以设置在多边形物体上，被设置的点不受外力影响，从而使模型固定于一点。

04 在风力的属性面板中切换到"衰减"选项卡，单击"线性域"按钮 为布料添加一个线性域，出现图9-71所示的洋红色线框。在"对象"面板中，将"线性域"对象层放置在"风力"对象层的子级，然后在场景中选择线性域，将它移动到图9-72所示的位置，这样做的目的是不让风力过大，方便控制风力的作用范围。设想如果没有这个衰减功能，那么风力就会把布料吹到非常高的位置。

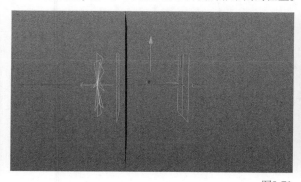

图9-71

图9-72

05 虽然风力自带湍流效果，但是比起独立出来的湍流力来说，不能很好地进行控制，而且效果也不太明显。为了让布料的动态更加有细节，需要单独加上湍流力场，执行"模拟>粒子>湍流"菜单命令，进入湍流的属性面板，设置"强度"为10cm，"缩放"为450%，如图9-73所示。不难发现湍流力场和风力力场的参数有些相似的地方，可以进行对比学习。这里的湍流力场就不设置衰减域了，因为整个布料都会受到湍流力场的影响，产生更多的细节。

图9-73

06 想要观察布料受到风力影响，需要延长时间线。在默认状态下，时间线只有90F，帧率默认是30F/s，因此时长为3s，在时间线的终点将原本的90F设置为300F，如图9-74所示。

图9-74

┄┄ 技巧与提示 ┄┄┄
　　延长或缩短时间线的方法是很有必要学习的。

07 虽然步骤06设置了终点的时间，但是这时候的时间线依然是90F，因此双击90F这个数字输入300或向右拖曳三角形滑块迅速将时间线填满，此时的时间就是完整的300F，如图9-75所示。

图9-75

08 设置好了时间线，单击"向前播放"按钮 ▶，就可以播放整个动画了，但是为了避免播放卡顿，需要在"缓存"选项卡中单击"计算缓存"按钮 计算缓存 ，如图9-76所示。待弹出结算框，等待一段时间后，完成缓存动作。

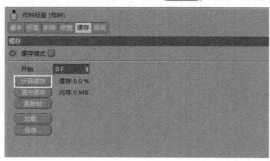

图9-76

┄┄ 技巧与提示 ┄┄┄┄┄┄┄┄┄┄┄┄┄┄┄┄┄┄┄┄┄┄┄┄┄┄
　　如果计算机的性能不够好，那么在播放的时候有可能会卡顿，因为在播放时布料结算器还在实时"结算"动画。为了让播放流畅，有两种解决方案，一种是输出动画预览，另一种就是创建缓存。下面介绍第2种用法，"布料"标签中的"缓存"选项卡是专门用来结算缓存的，读者可以暂时不需要明白它的原理，只需要知道它可以让动画播放流畅，并且任意拖曳时间线上的滑块，动画也能正常显示。在涉及动力学和布料结算的时候，都会使用"计算缓存"功能，确保播放顺畅。

09 通过缓存动画，播放动画或拖曳时间线上的滑块可以随意地观察每一帧的效果，选择认为比较好的角度和状态进行渲染，如图9-77所示。但是此时还有一个问题，那就是制作的布料有柔软的特性，而缺少一种真实感，接下来就需要让布料更加平滑、柔软。

10 在"对象"面板中选中"平面"对象层，按住Alt键并执行"模拟>布料>布料曲面"菜单命令，将"布料曲面"对象层设置为"平面"对象层的父级，这就为布料增加了细分，使其具有质感，然后在"布料曲面"的属性面板中设置"厚度"为1cm，给布料添加厚度，如图9-78所示，效果如图9-79所示。

11 布置灯光，设置渲染器和渲染参数，渲染的效果如图9-80所示。

图9-77　　　　　　　　图9-78　　　　　　　　　　　　图9-79　　　　　　　　　　图9-80

┄┄ 技巧与提示 ┄┄┄
　　有两个生成器可以解决布料不够光滑的问题，一个是之前介绍过的"细分曲面"生成器 细分曲面 ，它的作用就是使用细分算法，让模型产生更多的分段，使模型更加光滑，坏处是会让布料丢失一些细节。因此这里还可以使用另一个生成器，即"布料曲面"生成器 布料曲面 ，它是专门针对布料制作的生成器，不仅可以添加更多的细分，而且会尽量保留布料上的细节。另外，"布料曲面"生成器 布料曲面 也可以为布料添加厚度，或用来添加各种模型的厚度。

⊟ 经验总结

　　通过这个案例的学习，相信读者已经掌握了"布料"标签 布料 的使用方法。

中文版CINEMA 4D R20实战基础教程（全彩版）

⊙ 技术总结

CINEMA 4D R20内置的布料系统其实有两套，分别是柔体和布料，在模拟不复杂的布料时，内置的两套布料系统完全可以制作想要的效果，而且调节的参数并不算复杂。

⊙ 经验分享

一般使用平面作为布料的模拟对象，读者也可以使用其他物体试一试效果。

课外练习：制作手帕模型	场景位置	无
	实例位置	实例文件>CH09>课外练习62：制作手帕模型.c4d
	教学视频	课外练习62：制作手帕模型.mp4
	学习目标	熟练掌握布料标签的用法

⊙ 效果展示

图9-81所示为本练习的效果图。

⊙ 制作提示

这是一个悬挂布料的制作练习，注意设置固定的角点，使其有一个受力场影响的支撑点，制作流程如图9-82所示。

图9-81

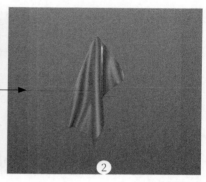

图9-82

实战 63 湍流：制作指示箭头模型	场景位置	无
	实例位置	实例文件>CH09>实战63 湍流：制作指示箭头模型.c4d
	教学视频	实战63 湍流：制作指示箭头模型.mp4
	学习目标	掌握湍流力场技术

⊟ 工具剖析

本例主要使用"湍流"力场 进行制作。

⊙ 参数解释

"湍流"力场 有"对象""衰竭"等选项卡，如图9-83所示。

重要参数讲解

强度：设置湍流对粒子的强度，数值越大湍流对粒子产生的效果越明显。

缩放：设置粒子在湍流缩放下产生的聚集和散开的效果，数值越大，聚集和散开效果越明显。

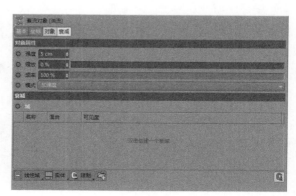

图9-83

频率：设置粒子的抖动幅度和次数，频率越高，粒子抖动幅度和效果越明显，如图9-84所示。

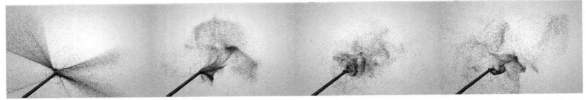

图9-84

模式：系统提供"加速度""力""空气动力学风"3种模式影响粒子的抖动效果，默认为"加速度"。

⊙ **操作演示**

工具：湍流   位置：菜单栏>模拟>粒子>湍流   演示视频：63-湍流.mp4

01 执行"模拟>粒子>发射器"菜单命令，"对象"面板中会出现一个发射器，单击"向前播放"按钮▶，待视图窗口中出现粒子后，选中"发射器"对象层，在它的"粒子"选项卡中设置"编辑器生成比率"为30，"渲染器生成比率"为30，"投射终点"为300F，单击"向前播放"按钮▶，此时粒子的数量变多，如图9-85所示。

02 设置时间线的最终帧数为300F，设置完成后，拖曳时间线上的滑块，使时间线呈现图9-86所示的效果。

图9-85

图9-86

03 执行"模拟>粒子>湍流"菜单命令，并设置"强度"为50cm，单击"向前播放"按钮▶，待播放到140F时，再次单击"向前播放"按钮❚❚就会暂停播放，此时视图中的粒子显示为图9-87所示的状态。

04 在"湍流对象"的属性面板中选择"衰减"选项卡，单击"线性域"按钮 ▭ 线性域，待场景中新增一个洋红色的框后，将"线性域"移动到图9-88所示位置，然后播放动画，即可看出域对力场的影响。注意洋红色的框就是域的控制器，使用它就可以控制力场的作用范围。如果没有添加域，那么整个工程中的所有粒子都会受到湍流的影响。在域的内部有一个箭头，这个箭头代表方向，箭头部分代表开始部分，所以图中的箭头在右方。

图9-87

图9-88

> **技巧与提示**
>
> 不借助外力影响粒子，粒子的运动轨迹就会非常无趣，所以在创作的过程中，都会通过力场来控制粒子的走向和形状，较常使用的力场就是湍流，读者需要重点学习。

> **技巧与提示**
>
> 一个对象可以通过添加多个域来进行控制。

实战介绍

本例用"湍流"力场 ▭ 湍流 制作带有指示性的装饰箭头。

⊙ 效果介绍

图9-89所示为本例的效果图。

⊙ 运用环境

"湍流"力场 ▭ 湍流 用于使粒子在运动过程中产生随机的抖动效果，与几何体结合可以制作许多抽象艺术。图9-90所示就是完全使用"湍流"力场 ▭ 湍流 制作而成的海报元素。

图9-89

图9-90

思路分析

在制作模型之前，需要对物体间的关系进行分析，以便进行后续制作。

⊙ 制作简介

湍流可以控制粒子的走向，并在工程中提供一个力场，如果粒子没有受到任何力，那么它将以匀速直线状态运动下去。本例使用"发射器"生成器 ▭ 发射器，在叠加了"湍流"力场 ▭ 湍流 后，会生成箭头。另外，在默认状态下"发射器"发射的是整齐的粒子，需要配合"湍流"力场 ▭ 湍流 制作特殊造型。

⊙ 图示导向

图9-91所示为模型制作的步骤分解图。

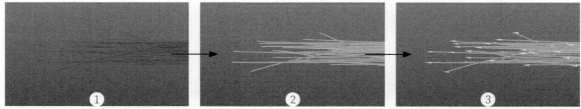

图9-91

📄 步骤演示

01 执行"模拟>粒子>发射器"菜单命令，在视图中创建一个发射器，然后执行"模拟>粒子>湍流"菜单命令，在场景中创建一个力场，并设置时间线的长度为200F，参数设置及效果如图9-92所示。

02 单击"向前播放"按钮 ▶，待播放到100F时，粒子就会出现图9-93所示的效果。

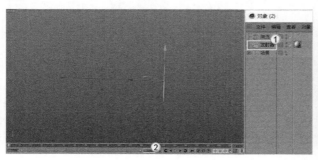

图9-92

图9-93

03 将粒子转换为可以被渲染出来的实体模型。执行"运动图形>追踪对象"菜单命令，在追踪对象的属性面板中，把"发射器"拖曳到"追踪链接"列表中，如图9-94所示。

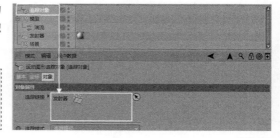

> **技巧与提示**
>
> "追踪对象"生成器 能将粒子的运动轨迹记录下来，并且生成样条轨迹（可以理解为样条），接下来可以配合"扫描"生成器 制作实体模型。

图9-94

04 单击"矩形"按钮 创建一个矩形，然后设置"宽度"为3.6cm，"高度"为3.6cm，接着创建"扫描"生成器 ，将"湍流"对象层和"发射器"对象层按顺序放入它的子级，如图9-95所示。单击"播放"按钮 ▶ 播放动画，粒子就会变成图9-96所示的几条不同长度的立方体。

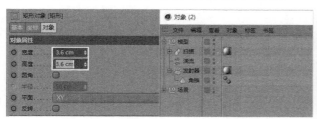

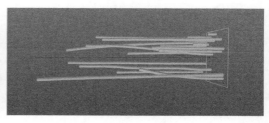

图9-95

图9-96

> **技巧与提示**
>
> 生成器的作用就是将粒子转化为实体模型。

05 单击"角锥"按钮 ⚠ 🔺 在场景中创建一个角锥，然后在"坐标"选项卡中设置R.H为90°，R.B为90°，接着在"对象"选项卡中设置"尺寸"为8cm×30cm×8cm，"方向"为+Y，如图9-97所示。

06 用角锥模型制作箭头的顶部。在"对象"面板中将"角锥"对象层放置在"发射器"对象层的子级，这样每一个粒子就是一个角锥，如图9-98所示。单击"向前播放"按钮 ▶ ，待播放到155F时渲染摄像机视图，渲染的效果如图9-99所示。

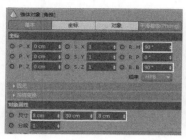 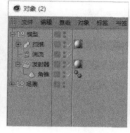 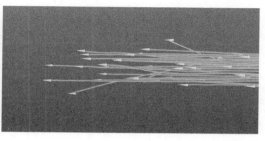

图9-97   图9-98   图9-99

🗋 经验总结

通过这个案例的学习，相信读者已经掌握了"湍流"力场 🔲 🔲 的使用方法。

⊙ 技术总结

"发射器"生成器 🔲 🔲 的本质是发射多个点，可以借助这些点，在经过力场的改变后，生成一些意想不到的造型。

⊙ 经验分享

CINEMA 4D R20的粒子系统还有很多其他类型的力场，根据本例的制作思路，读者可以尝试使用不同的力场做出不同效果。

第9章 粒子与动力学技术

课外练习：制作样条蠕动效果	场景位置	无
	实例位置	实例文件>CH09>课外练习63：制作样条蠕动效果.c4d
	教学视频	课外练习63：制作样条蠕动效果.mp4
	学习目标	熟练掌握湍流力场技术

⊙ 效果展示

图9-100所示为本练习的效果图。

⊙ 制作提示

这是一个蠕动样条动画的练习，制作思路和案例相似，只是使用的元素有些差别，制作流程如图9-101所示。

图9-100

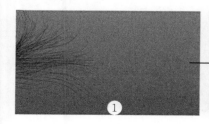  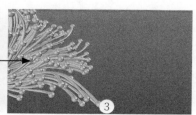

图9-101

实战 64	场景位置	无
风力：制作 飘扬的旗帜	实例位置	实例文件>CH09>实战64 风力：制作飘扬的旗帜.c4d
	教学视频	实战64 风力：制作飘扬的旗帜.mp4
	学习目标	掌握风力力场技术、域的用法

🖃 工具剖析

本例主要使用"风力"力场 _{风力} 进行制作。

⊙ 参数解释

"风力"力场 _{风力} 的参数和"湍流"力场 _{湍流} 的大致相似，如图9-102所示。

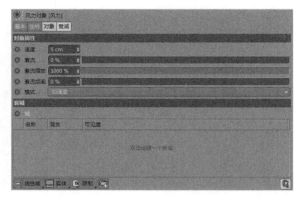
图9-102

重要参数讲解

速度： 设置风力的速度，值越大粒子运动的效果越强烈。

紊流： 设置粒子在风力运动下的抖动效果，使风力的呈现更加自然，数值越大，粒子的抖动效果越强烈。

紊流缩放： 设置粒子在风力运动下抖动时聚集和散开的效果，从图9-103所示能明显看出紊流缩放的效果。

紊流频率： 设置粒子抖动的幅度和次数，频率越高，粒子抖动的幅度和效果越明显，如图9-104所示。

图9-103

图9-104

⊙ 操作演示

工具： _{风力}　　**位置：** 菜单栏>模拟>粒子>风力　　演示视频：64-风力.mp4

01 单击"平面"按钮 _{平面} 在场景中创建一个平面，然后选中"平面"，单击鼠标右键并选择"模拟标签>布料"选项，为平面添加一个"布料"标签，使其具有布料属性。在平面的属性面板中，设置"宽度分段"为100，"高度分段"为100，如图9-105所示。

02 单击"向前播放"按钮 ▶，布料会受到引力而进行自由落体运动，因此单击"布料"标签 _{布料}，在"影响"选项卡中设置"重力"为0，如图9-106所示，这样布料就不会自由下落了。

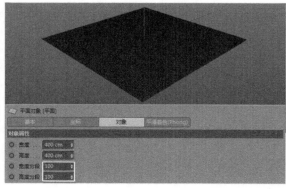
图9-105

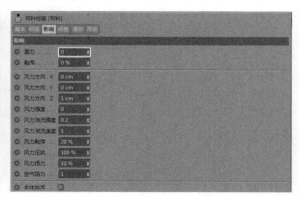
图9-106

232

03 再次播放，布料仍旧是一块平面，想要制作细节，需要给它一定的力。执行"模拟>粒子>湍流"菜单命令，为场景添加湍流力，然后设置"强度"为10cm，"缩放"为100%，"频率"为0%，单击时间线上的"向前播放"按钮▶，就会出现图9-107所示的效果。

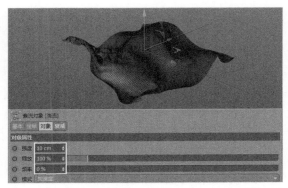

图9-107

----- 技巧与提示 -----
  力场中的绝大部分力都能对布料产生形态上的影响，它们可以相互影响。

04 在风力的"衰减"选项卡中长按"线性域"按钮，然后选择"球体域"选项，这样就为湍流力场添加了一个有着与球体大小一样的作用范围，同时场景中也会出现一个洋红色的球体框，代表力场的作用范围，如图9-108所示。

05 有趣的是，增强后的域可以设置叠加的方式，使多个域作用于一个力场，如图9-109所示。

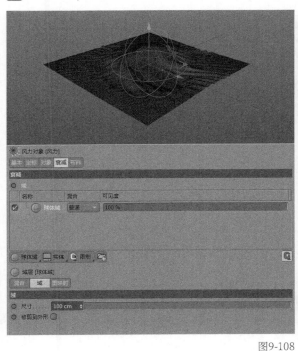

图9-108

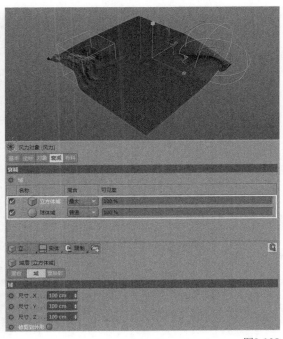

图9-109

实战介绍

本例用"风力"力场制作飘扬的旗帜。

⊙ 效果介绍

图9-110所示为本例的效果图。

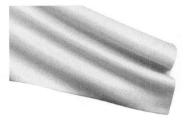

图9-110

第9章 粒子与动力学技术

233

⊙ 运用环境

"风力" <img_风力> 用于使粒子在运动过程中产生被推动的效果，与布料系统结合，可以制作被风吹动的布料动画，图9-111所示就是使用"风力"力场制作而成的布料元素海报。

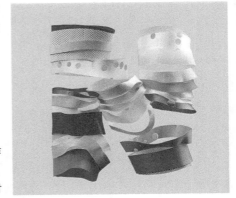

图9-111

思路分析

在制作模型之前需要对物体间的关系进行分析，以便进行制作。

⊙ 制作简介

本例主要使用之前学过的布料知识结合"风力"力场 <img_风力> 制作飘扬的旗帜。除了通过"布料"标签 <img_布料> 为平面赋予布料属性外，布料在受到力场的作用时，一定要通过"布料绑带"标签 <img_布料绑带> 对布料进行绑定，才能模拟在风中飘扬的效果。

⊙ 图示导向

图9-112所示为模型制作的步骤分解图。

图9-112

步骤演示

01 单击"平面"按钮 <img_平面> 在场景中创建一个平面，然后设置"宽度"为400cm，"高度"为250cm，"宽度分段"为40，"高度分段"为40，"方向"为+Z，接着按C键将其转换为可编辑多边形，将其旋转至图9-113所示的位置。

02 单击"圆柱"按钮 <img_圆柱> 在场景中创建一个圆柱，然后设置圆柱的"半径"为5cm，"高度"为400cm，"高度分段"为100，"旋转分段"为50，接着将其放在布料的左侧作为固定点，最后按C键同样将其转换为可编辑多边形，如图9-114所示。

图9-113

图9-114

-- 技巧与提示 --
因为制作的是旗帜，分段稍微大一点，模拟的布料会更加真实。

-- 技巧与提示 --
布料和被绑定的物体都需要是可编辑对象才能起作用。

03 在"对象"面板中，将鼠标指针放在"平面"对象层上，然后单击鼠标右键选择"模拟标签>布料"选项，为"平面"创建一个"布料"标签，使其变为布料，再按同样的方式添加一个"布料绑带"标签 <img_布料绑带> ，"对象"面板如图9-115所示。

图9-115

04 按F4键切换至正视图，切换至"点"模式💿，选择布料最左侧的两列点，如图9-116所示。

05 在"对象"面板中单击"平面"对象层的"布料绑带"标签，然后在它的属性面板中单击"设置"按钮，将步骤04选择的两列点固定住，再将"圆柱"对象层拖曳至"绑定至"选项框内，"平面"就绑定到"圆柱"上，绑定的位置就是被固定住的两列点。单击"向前播放"按钮▶，布料就产生了作用，如图9-117所示。

图9-116

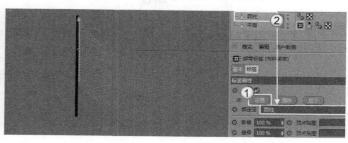

图9-117

第9章 粒子与动力学技术

技巧与提示

"布料绑带"标签 🔲 布料绑带 是一个非常实用的功能，读者可以仔细琢磨它的设置过程。

---

06 执行"模拟>粒子>风力"菜单命令，在场景中创建一个力场，然后设置"速度"为200cm，"紊流"为5%，如图9-118所示。

07 执行"模拟>粒子>湍流"菜单命令，在场景中创建一个力场，然后设置"强度"为20cm，如图9-119所示。

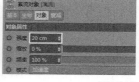

图9-118

图9-119

08 布料的细分看似还是不够多，四周依然有一些锯齿感。执行"模拟>布料>布料曲面"菜单命令，为布料添加"布料曲面"生成器，并将"平面"对象层放入"布料曲面"对象层的子级。在"对象"面板中选中"布料曲面"对象层，然后设置"厚度"为2cm，如图9-120所示。

09 创建"细分曲面"生成器🔵，将"布料曲面"对象层放置在"细分曲面"对象层的子级，这样布料就变得非常光滑了，效果如图9-121所示。

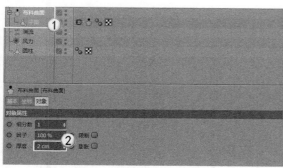

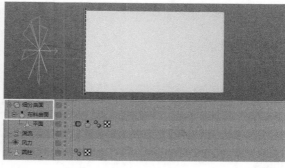

图9-120

图9-121

10 单击"向前播放"按钮▶，待播放至319F时，按快捷键Ctrl+R进行渲染，渲染的效果如图9-122所示。

技巧与提示

渲染前需要缓存布料动画，这样可以精确地暂停与播放，并且还可以回放。

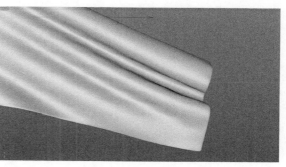

图9-122

🔲 经验总结

通过这个案例的学习，相信读者已经掌握了"风力"力场 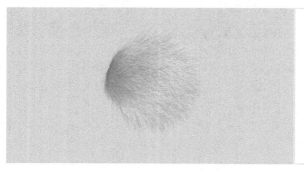 ～ 风力 的使用方法。

⊙ 技术总结

本例借助布料知识介绍了"风力"力场 ～ 风力 的作用，"风力"力场 ～ 风力 不仅可以影响粒子，还可以影响布料系统。

⊙ 经验分享

布料本质上也是粒子，因此通过力场同样可以驱动布料进行运动。想要制作有质感的布料，除了使模型具有布料属性外，使用"布料绑带"标签 🔲 布料绑带 并配合力场，也能快速地体现布料的质感。

课外练习：制作飞翔效果	场景位置	无
	实例位置	实例文件>CH09>课外练习64：制作飞翔效果.c4d
	教学视频	课外练习64：制作飞翔效果.mp4
	学习目标	熟练掌握风力力场技术

⊙ 效果展示

图9-123所示为本练习的效果图。

图9-123

⊙ 制作提示

这是一个飞翔的小球练习，制作流程如图9-124所示。

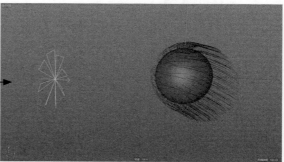

图9-124

第 10 章

关键帧动画

本章讲解CINEMA 4D R20的关键帧动画技术，它是构成复杂动画的基础。本章分别介绍关键帧动画中的常用技术，包括摄像机、摄像机变换、舞台、对齐曲线和函数曲线等工具制作的动画。

本章技术重点

» 掌握关键帧动画

» 了解常用的动画类型

» 学会查看与使用时间线窗口

» 学会查看与使用函数曲线

场景位置	场景文件>CH10>50.c4d
实例位置	实例文件>CH10>实战65 认识关键帧动画.c4d
教学视频	实战65 认识关键帧动画.mp4
学习目标	掌握时间线窗口的用法、关键帧的用法

□ 工具剖析

三维软件的使用者在一般情况下会使用动画功能，因为动画远比静态的图片更加直观、好看，但是在制作动画的过程中，考虑的因素往往也会比静态图片要多，学习的成本也会更大，因为动画是由一张张连续的静态图片组成的。

⊙ 参数解释

在CINEMA 4D R20中，动画的设置是通过设置关键帧的方式来实现的，制作动画的工具基本位于"时间线窗口"中，如图10-1所示。使用"时间线窗口"可以快速地调节曲线来控制物体的运动状态，"时间线窗口"有两种常用模式，即"函数曲线"模式和"摄影表"模式，其中"函数曲线"模式用到的频率是较高的，主要通过它来调节动画的速率、添加或减少关键帧，也可以使动画进行缓入缓出运动或自定义其他类型的速度。"函数曲线"和"摄影表"分别如图10-1和图10-2所示。

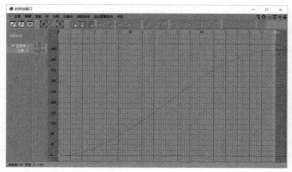

图10-1

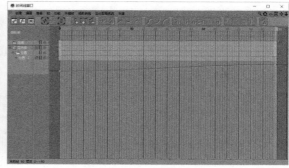

图10-2

重要参数讲解

摄影表 ：单击该按钮，会将"时间线窗口"切换到"摄影表"模式。

函数曲线模式 ：单击该按钮，会将"时间线窗口"切换到"函数曲线"模式。

运动剪辑 ：单击该按钮，会切换到剪辑面板。

框显所有 ：单击该按钮，会显示所有对象的信息。

转到当前帧 ：单击该按钮，会跳转到时间滑块所在帧的位置。

创建标记在当前帧 ：单击该按钮，在当前时间添加标记。

创建标记在视图边界 ：单击该按钮，在可视范围的起点和终点添加标记。

删除全部标记 ：单击该按钮，删除所有的标记。

线性 ：单击该按钮，将所选关键帧设置为尖锐的角点。

步幅 ：单击该按钮，将所选的关键帧设置为步幅插值。

样条 ：单击该按钮，将所选关键帧设置为圆滑的样条。

--- 技巧与提示 ---

"时间线窗口"只有在物体的某些属性设置为关键帧后才可以被调出。在设置了关键帧的属性参数上单击鼠标右键选择"动画>显示函数曲线"或"动画>显示时间线窗口"，都可以打开"时间线窗口"，如图10-3所示。

图10-3

⊙ **操作演示**

工具：时间线窗口　　位置：菜单栏>动画>记录>关键帧>激活对象　　演示视频:65-认识关键帧动画.mp4

📖 **步骤演示**

01 打开本书学习资源中的"场景文件>CH10>50.c4d"文件，如图10-4所示。

02 当时间线上的滑块位于0F时，在"对象"面板中选中"时针""分针""秒针"3个对象层，然后在右下角的属性面板中切换至"坐标"选项卡，接着选择R.B选项，将其设置为关键帧，如图10-5所示。

图10-4　　　　　　　　　　　　　　　　　　　　　　　　　　　　　　　　　　图10-5

┌ **技巧与提示** ┄┄┄
　设置动画的起点，由于3根指针的旋转角度相同，因此可以为其统一设置关键帧。
└┄┄

03 将时间线上的滑块拖曳到第90F，如图10-6所示。在"对象"面板中选中"秒针"对象层，并设置R.B为90°，然后选择该选项将其设置为关键帧；选中"分针"对象层，并设置R.B为-30°，然后选择该选项将其设置为关键帧；选中"时针"对象层，并设置R.B为-70°，然后选择该选项将其设置为关键帧，如图10-7至图10-9所示。这时钟表模型的状态如图10-10所示。

图10-6

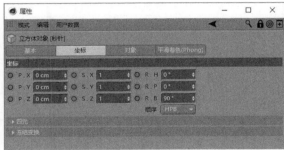
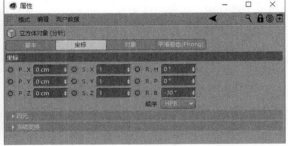

图10-7　　　　　　　　　　　　　　　　　　　　　　　　　　　　　　　　　　图10-8

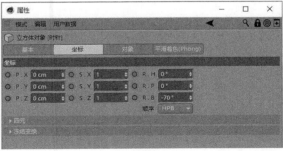

图10-9　　　　　　　　　　　　　　　　　　　　　　　　　　　　　　　　　　图10-10

┌ **技巧与提示** ┄┄┄
　设置动画的终点，由于3根指针的旋转角度不同，因此需要分别为它们设置关键帧。
└┄┄

04 在"对象"面板中再次框选3根指针的对象层，然后在属性面板中切换至"坐标"选项卡，将鼠标指针放到R.B参数上，接着单击鼠标右键执行"动画>显示函数曲线"命令，打开图10-11所示的"时间线窗口"，再按快捷键Ctrl+A框选所有的曲线样条，单击"线性"按钮 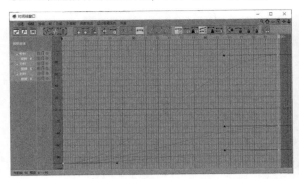，此时的函数曲线如图10-12所示。

图10-11

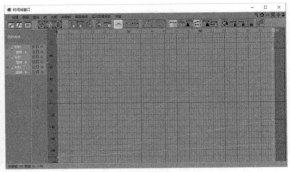

图10-12

05 这时默认的缓入缓出动画转变为匀速动画，该动画的静帧图如图10-13所示。

图10-13

经验总结

关键帧动画是改变物体的某个参数并通过记录构成的动画。通过这个案例的学习，相信读者已经学会了如何制作关键帧动画。

关键帧动画是学习动画过程中不可缺少的基础知识点，为了更高效地制作动画，关键帧动画随之产生。复杂的动画都是由关键帧叠加出来的效果，所以想要制作复杂的大型动画甚至是角色动画，学习和掌握关键帧动画是非常必要的。

实战 66
摄像机：制作桌面一角特写动画

场景位置	场景文件>CH10>51.c4d
实例位置	实例文件>CH10>实战66 摄像机：制作桌面一角特写动画.c4d
教学视频	实战66 摄像机：制作桌面一角特写动画.mp4
学习目标	掌握关键帧动画基础设置

工具剖析

本例主要使用"摄像机"工具 摄像机 进行制作。

⊙ 参数解释

"摄像机"工具 摄像机 的属性面板有"对象""物理""细节""立体""合成"等选项卡，如图10-14所示。

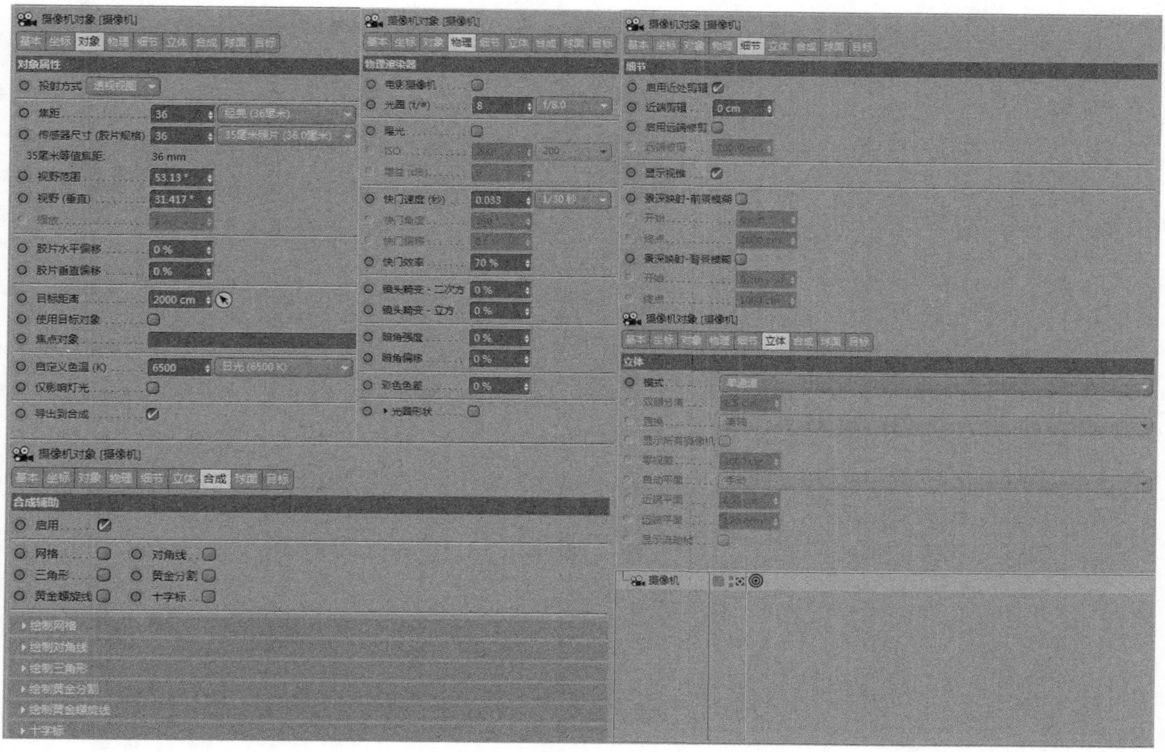

图10-14

重要参数讲解

投射方式：设置摄像机投影的视图，包含不同类型的投射方式，常用的是"透视视图"和"平行"两种，其他类型的投射方式读者可自行尝试。图10-15所示为不同类型的投射方式得到的结果。

透视视图   绅士视图   正面视图   等角视图

图10-15

焦距：设置焦点到摄像机的距离。焦距越小，视野越大，视图透视畸变越明显；焦距越大，视野越窄，透视畸变越小，越接近正交视图。用什么类型的焦距取决于画面的和谐程度，默认使用36mm等效焦距，因为这个焦距更符合人眼观察的世界。有时为了使画面更加有艺术感，会使用300mm焦距或"平行"投射方式。图10-16所示为不同焦距呈现的不同画面效果。

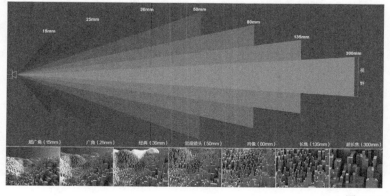

图10-16

视野范围：设置摄像机查看区域的宽度视野。"传感器尺寸（胶片规格）"可以影响"视野范围"和"视野（垂直）"，从图10-17所示可看出传感器尺寸对视野的影响。

目标距离：设置目标对象到摄像机的距离。其实就是设定摄像机的对焦点，在开启景深的状态下，不同的对焦距离会有不同的对焦效果，如图10-18所示。

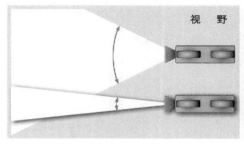

图10-17　　　　　　　　　　　　　　　　　　　　　　　　　　　　图10-18

焦点对象：设置摄像机焦点链接的对象，通过将物体的对象层拖曳到选项框中实现。

自定义色温：设置摄像机的照片滤镜，默认为6500。

电影摄像机：勾选后会激活"快门角度"和"快门偏移"选项。

快门速度：控制快门的速度。

近端剪辑、远端修剪：设置摄像机画面选取的区域，只有处于这个区域中的对象才可以被渲染。

----- 技巧与提示 -----

在默认的"标准"渲染器中，不能设置"光圈""曝光""ISO"等选项，只有将渲染器切换为"物理"时，才能设置这些参数。

⊙ 操作演示

工具：▓▓ 摄像机　　　位置：菜单栏>创建>摄像机>摄像机　　　演示视频：66-摄像机.mp4

`01` 单击"摄像机"按钮▓▓ 摄像机，场景中出现了一个摄像机线框，并且在"对象"面板中会添加一个摄像机对象层，此时并未进入摄像机内部，只是当前视角与摄像机视角一致而已，如图10-19所示。

`02` 在"对象"面板中单击"摄像机"对象层旁边的▓▓按钮进入摄像机视角，然后单击"立方体"按钮▓ 立方体 在场景中新建一个立方体，接着在"坐标"选项卡中，为P.X、P.Y和P.Z设置一个初始关键帧，如图10-20所示。

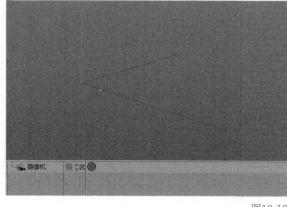

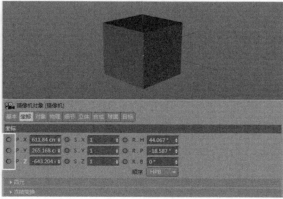

图10-19　　　　　　　　　　　　　　　　　　　　　　　　　　　　图10-20

----- 技巧与提示 -----

摄像机的作用是确定一个比较适合渲染的视角，因为在编辑的过程中，视角会发生各种各样的变化，但是添加了摄像机后，只需要切回摄像机视角就可以回到最初设定的视角，退出摄像机后又可以继续工作。

----- 技巧与提示 -----

在摄像机视角中移动操作视图，表示移动摄像机位置。

03 将时间线上的滑块移动到90F，然后在视图窗口中向前滑动滚轮进行视图的缩放操作，缩放结束后，再在P.X、P.Y和P.Z处设置一个终点关键帧，如图10-21所示。

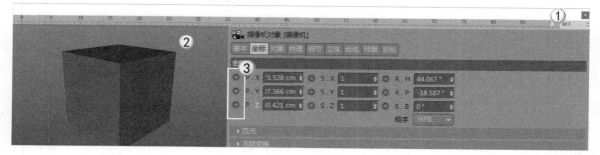

图10-21

04 单击"向前播放"按钮▶，实现对动画的播放，该动画的静帧图如图10-22所示。

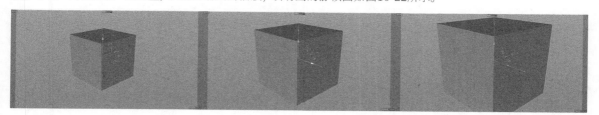

图10-22

▭ 实战介绍

本例用"摄像机"工具 📷 摄像机 制作桌面一角动画。

⊙ 效果介绍

图10-23所示为本例动画镜头的分镜。

图10-23

⊙ 运用环境

摄像机动画是一种改变摄像机位置的动画，想要制作复杂的动画，就要先学会摄像机动画，它是动画中较为简单、基础的动画，并广泛应用在各类视频广告中，如图10-24所示。

▭ 思路分析

在制作动画之前，需要对摄像机的运动方式进行分析，以便制作合适的分镜。

图10-24

⊙ 制作简介

为了模拟真实的动画制作场景，CINEMA 4D R20内置了"摄像机"工具 📷 摄像机 。摄像机本身是一个功能模块，它包含了许多真实的摄像机才具有的参数。本例重点学习简单的运镜动画，它是通过普通摄像机的简单移动实现画面的播放，在这个过程当中，需要在时间线设置关键点并设置合理的移动时间，使得动画的播放不会过慢或过快。

图10-25

⊙ **图示导向**

图10-25所示为动画制作步骤分解图。

技巧与提示

进入摄像机视图后移动操作视图，实际上是在改变摄像机的坐标参数。

🔲 步骤演示

01 打开本书学习资源中的"场景文件>CH10>51.c4d"文件，如图10-26所示。

02 单击"摄像机"按钮 🎥 摄像机 在视图中创建一个摄像机，然后进入摄像机视图，将摄像机视图移动到图10-27所示的位置。

03 将时间线上的滑块移动至第0F，进入摄像机属性面板的"坐标"选项卡，单击"冻结全部"按钮，将所有参数归零后，为P.X、P.Y、P.Z、R.H、R.P和R.B设置一个初始关键帧，如图10-28所示。

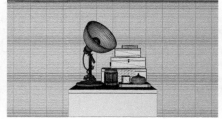

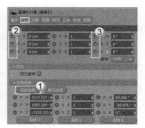

图10-26　　　　　　　　　图10-27　　　　　　　　　图10-28

技巧与提示

"冻结全部"参数在动画设置的过程中经常用到，它有助于设计师观察动画的起点和终点之间的差值，从而判断动画变化的效果。

04 将时间线上的滑块移动至第90F，然后设置P.Y为30cm，P.Z为34cm，R.P为−13°，为P.X、P.Y、P.Z、R.P设置关键帧，如图10-29所示。

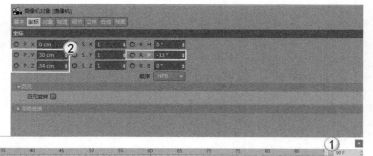

图10-29

05 单击"向前播放"按钮 ▶，该动画静帧图如图10-30所示。

图10-30

技巧与提示

场景中的模型并没有发生任何变化，但是整个画面却在运动。

06 如果要渲染动画，那么需要将时间线上的每一帧渲染完毕，通过合成后才会成为视频，单击"编辑渲染设置"按钮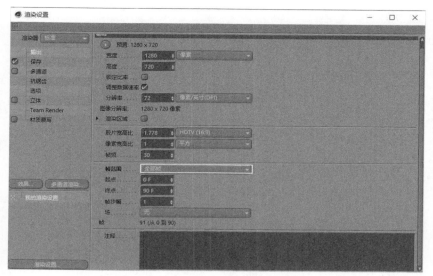。打开"渲染设置"面板，设置"帧范围"为"全部帧"，如图10-31所示，单击"渲染到图片查看器"按钮就可以开始渲染。

> **技巧与提示**
>
> 如果不需要渲染所有帧，那么设置"帧范围"为"手动"，并设置下方的起点和终点，即可自行修改帧范围。

图10-31

☐ 经验总结

通过这个案例的学习，相信读者已经掌握了"摄像机"工具 的使用方法。

⊙ 技术总结

摄像机动画是通过移动摄像机形成的动画，它本质是改变摄像机的坐标参数来运行，因此只需通过在起点和终点设置关键帧来完成相应的动画制作。当然，在制作的顺序上，既可以先设置起点，又可以先设置终点。

⊙ 经验分享

摄像机的功能是非常特殊的，它能记录设计师安排好的视角，并且可做出多样化的投射方式，表现一些艺术性较强的画面效果。"摄像机"工具 是学习动画的基础，在制作动画的过程中，除了让摄像机移动形成动画，还可以让物体对象移动形成动画，这也是在真实的摄影过程中经常用到的方法。

课外练习：制作静物特写动画

场景位置	场景文件>CH10>52.c4d
实例位置	实例文件>CH10>课外练习66：制作静物特写动画.c4d
教学视频	课外练习66：制作静物特写动画.mp4
学习目标	熟练掌握关键帧动画基础的设置

本练习制作方法与案例类似，图10-32所示为本练习动画镜头的分镜。

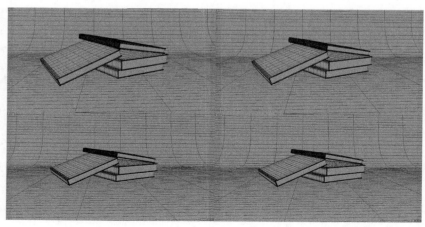

图10-32

实战 67
摄像机变换:制作旋转的人像动画

⊟ 工具剖析

本例主要使用"摄像机变换"工具进行制作。

⊙ 参数解释

"摄像机变换"工具的属性面板有"标签"和"变换轨迹"等选项卡,如图10-33所示。

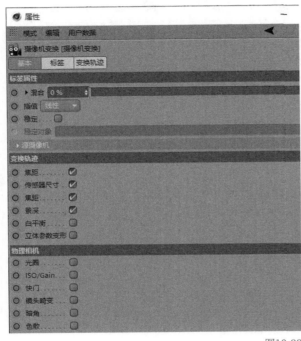

图10-33

重要参数讲解

混合:设置关键帧,它能将"源摄像机"混合在一起,形成一个最终的摄像机。

插值:混合的设置方式,影响"源摄像机"的运动方式。每一个摄像机的运动方式都不同,区别它们的效果很直观,如图10-34所示。

稳定:可设置一个用于稳定的对象。

源摄像机:在此添加摄像机,影响摄像机的运动轨迹。

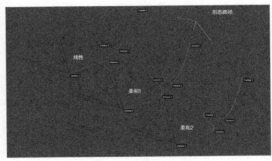

图10-34

⊙ 操作演示

工具: 位置:菜单栏>创建>摄像机>摄像机变换   演示视频:67-摄像机变换.mp4

01 单击"摄像机"按钮在场景中创建一个摄像机,然后在"对象"面板中选中"摄像机"对象层,单击鼠标右键选择"运动摄像机标签>摄像机变换"选项,这样摄像机就添加上"摄像机变换"标签了,如图10-35所示。

图10-35

---- 技巧与提示 ----

此时创建的"摄像机变换"标签就成了摄像机组的"主相机",用于显示主画面,但是它的运动却需要依赖其他摄像机,所以接下来需创建其他摄像机。

02 在"对象"面板中单击"摄像机变换"标签 ![icon]，然后查看它的属性面板，现在属性面板中没有任何摄像机，所以"混合"参数不能起到任何作用，如图10-36所示。

03 再次创建一个摄像机，进入摄像机并移动一段距离，这样就添加了一个子摄像机，如图10-37所示。位置设置完成后，退出摄像机。

图10-36

04 按照同样的方式，再次创建一个摄像机，并将这个摄像机移动到其他位置，如图10-38所示，最后退出摄像机。

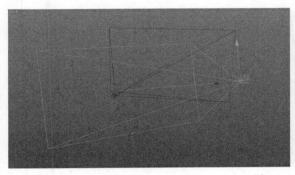

图10-37

图10-38

05 在"对象"面板中单击"摄像机变换"标签 ![icon]，将创建的摄像机1、摄像机2作为"源摄像机"，将它们拖曳到"摄像机变换"的属性面板中的"源摄像机"选项组中，然后拖动"混合"参数的滑块，使其移动至50%，如图10-39所示。进入"主摄像机"，就可以看到摄像机动画正在发生明显的运动，如图10-40所示。

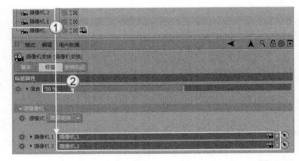

图10-39

图10-40

技巧与提示

想要添加更多的摄像机，需要把"源模式"设置为"多重变换"，如图10-41所示。

图10-41

⊟ **实战介绍**

本例用"摄像机变换"工具 ![icon] 制作石膏像旋转动画。

⊙ 效果介绍

图10-42所示为本例动画镜头的分镜。

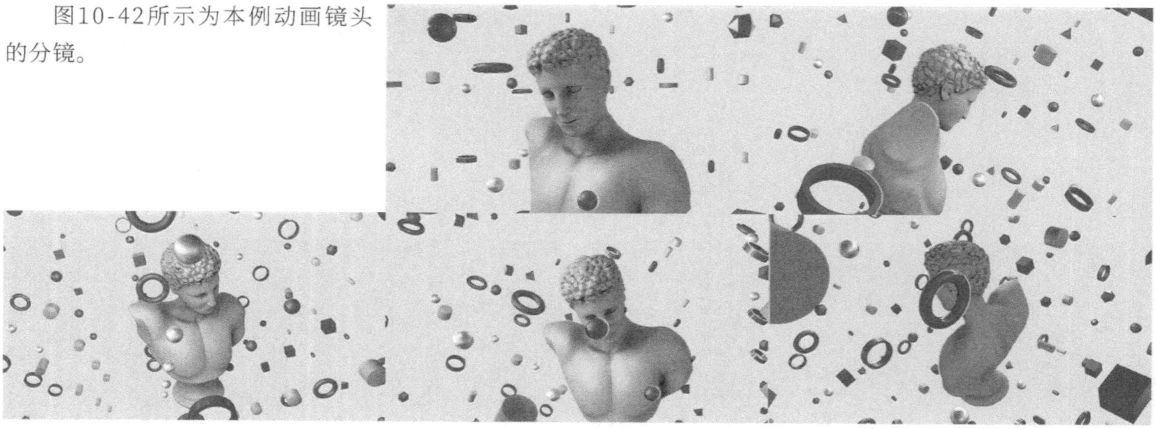

图10-42

⊙ 运用环境

运动感十足的镜头往往用在动感较强的产品展示片中，通过快速转场和一定程度的运动模糊，能使镜头效果变得更具有动感，如图10-43所示。

□ 思路分析

在制作动画之前，需要对摄像机的运动方式进行分析，以便制作合适的分镜。

图10-43

⊙ 制作简介

本例重点学习镜头的缓慢切换。镜头的缓慢切换即是无缝、自然地切换摄像机视角，这样既能形成运动感十足的镜头，而且还能使动画的播放非常流畅。本例的特点在于需要在预先设置好的几个摄像机中进行切换，这个过程通过"摄像机变换"工具 ⚙ 摄像机变换 来设置切换的路径。当然，想要使"摄像机变换"工具 ⚙ 摄像机变换 起作用，场景内至少要有3台以上的摄像机，一台用来添加显示标签，其余的摄像机用来设置关键机位。

> **技巧与提示**
>
> "摄像机变换"工具 ⚙ 摄像机变换 是摄像机的衍生工具，只作用于摄像机对象。

⊙ 图示导向

图10-44所示为设置摄像机对象的图示。

> **技巧与提示**
>
> 场景中的摄像机个数通常有3台以上，其中有一台摄像机是深色的，其余的摄像机都被标记了序号。深色摄像机就是真正的查看摄像机，被标记了序号的摄像机都是关键机位摄像机。另外，场景中还有一条白色的曲线，这条曲线就是关键摄像机行走的路径。

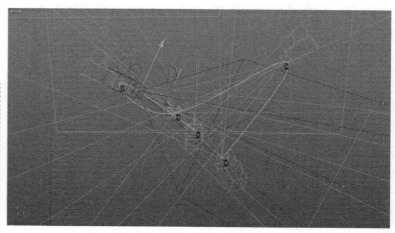

图10-44

步骤演示

01 打开本书学习资源中的"场景文件>CH10>53.c4d"文件，如图10-45所示。

02 单击"摄像机"按钮  在场景中创建一个摄像机，进入"摄像机"视角，将视角调节至图10-46所示的角度，然后退出摄像机，并添加一个"摄像机变换"标签，这个摄像机就是主摄像机。

03 复制步骤02创建的主摄像机，删除"摄像机变换"标签，并重命名为1，这个摄像机就是"源摄像机1"，如图10-47所示。

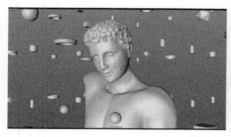

图10-45   图10-46   图10-47

> **技巧与提示**
>
> 编辑时一定要退出摄像机，否则摄像机的坐标会发生不可逆的改变。

04 再次创建一个摄像机，然后进入摄像机，将视角调节至图10-48所示的角度，再退出摄像机，并将其命名为2。

05 按照同样的方式创建一个摄像机，将视角调节至图10-49所示的角度，再退出摄像机，将其命名为3。

06 按照同样的方式创建一个摄像机，将视角调节至图10-50所示的角度，再退出摄像机，将其命名为4。

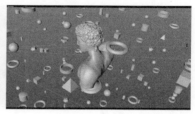

图10-48   图10-49   图10-50

07 按照同样的方式创建一个摄像机，将视角调节至图10-51所示的角度，再退出摄像机，将其命名为5。

08 在"对象"面板中，单击主摄像机的"摄像机变换"标签，然后在属性面板中设置"源模式"为"多重变换"，将之前创建的5个"源摄像机"依次拖入"列表"，此时可以进入"主摄像机"的视角，并拖动"混合"参数的滑块，设置为50%，如图10-52所示，这时摄像机会自己产生运动。

09 摄像机变换动画完成后，接下来就需要设置关键帧。将时间线上的滑块移动到第0F，然后将"混合"参数设置为0%，单击旁边的按钮，设置一个起始关键帧，如图10-53所示。

> **技巧与提示**
>
> 完成上述操作一定要及时退出摄像机，要熟练掌握进入与退出摄像机的方法。

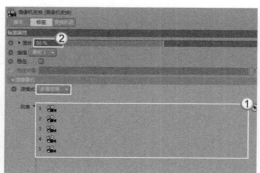

图10-51   图10-52   图10-53

第10章 关键帧动画

10 将时间线上的滑块移动到第400F，然后将"混合"参数设置为100%，并单击旁边的按钮，设置一个终点关键帧，如图10-54所示。

图10-54

11 动画设置完成后，进入"主摄像机"的视角，单击"向前播放"按钮▶，该动画的静帧图如图10-55所示。

图10-55

☐ 经验总结

通过这个案例的学习，相信读者已经掌握了"摄像机变换"工具 ![icon] 的使用方法。

⊙ 技术总结

"摄像机变换"工具 ![icon] 可以让多个摄像机混合成为一个，并形成摄像机运动，摄像机动画也就形成了。

⊙ 经验分享

使用"摄像机变换"工具 ![icon] 可以快速地创建一个流畅的摄像机动画，并且可以直观地展示产品的特征，常用于各种项目的镜头设计。

课外练习：制作镜头缓慢移动动画		
场景位置	场景文件>CH10>54.c4d	
实例位置	实例文件>CH10>课外练习67：制作镜头缓慢移动动画.c4d	
教学视频	课外练习67：制作镜头缓慢移动动画.mp4	
学习目标	熟练掌握动画的快速切换技术	

⊙ 效果展示

图10-56所示为本练习动画镜头的分镜。

图10-56

⊙ 制作提示

这是摄像机变换的附加练习，操作提示如图10-57所示。

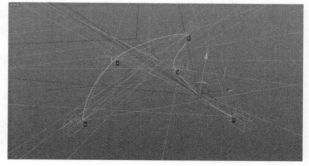

图10-57

中文版CINEMA 4D R20实战基础教程（全彩版）

实战 68

舞台：制作观看台镜头切换动画

场景位置	场景文件>CH10>55.c4d
实例位置	实例文件>CH10>实战68 舞台：制作观看台镜头切换动画.c4d
教学视频	实战68 舞台：制作观看台镜头切换动画.mp4
学习目标	掌握用舞台工具切换画面的方法

工具剖析

本例主要使用"舞台"工具 进行制作。

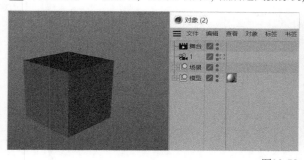

参数解释

"舞台"工具 的"属性"面板如图10-58所示。

重要参数讲解

摄像机：切换摄像机视角，使用的频率较高。

天空：根据时间的变化，天空也随之变化。

图10-58

操作演示

工具： 位置：菜单栏>创建>场景>舞台 演示视频：68-舞台.mp4

01 单击"立方体"按钮 在场景中创建一个立方体，然后单击"舞台"按钮 创建一个舞台。单击"摄像机"按钮 在场景中创建一个摄像机，进入摄像机并将视角移动到图10-59所示的位置，退出摄像机后，将其命名为1。

02 再次创建一个摄像机，将其命名为2，然后进入摄像机，将视角移动到图10-60所示的位置，退出摄像机。

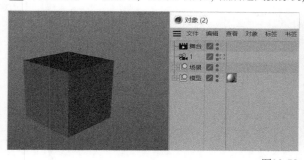

图10-59

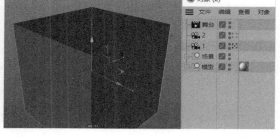

图10-60

03 将时间线上的滑块移动到第45F，然后将摄像机1拖曳到"舞台"的"摄像机"选项框中，并单击"摄像机"旁的圆圈按钮，设置一个起始关键帧，如图10-61所示。

04 将时间线上的滑块移动到第46F，将摄像机2拖曳到"舞台"的"摄像机"选项框中，并单击"摄像机"旁的按钮，设置一个终点关键帧，如图10-62所示。

> **技巧与提示**
>
> 想要"舞台"工具 起作用，必须配合使用时间线。

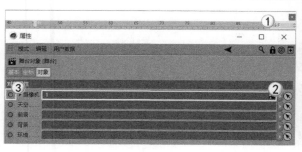

图10-61

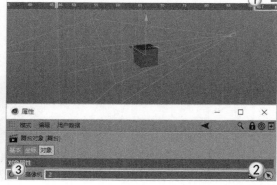

图10-62

第10章 关键帧动画

251

05 单击"向前播放"按钮▷，在第45F、第46F的时候，摄像机1将立刻跳转为摄像机2，如图10-63所示。

图10-63

实战介绍

本例用"舞台"工具 制作观看台切换动画。

⊙ 效果介绍

图10-64所示为本例动画镜头的分镜。

图10-64

⊙ 运用环境

在电影或电视剧中，经常会有切换摄像机视角的动画，如图10-65所示。在CINEMA 4D R20中，通过"舞台"工具 可以实现这种效果。有了舞台的概念，设计师就可以制作更多的特写镜头来表现产品的特色。

思路分析

在制作动画之前，需要对摄像机的运动方式进行分析，以便制作合适的分镜。

图10-65

⊙ 制作简介

本例重点学习镜头的快速切换。镜头的快速切换即摄像机视角的快速切换，在切换前，需要先确定要切换的摄像机视角并为其设置关键帧，然后通过"舞台"工具 进行切换。而想要"舞台"工具起作用，必须要添加两个摄像机，并设置相应时间，使其在合适的时间内进行播放。

⊙ 图示导向

图10-66所示为动画制作步骤分解图。

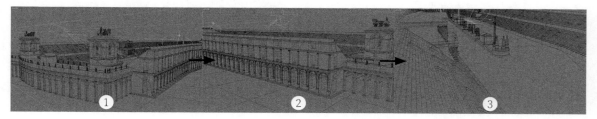

图10-66

🔲 步骤演示

01 打开本书学习资源中的"场景文件>CH10>55.c4d"文件，场景中的灯光和材质已经布置完成，并架设了3台相机，每一台都设置了一个关键帧动画，图10-67至图10-69所示分别为摄像机1、摄像机2和摄像机3的视角。

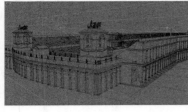 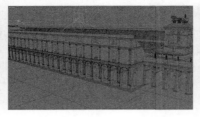 

图10-67　　　　　　　　　　　　图10-68　　　　　　　　　　　　图10-69

02 退出摄像机视角，单击"舞台"按钮 在场景中创建舞台，并将时间线上的滑块移动到第0F，此时的舞台并不会产生任何效果，如图10-70所示。

03 将时间线上的滑块移动到第50F，然后在"对象"面板中将摄像机1对象层拖曳到舞台属性面板中的"摄像机"选项框中，单击"摄像机"旁的圆圈按钮，设置一个终点关键帧，如图10-71所示。

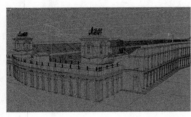 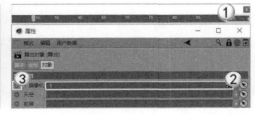

图10-70　　　　　　　　　　　　　　　　图10-71

04 将时间线上的滑块移动到第51F，然后按照同样的方式，将摄像机2拖曳到舞台属性面板中的"摄像机"选项框中，并单击"摄像机"旁的圆圈按钮，设置一个起始关键帧，如图10-72所示。

05 此时摄像机2的关键帧只有起点，还必须为其设置一个终点。将时间线上的滑块移动到第100F，然后在舞台属性面板中单击"摄像机"旁的圆圈按钮，设置一个终点关键帧，如图10-73所示。

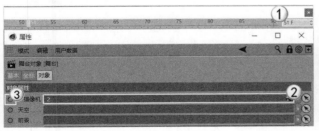 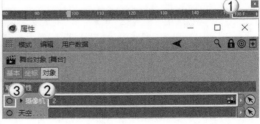

图10-72　　　　　　　　　　　　　　　　图10-73

06 将摄像机3对象层拖曳到舞台属性面板中的"摄像机"选项框中，然后将时间线上的滑块移动到第101F，单击"摄像机"旁的圆圈按钮，设置一个起始关键帧，如图10-74所示。

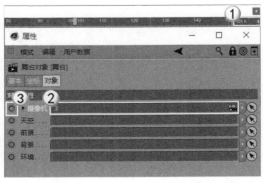

图10-74

07 单击"向前播放"按钮▶，就可以看到整个舞台的动画，它是由摄像机1、摄像机2和摄像机3共同构成的，在第50F、第100F两个时间点进行单个摄像机之间的切换，静帧图如图10-75所示。

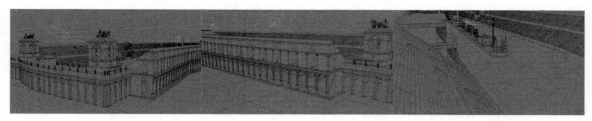

图10-75

08 如果想要退出摄像机视角并进行接下来的工程制作，那么只需在"对象"面板中隐藏"舞台"对象层，并退出当前摄像机视角，操作如图10-76所示。

图10-76

经验总结

通过这个案例的学习，相信读者已经掌握了"舞台"工具 的使用方法。

⊙ 技术总结

"舞台"工具 的使用方法并不复杂，难点为怎样设计好看的镜头动画。另外，"舞台"工具 需要配合时间线才能实现效果。

⊙ 经验分享

在一个工程中，"舞台"工具 也可以做到摄像机视角之间的无缝切换，与"摄像机变换"工具 不同，它的切换是瞬时的，并不是缓和的。

课外练习：制作镜头快速切换动画	场景位置	场景文件>CH10>56.c4d
	实例位置	实例文件>CH10>课外练习68：制作镜头快速切换动画.c4d
	教学视频	课外练习68：制作镜头快速切换动画.mp4
	学习目标	熟练掌握用舞台工具切换画面的方式

本练习使用了两个摄像机，是一个由远逐渐拉近的特写镜头动画，在拉近的过程中切换了摄像机。图10-77所示是本练习动画镜头的分镜。

图10-77

场景位置	场景文件>CH10>57.c4d
实例位置	实例文件>CH10>实战69 对齐曲线:制作灯球环绕镜头动画.c4d
教学视频	实战69 对齐曲线:制作灯球环绕镜头动画.mp4
学习目标	掌握路径动画技术

工具剖析

本例主要使用"对齐曲线"工具 对齐曲线 进行制作。

图10-78

⊙ 参数解释

"对齐曲线"工具 对齐曲线 的"属性"面板如图10-78所示。

重要参数讲解

曲线路径:放入样条,设置为运动路径。

切线:设置被绑定物体是否为切线方向。

位置:0%代表样条的起点,100%代表样条的终点。

轴:设定物体的朝向为x轴、y轴或z轴的方向。

⊙ 操作演示

工具: 对齐曲线 　　位置: 右击对象层>CINEMA 4D标签>对齐曲线　　演示视频:69-对齐曲线.mp4

01 单击"立方体"按钮 立方体 在场景中创建一个立方体,设置"尺寸.X"为30cm,"尺寸.Y"为30cm,"尺寸.Z"为30cm,如图10-79所示。

02 单击"圆环"按钮 圆环 在场景中创建一个圆环样条,设置"平面"为XZ,如图10-80所示。

图10-79

图10-80

03 单击"摄像机"按钮 摄像机 在场景中创建一个摄像机,然后在"对象"面板中选中"摄像机",单击鼠标右键选择"CINEMA 4D标签>目标"选项,为"摄像机"添加一个"目标"标签。单击"目标"标签 ⊙ ,将"立方体"对象层拖曳到"目标对象"选项框中,这样摄像机视角将永远对准立方体的几何中心,如图10-81所示。

04 按照同样的创建方式为"摄像机"添加一个"对齐曲线"标签。单击"对齐曲线"标签,然后将"圆环"对象层拖曳到属性面板的"曲线路径"选项框中,如图10-82所示。

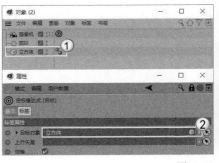
图10-81

图10-82

05 不进入摄像机视角，在外部观察摄像机。在"对齐曲线"的属性面板中，单击"位置"微调按钮使数值从0%到100%，就可以看出摄像机沿着圆环运动，并且摄像机会一直对准立方体的几何中心点，如图10-83所示。

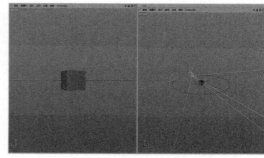

图10-83

技巧与提示

标签可以相互叠加，两个标签分别起不同的作用。

实战介绍

本例用"对齐曲线"工具 ⊙ 对齐曲线 制作环绕镜头动画。

⊙ 效果介绍

图10-84所示为本例动画镜头的分镜。

⊙ 运用环境

让摄像机有规律的运动，不需要设置多个参数就能实现不错的动画效果。当制作图10-85所示的遥控器产品的动画时，尤其需要使用曲线约束摄像机来完成。

图10-84   图10-85

思路分析

在制作动画之前，需要对摄像机的运动方式进行分析，以便制作合适的分镜。

⊙ 制作简介

本例重点学习制作摄像机沿设定的路径运动的动画，通过之前的知识，完成这个动作可以使用样条工具控制镜头运动的路径，但是仅使用样条是不够的，还需要给摄像机添加"对齐曲线"工具 ⊙ 对齐曲线 。此外，这个案例看似是一个由灯光的运动产生的动画，实际上是一个由摄像机运动产生的动画，场景中的其他物体都没有发生运动。

技巧与提示

"对齐曲线"工具 ⊙ 对齐曲线 不仅可以控制物体的运动，还可以控制摄像机的运动。

⊙ 图示导向

图10-86所示为动画的制作步骤分解图。

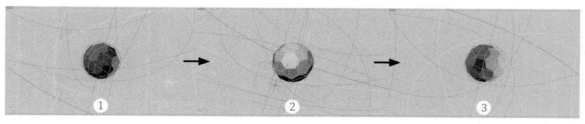

图10-86

中文版CINEMA 4D R20实战基础教程（全彩版）

步骤演示

01 打开本书学习资源中的"场景文件>CH10>57.c4d"文件，效果如图10-87所示。

02 在"对象"面板中找到摄像机，在其名称上单击鼠标右键选择"CINEMA 4D标签>目标"选项，然后单击创建的"目标"标签◎，将"宝石"对象层拖曳到"目标对象"选项框中，如图10-88所示。

03 让摄像机沿着螺旋样条的路径行走。在"对象"面板中选中"摄像机"对象层，单击鼠标右键选择"CINEMA 4D标签>对齐曲线"选项，然后将"螺旋"对象层拖曳到"曲线路径"选项框中，如图10-89所示。

图10-87

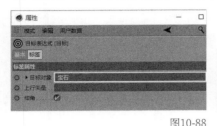

图10-88

> **技巧与提示**
> "目标"标签◎是一个非常常用的标签，常用于让摄像机或灯光对准某个物体。

图10-89

04 这一步设置动画，将时间线上的滑块移动到第0F，在"对齐曲线"标签中，单击"位置"旁的圆圈按钮，设置一个起始关键帧，如图10-90所示。

05 将时间线上的滑块移动到末尾的第75F，然后设置"位置"为100%，再次单击旁边的圆圈按钮，为动画设置一个终点关键帧，如图10-91所示。

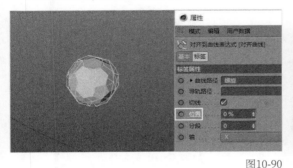

图10-90

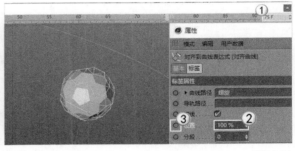

图10-91

06 单击"向前播放"按钮▷，检查动画是否正确，该动画的静帧图如图10-92所示。

图10-92

经验总结

通过这个案例的学习，相信读者已经掌握了"对齐曲线"工具 ⚲对齐曲线 的使用方法。

⊙ 技术总结

动画制作得是否正确，取决于"对齐曲线"标签 ⚲对齐曲线 和"目标"标签◎的目标是否设置正确。除了"对齐曲线"标签 ⚲对齐曲线 的目标要设置，还要设置它的朝向。在调节参数的过程中，可以退出摄像机进行编辑，以便查看结果是否正确。

257

⊙ 经验分享

在三维动画制作中，常用"对齐曲线"工具 对齐曲线 来限制物体和摄像机的移动。

课外练习：制作摄像机运动环绕动画	场景位置	场景文件>CH10>58.c4d
	实例位置	实例文件>CH10>课外练习69：制作摄像机运动环绕动画.c4d
	教学视频	课外练习69：制作摄像机运动环绕动画.mp4
	学习目标	熟练掌握路径动画技术

本练习通过"对齐曲线"工具 对齐曲线 将摄像机绑定在"圆环"样条 圆环 上制作摄像机运动动画。图10-93所示为本练习动画镜头的分镜。

图10-93

实战 70 **函数曲线：制作自由落体运动动画**	场景位置	场景文件>CH10>59.c4d
	实例位置	实例文件>CH10>实战70 函数曲线：制作自由落体运动动画.c4d
	教学视频	实战70 函数曲线：制作自由落体运动动画.mp4
	学习目标	掌握函数曲线动画及物体自由落体的制作技巧

☐ 工具剖析

本例主要使用"时间线（函数曲线）"工具 时间线（函数曲线） 进行制作。

⊙ 参数解释

"时间线（函数曲线）"工具 时间线（函数曲线） 的面板如图10-94所示。

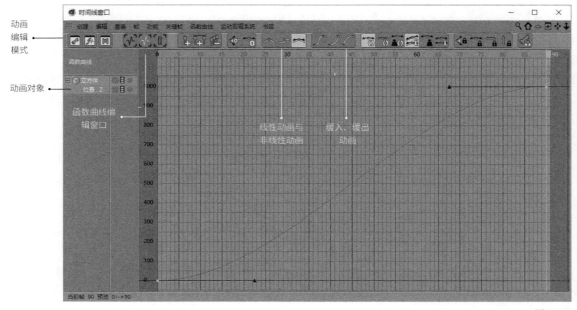

图10-94

重要参数讲解

动画编辑模式：切换动画编辑布局。

函数曲线编辑窗口：在此处调整动画状态与速率，可通过调整曲线上的锚点，改变动画的速率。

线性动画与非线性动画：切换线性与非线性动画。

缓入、缓出动画：将动画设置为缓入缓出（默认状态下就是缓入缓出动画）。

动画对象：被设置动画的对象及相关参数。

> **技巧与提示**
>
> 前文提到过"时间线（函数曲线）"工具 ，本例着重讲解函数曲线的调节对运动状态的影响。

⊙ **操作演示**

工具： 位置：菜单栏>窗口>时间线（函数曲线）　演示视频：70-时间线（函数曲线）.mp4

01 单击"立方体"按钮 在场景中创建一个立方体，然后在"坐标"选项卡中，为P.Z设置关键帧，设置立方体运动的起点，如图10-95所示。

02 将时间线上的滑块移动到第90F，然后在立方体的属性面板中设置P.Z为1000cm并设置关键帧，为立方体设置运动的终点，如图10-96所示，这时动画的状态如图10-97所示。

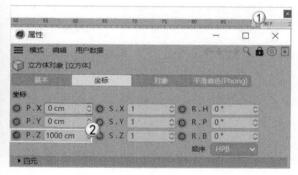

图10-96

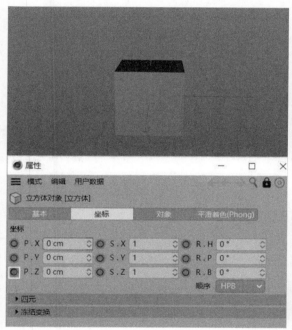

图10-95

图10-97

03 将鼠标指针放在P.Z上，然后单击鼠标右键选择"动画>显示函数曲线"选项，打开"时间线窗口"面板，其中有一条S形曲线。这条曲线就是物体时间和距离的函数，x方向代表时间，y方向代表移动距离，左右两个带有控制杆的点就是关键帧，如图10-98所示。这时如果在曲线上添加点，就是在添加关键帧。

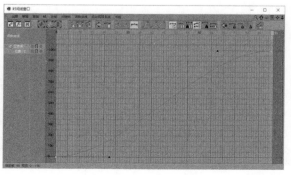

图10-98

第10章　关键帧动画

259

04 在默认状态下, 这条曲线就是缓入、缓出的, 如果想要动画快速开始, 缓慢结束, 那么就需要单击"缓入"按钮 , 并操作控制杆, 把曲线调节至图10-99所示的状态。

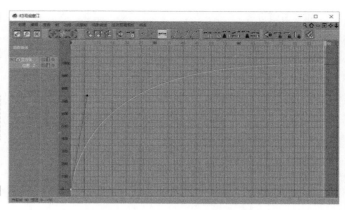

图10-99

📄 实战介绍

本例用"时间线 (函数曲线)" 时间线（函数曲线） 制作自由落体运动动画。

⊙ 效果介绍

图10-100所示为本例动画镜头的分镜。

图10-100

⊙ 运用环境

在三维软件中, 除了可以使用它本身的重力场外, 还可以通过设置关键帧模拟重力运动或反重力运动。图10-101所示为反重力现象的玻璃景观, 艺术家们经常利用这种反自然现象的动画作为艺术创作的灵感。想要制作"反自然"和"超自然"动画, 先要学会如何利用"时间线 (函数曲线)" 时间线（函数曲线） 制作自然的动画。

图10-101

📄 思路分析

在制作动画之前, 需要对物体的运动方式进行分析, 以便制作合适的分镜。

⊙ 制作简介

本例重点学习自由落体运动的动画制作, 自由落体运动是物体受到引力后出现的物理现象, 在CINEMA 4D R20中, 可以通过设置关键帧的方式模拟自由落体运动。根据物体发生的自由落体运动, 在起点、最高点和终点3个位置分别设置关键帧, 不过即使设置了关键帧, 物体也不太像进行自由落体时的运动状态, 这时候就必须通过"时间线 (函数曲线)"工具 时间线（函数曲线） 来模拟速率的变化。

⊙ 图示导向

图10-102所示为动画制作步骤分解图。

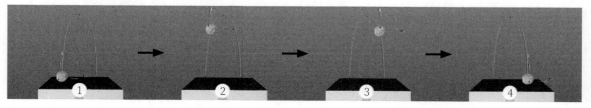

图10-102

中文版CINEMA 4D R20实战基础教程 (全彩版)

步骤演示

01 打开本书学习资源中的"场景文件>CH10>59.c4d"文件，场景中有石头和桌子，如图10-103所示。

02 当时间线上的滑块在第0F时，在"对象"面板中选中"石头"对象层，然后设置P.Y、P.Z为它的起始关键帧，如图10-104所示。

图10-103

图10-104

> **技巧与提示**
> 由于在x轴方向没有发生移动，因此不需要为其设置关键帧。

03 将时间线上的滑块移动到第25F，然后设置P.Y为1800cm，接着设置第2个关键帧，参数设置及效果如图10-105所示。

> **技巧与提示**
> 这时并不需要设置z轴方向的位移，只需要在终点进行设置。

图10-105

04 将时间线上的滑块移动到第50F，并设置P.Y为0cm，P.Z为1000cm，完成终点关键帧的设置，参数设置及效果如图10-106所示。

05 虽然物体的运动路径设置完成，但是它的速率是默认的缓入、缓出状态，因此播放后并不是自由落体运动。将鼠标指针放在立方体的坐标参数上，然后单击鼠标右键选择"动画>函数曲线"选项，再单击"位置.Y"选项，并将曲线调节至图10-107所示的状态。

图10-106

06 单击"位置.Z"，然后单击"线性"按钮，将动画转换为线性动画，这样曲线的曲率就是一样的了，表示该物体在z轴方向上呈匀速直线运动，如图10-108所示。

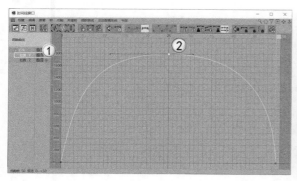

图10-107

图10-108

> **技巧与提示**
> 由于自由落体运动是一个呈抛物线的运动状态，因此它的曲线也是一条抛物线的形状。

07 单击"向前播放"按钮 ▶️，这时得到一个石头自由下落运动的动画，静帧图如图10-109所示。

08 理解函数曲线的含义，才能使用它调节出具有韵律的动画。再次进入时间线窗口，观察"位置.Y"和"位置.Z"的动画函数曲线，如图10-110所示。

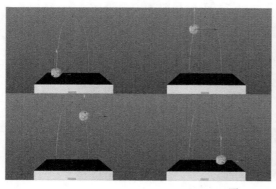

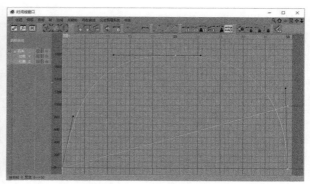

图10-109

图10-110

🔲 经验总结

通过这个案例的学习，相信读者已经掌握了"时间线（函数曲线）"工具 🔳 时间线（函数曲线）__ 的使用方法。

⊙ 技术总结

在三维动画设计中，想要使动画看上去更有感染力，就必须调节每个动画的函数曲线。"时间线窗口"的主要作用就是调节其中的函数曲线，从而调节动画的速率，使动画更有动感、更自然。

⊙ 经验分享

本例主要学习时间线的使用，通过对案例的学习使读者灵活地运用时间线的功能。本例的难点在于不同的参数有不同的函数曲线，因此在复杂的工程项目中，往往每一条函数曲线都需要单独进行调节。

课外练习：制作缓入、缓出的落地动画		
	场景位置	场景文件>CH10>60.c4d
	实例位置	实例文件>CH10>课外练习70：制作缓入、缓出的落地动画.c4d
	教学视频	课外练习70：制作缓入、缓出的落地动画.mp4
	学习目标	熟练掌握函数曲线动画及物体缓入、缓出的制作技巧

⊙ 效果展示

图10-111所示为本练习动画镜头的分镜。

⊙ 制作提示

这是一个缓入、缓出的动画练习，从开始的缓慢运动到迅速下落，再以缓慢的运动结束，注意调节起点和终点的动画操纵杆。制作的曲线如图10-112所示。

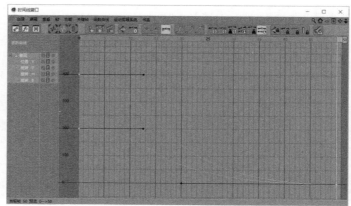

图10-111

图10-112

第 11 章
商业综合实战

本章将通过4个精选的综合案例，全面梳理如何通过
CINEMA 4D R20制作一个完整的作品。本章是综合性章节，
需要读者将之前学习的知识综合应用。

本章技术重点

» 掌握电商字体海报的制作方法

» 掌握室内艺术效果图的制作方法

» 掌握装置艺术效果图的制作方法

» 掌握场景的动画制作方法

实战 71

电商字体海报

案例分析

在新的设计趋势中，立体海报已经变得越来越流行，CINEMA 4D R20就非常适合制作立体海报。同时，在如今的互联网时代，电子商务早已伴随我们的生活，由此衍生的电商海报也随处可见，如手机应用程序、网站等。图11-1所示为本例的效果图。

由于是电商字体的海报制作，因此本例的材质均可由塑料材质制成，难点在于如何区分主体物、背景和点缀物之间的层次关系。本例以普通塑料、光滑塑料进行区分，再以渐变、条纹等纹理丰富场景的层次，通过对反光板的利用，还可以制作丰富的渐变效果。图11-2所示为案例材质的效果。

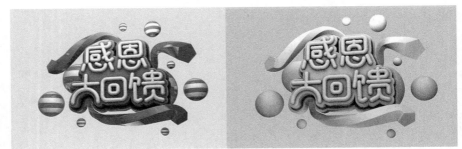

图11-1

反光板　　曲线点缀物　　球体点缀物　　金属字体

图11-2

生成字体

01 制作"感"字的矩形部分。切换到正视图，单击"矩形"按钮 在场景中新建一个矩形，然后设置"宽度"为13.6cm，"高度"为10cm，勾选"圆角"选项，并设置"半径"为1.6cm，如图11-3所示。

02 制作"恩"字的矩形部分。在第1个矩形的旁边新建一个矩形，然后设置"宽度"为40cm，"高度"30cm，勾选"圆角"选项，并设置"半径"为4.5cm，如图11-4所示。

图11-3

图11-4

03 制作"大"字的矩形部分。在第1个矩形和第2个矩形之间往下移动一段距离，新建第3个矩形，接着设置"宽度"为14.5cm，"高度"为14.5cm，勾选"圆角"选项，并设置"半径"为4cm，如图11-5所示。

图11-5

04 制作"回"字的部分。单击"矩形"按钮 ▣▣，新建第4个矩形，设置"宽度"为42cm，"高度"为42cm，勾选"圆角"选项，并设置"半径"为10cm，如图11-6所示。

05 制作"馈"字的矩形部分。在第4个矩形旁新建一个矩形，然后设置"宽度"为28cm，"高度"为11cm，勾选"圆角"选项，并设置"半径"为5.5cm，如图11-7所示。

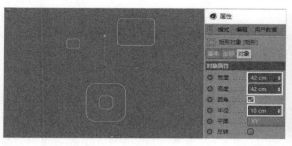

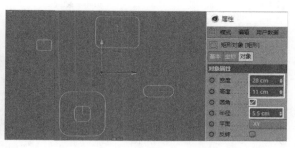

图11-6

图11-7

06 使用"画笔"工具 ✎▣▣ 绘制"感"字和"恩"字的上半部分，如图11-8所示。

07 绘制"感恩"两字的"心"字底，"感恩"两个字就完成了，如图11-9所示。

08 绘制"大"字和"馈"字的左半部分，如图11-10所示。

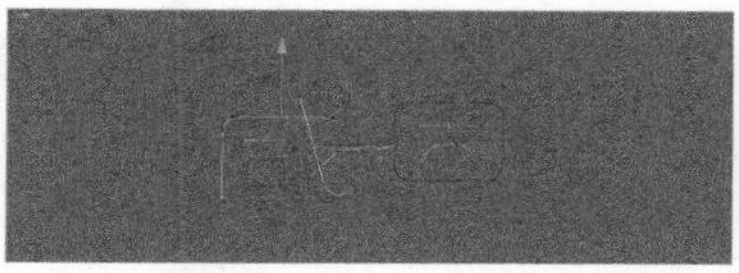

图11-8

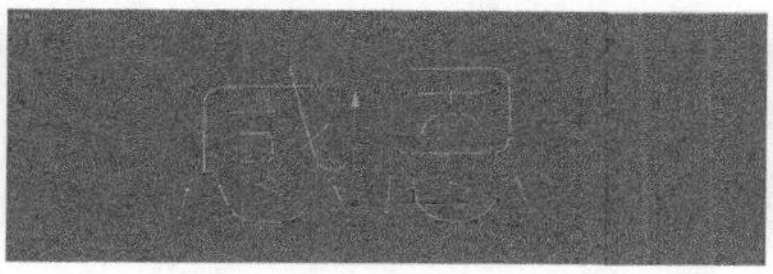

图11-9

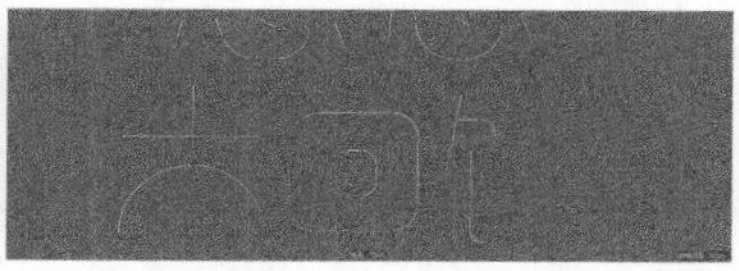

图11-10

09 绘制"馈"字的右半部分，如图11-11所示。

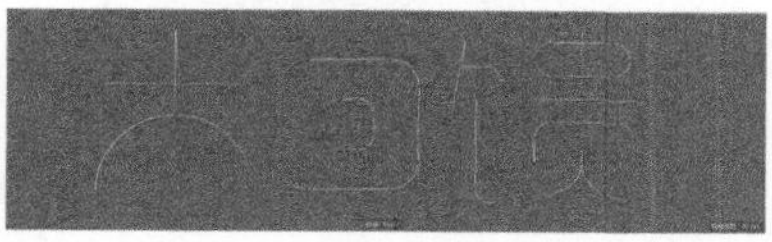

10 选中刚才绘制的所有样条图层，单击鼠标右键选择"连接对象+删除"工具 ▣▣▣▣▣ 将所有的图层合并为一个。这一步是为了将其更方便地放置在"扫描"对象层的子级中，放置完成后的"对象"面板如图11-12所示。

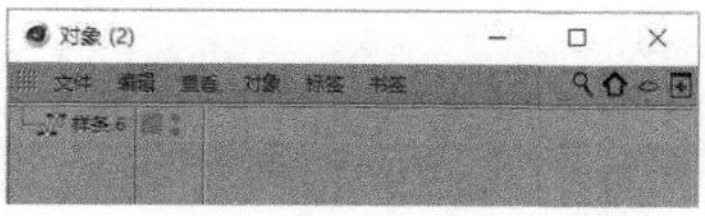

图11-11

图11-12

11 单击"圆环"按钮 ◯▣▣ 新建一个圆环样条，然后在圆环的属性面板中，设置"半径"为3.9cm，接着添加"扫描"生成器 ✎▣▣，设置"顶端"为"圆角封顶"，"步幅"为10，"半径"为3.9cm，"末端"为"圆角封顶"，"步幅"为"10"，"半径"为3.9cm，参数设置如图11-13所示，效果如图11-14所示。

图11-13

图11-14

─ 场景搭建

01 切换为正视图，单击"画笔"按钮 <img_1>，根据生成的文字的轮廓绘制一条曲线样条，然后在"对象"面板中将绘制好的样条命名为"样条1"，如图11-15所示。

02 切换为透视视图，添加"挤压"生成器 <img_2>，并设置P.X为-2cm，P.Y为179cm，P.Z为0cm，R.H为-8°，R.P为-3°，R.B为-1°，如图11-16所示，效果如图11-17所示。

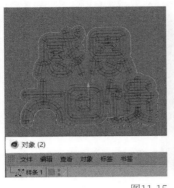
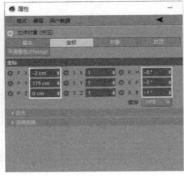

图11-15　　　　　　　　　　图11-16　　　　　　　　　　图11-17

03 在挤压的属性面板中，设置"移动"的第3个参数为15cm，接着切换到"封顶"选项卡，设置"封顶"为"圆角封顶"，"步幅"为10，"半径"为2cm，"末端"为"圆角封顶"，"步幅"为1，"半径"为2cm，勾选"约束"选项，参数设置及效果如图11-18和图11-19所示。

04 切换为正视图，根据步骤03创建的形状，使用"画笔"工具 <img_4> 在其边缘外侧的一定距离进行描绘，将其命名为"样条2"，如图11-20所示。

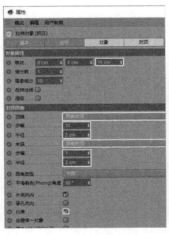

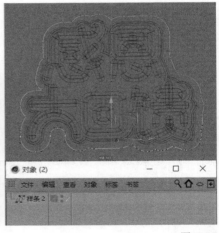

图11-18　　　　　　　　　　图11-19　　　　　　　　　　图11-20

05 切换为透视视图，创建"挤压"生成器 ，并设置P.X为-2.8cm，P.Y为-0.6cm，P.Z为-18cm，切换到"对象"选项卡，设置"移动"第3个参数为20cm，参数设置及效果如图11-21所示。

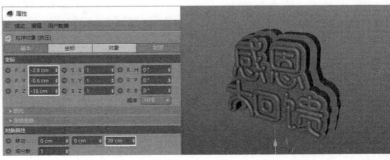

图11-21

06 使用"画笔"工具 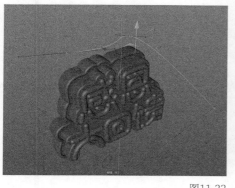 在场景中绘制一条由3个锚点构成的样条曲线，大致位置如图11-22所示。

技巧与提示

四视图的详细位置如图11-23所示。

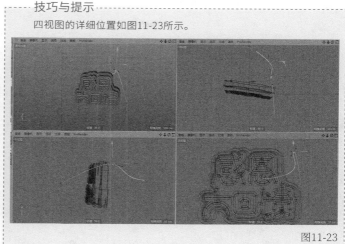

图11-22

图11-23

07 使用"多边"样条工具 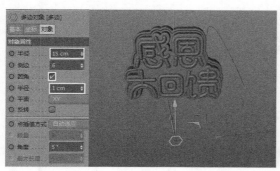 创建扫描所需要的横截面。在多边的属性面板中，设置"半径"为15cm，勾选"圆角"选项，并设置"半径"为1cm，参数设置及效果如图11-24所示。

08 将"多边"对象层和"样条1"对象层添加到"扫描"生成器 的子级中，如图11-25所示。

图11-24

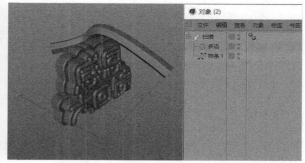

图11-25

09 在扫描属性面板中，通过"缩放"和"旋转"调整扫描的样式，使样条锚点移动到图11-26所示的位置，扫描的模型如图11-27所示。

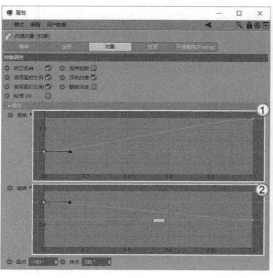

图11-26

图11-27

第11章 商业综合实战

267

10 绘制第2个围绕电商字体的装饰物体。使用"画笔"工具 在场景中绘制一条由3个锚点构成的样条曲线，位置如图11-28所示。

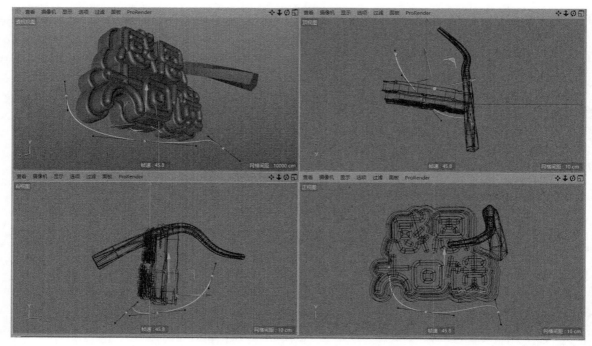

图11-28

11 使用"多边"工具 创建扫描所需要的横截面，然后设置"半径"为15cm，勾选"圆角"选项，并设置"半径"为1cm，参数设置及效果如图11-29所示。

12 将"多边"对象层和"样条"对象层添加到"扫描"生成器 的子级中，如图11-30所示。

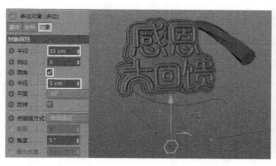

图11-29

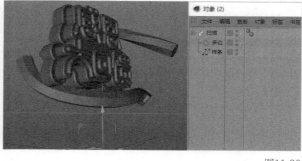

图11-30

13 在扫描属性面板中，对"缩放"和"旋转"进行调整，锚点的移动方式与步骤09一样，扫描的模型和锚点位置如图11-31所示。

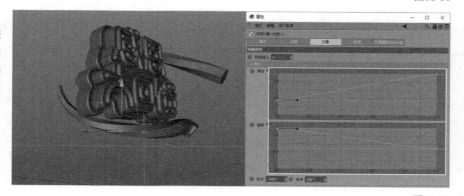

图11-31

14 按照同样的方式绘制第3个围绕电商字体的装饰物，位置如图11-32所示。

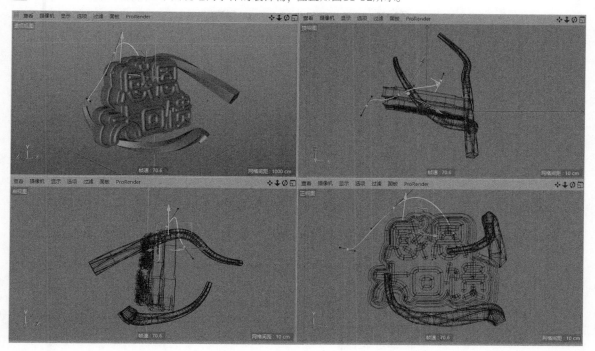

图11-32

15 扫描创建完成后，调节"缩放"和"旋转"的样条锚点，锚点的移动方式与步骤09一样，扫描的模型和锚点位置如图11-33所示。

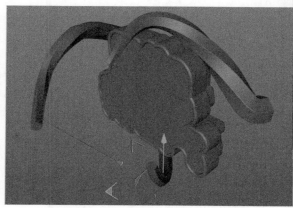

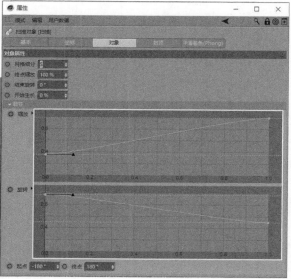

图11-33

16 使用"球体"工具 在场景中创建多个大小不同的球体，将其移动到合适的位置，用于背景的点缀。除此之外，读者还可根据自己的喜好，自行布置其他点缀物，如图11-34所示。

图11-34

17 建立用于灯光的球体，为了在视图窗口中看得更加清楚，在视图窗口中执行"显示>隐藏线条"命令，然后使用"球体"工具在场景中创建一个半径为160cm的球体，并将其移动到图11-35所示的位置。

18 建立一个同样用于灯光的球体，调节半径为95cm，位置如图11-36所示。

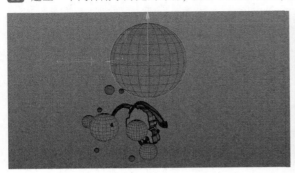
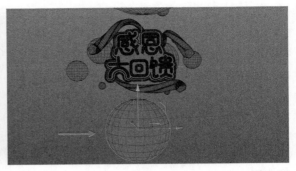

图11-35

图11-36

> **技巧与提示**
>
> 这两个球体并不是用来当作装饰的，而是用作灯光的。在添加材质的步骤中，会将它们定义为发光材质，为环境提供柔和的灯光环境。

19 创建两个同样用于灯光的球体，调节其半径均为95cm，将其移动到图11-37所示的位置。

20 使用"平面"工具在距电商文字的一定距离处创建一个平面，如图11-38所示。

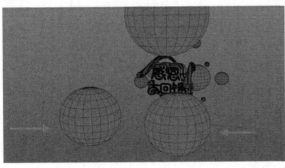

图11-37

图11-38

一 确定构图

01 按快捷键N+A切换为"光影着色"模式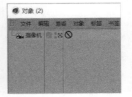，使用"摄像机"工具在当前视图窗口创建一个摄像机，然后调节摄像机的位置，在"坐标"选项卡中设置P.Y为75cm，P.Z为-390cm，R.P为12°，如图11-39所示。

02 在"对象"面板中选中"摄像机"对象层，单击鼠标右键选择"CINEMA 4D标签>保护"选项，目的是锁定摄像机的参数，将它固定在某一位置，如图11-40所示。

> **技巧与提示**
>
> 若想继续调整摄像机的位置，将"保护"标签 删除即可。

图11-39

图11-40

灯光创建

本例一共创建3个灯光，使用了两种灯型，如图11-41所示。

图11-41

┌ 技巧与提示 ┈┈┈┈┈┈┈┈┈┈┈┈┈┈┈┈┈┈┈┈┈┈┈

    灯光的数量并不是固定的，也没有限定添加的光效类型，只要布光后渲染的效果令人满意即可。
└┈┈┈┈┈┈┈┈┈┈┈┈┈┈┈┈┈┈┈┈┈┈┈┈┈┈┈┈┈┈┈┈┈

⊙ 灯光

01 使用"灯光"工具 在场景中创建一盏灯，然后切换到"坐标"选项卡，设置P.X为-105cm，P.Y为272cm，P.Z为-111cm，这样灯光就移动到了图11-42所示的位置。

02 在灯光属性面板中切换到"常规"选项卡，设置"颜色"为（H:29°,S:20%,V:100%），"强度"为70%，"类型"为"区域光"，如图11-43所示。

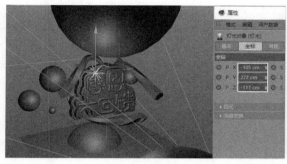

图11-42

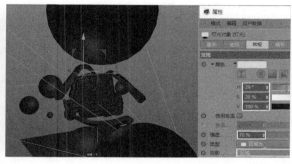

图11-43

03 使用"灯光"工具 再次创建一盏灯，然后切换到"坐标"选项卡，设置P.X为79cm，P.Y为73cm，P.Z为-101cm，这样灯光就移动到了图11-44所示的位置。

04 在第2盏灯的属性面板中，切换至"常规"选项卡，设置颜色为（H:29°,S:20%,V:100%），"强度"为70%，"投影"为"区域"，如图11-45所示。

图11-44

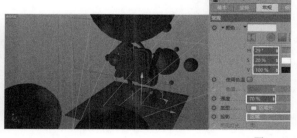

图11-45

┌ 技巧与提示 ┈┈┈┈┈┈┈┈┈┈┈┈┈┈┈┈┈┈┈┈┈┈┈

    灯光是可以带有色彩信息的。
└┈┈┈┈┈┈┈┈┈┈┈┈┈┈┈┈┈┈┈┈┈┈┈┈┈┈┈┈┈┈┈┈┈

⊙ 区域光

01 使用"区域光"工具 在场景中新建一盏区域光，然后切换到"坐标"选项卡，设置P.Y为217cm，P.Z为-54cm，这样灯光就移动到图11-46所示的位置。

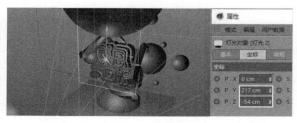

图11-46

02 在灯光属性面板中，选择"常规"选项卡，设置"颜色"为（H:29°,S:20%,V:100%），"强度"为70%，"投影"为"区域"，如图11-47所示。本例使用了3盏灯和若干个自发光球体。

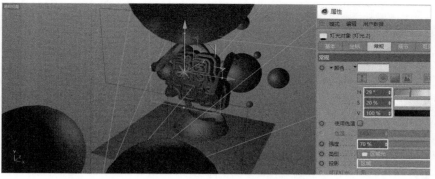

图11-47

材质添加

本例场景共需添加5种材质。

⊙ 自发光材质

01 在"材质"面板新建一个材质球，打开"材质编辑器"，仅勾选"发光"通道，接着设置"亮度"为100%，参数如图11-48所示。

02 勾选并进入Alpha通道，设置"纹理"为"菲涅耳（Fresnel）"，勾选"反相"选项，如图11-49所示。

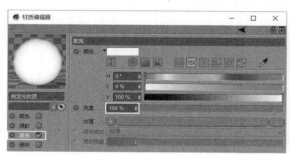

图11-48

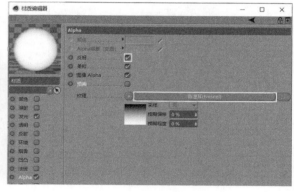

图11-49

------ 技巧与提示 ------
"菲涅耳"贴图在之前的案例中介绍过，当视角与物体表面产生的夹角越大，它的效果就越接近黑色；当视角与物体表面产生的夹角越小，它的效果越接近白色。

03 在材质的属性面板中切换到"光照"选项卡，勾选"产生全局光照"选项，然后设置"强度"为300%，如图11-50所示。材质效果如图11-51所示。

04 将编辑好的材质球拖曳到图11-52所示的球体上。

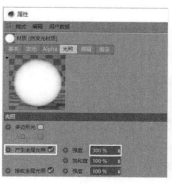

图11-50

技巧与提示
这里可以单独控制发光材质球对全局光效果的影响。

图11-51

图11-52

中文版CINEMA 4D R20实战基础教程（全彩版）

⊙ 磨砂塑料材质

创建粉色的漫反射磨砂塑料材质球，用于字体下方的反光板。在"材质"面板新建一个材质球，然后打开"材质编辑器"，在"颜色"通道中设置"颜色"为（H:345°,S:74%,V:100%），如图11-53所示。材质效果如图11-54所示。

┌── 技巧与提示 ─────
默认的反射类型就是制作类似磨砂塑料或粗糙橡胶表面材质的反射，在"颜色"通道中，使用不同的颜色就可以制作不同颜色的磨砂塑料材质。

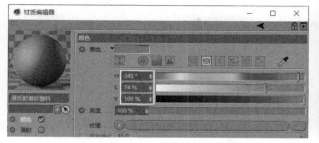

图11-53 　　　　　　　图11-54

⊙ 渐变塑料材质

01 创建由紫到蓝的渐变塑料材质球，用于曲线点缀物。在"材质"面板新建一个材质球，然后打开"材质编辑器"，在"颜色"通道中设置"颜色"为（H:275°,S:75%,V:71%），如图11-55所示。

02 在"颜色"通道中选择"纹理"为"渐变"，如图11-56所示，单击纹理的预览框，进入"着色器"选项卡，双击色标1█，在弹出的对话框中设置"颜色"为（H:261°,S:83%,V:84%），接着双击色标2█，设置颜色为（H:195°,S:83%,V:87%），退出色标设置后设置"类型"为"二维-V"。

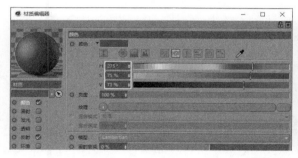

图11-55 　　　　　　　　　　　　　　　　　　　　图11-56

03 在"反射"通道中添加一个GGX反射层。选择"层1"，将"菲涅耳（Fresnel）"贴图载入纹理，然后设置"菲涅耳"为"导体"，"预置"为"金"，如图11-57所示。材质效果如图11-58所示。

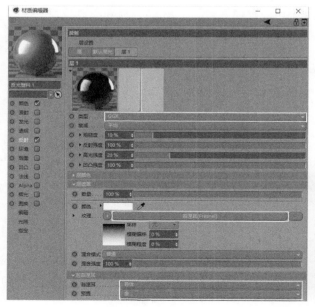

图11-57 　　　　　　　图11-58

⊙ 条纹塑料材质

01 创建蓝色条纹塑料材质球，用于字体背后的点缀物。在"材质"面板新建一个材质球，然后打开"材质编辑器"，进入"颜色"通道，接着单击"纹理"旁的三角形按钮，选择"表面>棋盘"选项，载入"棋盘"贴图，如图11-59所示。

02 在"棋盘"的"着色器"选项卡中，"颜色1"保持默认，设置"颜色2"为（H:221°,S:86%,V:100%），"U频率"为0，"V频率"为4，如图11-60所示。

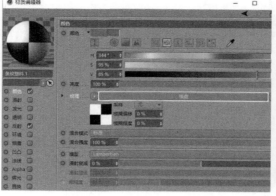

图11-59　　　　　　图11-60

03 给材质添加反光。在"反射"通道中添加GGX反射层。选择"层1"，设置"纹理"为"菲涅耳（Fresnel）"，接着设置"菲涅耳"为"导体"，"预置"为"金"，如图11-61所示。材质效果如图11-62所示

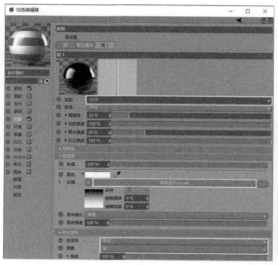

图11-61　　　　　　图11-62

⊙ 金属材质

01 创建磨砂金属材质球，用于文字。在"材质"面板新建一个材质球，然后打开"材质编辑器"，取消勾选"颜色"通道，然后在"反射"通道中添加GGX反射层，接着在"层1"中，设置"粗糙度"为25%，"菲涅耳"为"导体"，"预置"为"银"，如图11-63所示。材质效果如图11-64所示。

图11-63　　　　　　图11-64

中文版CINEMA 4D R20实战基础教程（全彩版）

02 将材质赋予相应的模型，如图11-65所示。

图11-65

⊙ 渲染输出

01 本例选择使用"标准"渲染器，然后添加"全局光照"和"环境吸收"效果，接着在"抗锯齿"选项组中设置"抗锯齿"为"最佳"，如图11-66所示。

02 渲染场景，效果如图11-67所示。

图11-66

图11-67

课外练习：电商福利海报字体	场景位置	无
	实例位置	实例文件>CH11>课外练习71：电商福利海报字体.c4d
	教学视频	课外练习71：电商福利海报字体.mp4
	学习目标	熟练掌握电商海报字体的制作方法

⊙ 效果展示

本练习是制作电商字体海报，效果如图11-68所示。

⊙ 制作提示

本练习灯光布局如图11-69所示，材质效果如图11-70所示。

图11-68

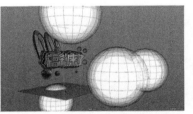

图11-69

字体	字体背景	点缀物1	点缀物2/螺旋3	螺旋1	螺旋2	反光板

图11-70

场景位置	场景文件>CH11>实战72>61.c4d
实例位置	实例文件>CH11>实战72 室内艺术效果.c4d
教学视频	实战72 室内艺术效果.mp4
学习目标	掌握室内艺术效果图的制作方法

一 案例分析

有别于由3ds Max制作的室内装修效果图，CINEMA 4D R20制作的室内效果图广泛应用于广告行业。对于艺术工作者而言，完全复制现实中的场景表达逼真的效果并没有实际意义，需要在此基础之上进行二次创作，追求"超现实"的艺术效果。图11-71所示为本例的效果图。

图11-71

在材质方面，沙发、隔板、灯具、墙面、枕头、地毯和木地板等是本例制作的重点。图11-72所示为案例材质的效果。

沙发　　隔板　　灯具　　墙面　　枕头　　地毯　　木地板

图11-72

一 布置场景

打开本书学习资源中的"场景文件>CH11>实战72>61.c4d"文件，接下来就可以使用提供的模型，将它们复制到场景中，并移动到图11-73所示的位置。

一 灯光创建

本例共创建了3盏灯，使用了两种灯型，如图11-74所示。

图11-73

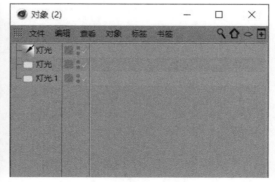

图11-74

⊙ 无限光

使用"无限光"工具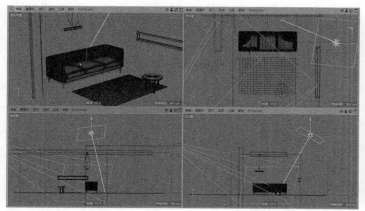在场景中创建一个无限光，然后将它移动到图11-75所示的位置，接着在"常规"选项卡中设置"投影"为"区域"，如图11-76所示。

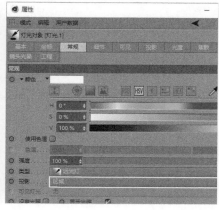

图11-75   图11-76

> 技巧与提示
>
> 室内渲染比较容易出效果，这是因为在一定的空间内模型的数量比较多，所以只要打开一盏平行光，就很容易出现交错的光影，得到的效果会比较真实。

⊙ 区域光

01 单击"区域光"按钮在图11-77所示的位置新建区域光，"坐标"参数照图11-78设置，然后在"常规"选项卡中设置"投影"为"区域"，接着切换到"细节"选项卡，设置"外部半径"为30cm，"水平尺寸"为60m，"垂直尺寸"为450cm，"衰减"为"倒数立方限制"。这个区域光的外形是修长的，并且带有衰减，同时还产生了投影，使用这种光是为了让场景内部的墙壁具有一定亮度。

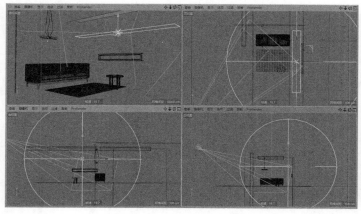
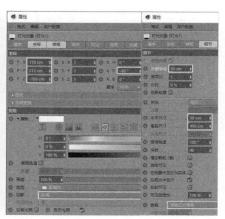

图11-77   图11-78

02 新建一个区域光，同样也是一个修长的区域光，带有"衰减"和"投影"效果。在"常规"选项卡中设置"投影"为"区域"，然后切换到"细节"选项卡，设置"外部半径"为13.5cm，"水平尺寸"为27cm，"垂直尺寸"为715cm，"衰减"为"倒数立方限制"，"坐标"参数照图11-79设置。将创建的灯光放在沙发的旁边，这样就可以照亮剩下的空间。灯光的位置如图11-80所示。

图11-79

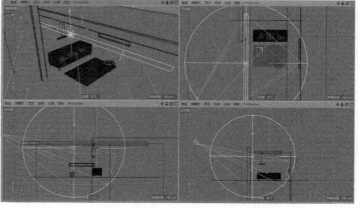

图11-80

03 灯光制作完成后，可以单击"渲染活动视图"按钮■，检查灯光效果，如果不满意，可继续调整灯光，渲染后的效果如图11-81所示。

----- 技巧与提示 -----

在渲染测试之前，最好添加"环境吸收"和"全局光照"效果，并将"全局光照"的反弹算法调整为"准蒙特卡洛（QMC）"模式，然后使用"物理"渲染器，并将"采样器"设置为"递增"，该调节方法非常适合快速预览。

图11-81

⊟ 材质添加

本例场景共添加了8种材质。虽然本例的材质用得非常多，但是所有材质球的创建都很简单。

----- 技巧与提示 -----

学会正确使用贴图是非常重要的。当然，在实际工作中，不仅需要正确使用贴图，有时候还需要会制作合适的贴图。

⊙ 塑料材质

01 创建白色的光滑塑料材质，用于场景中的沙发模型。在"材质"面板新建一个材质球，然后打开"材质编辑器"，在"反射"通道中添加GGX反射层，在"层1"中，设置"菲涅耳"为"绝缘体"，如图11-82所示。材质效果如图11-83所示。

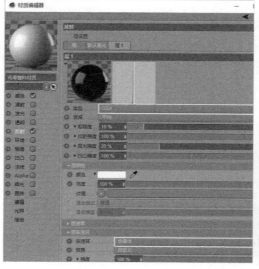

图11-82

图11-83

02 创建蓝色的塑料材质，用于场景中的隔板模型。在"材质"面板新建一个材质球，然后打开"材质编辑器"，在"颜色"通道中设置颜色为（H:206°,S:39%,V:96%），如图11-84所示。材质效果如图11-85所示。

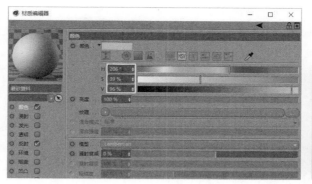

图11-84　　　　　　　图11-85

⊙ 金属材质

01 创建绝对金属材质，用于场景中的灯具模型。在"材质"面板新建一个材质球，然后打开"材质编辑器"，取消勾选"颜色"通道，仅保留"反射"通道，如图11-86所示。

02 进入"反射"通道，然后添加GGX反射层，参数保持默认设置，如图11-87所示。材质效果如图11-88所示。

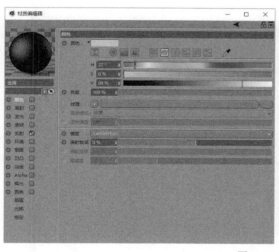

图11-86　　　　　　　　　　　　　图11-87　　　　　　　图11-88

⊙ 墙面材质

01 创建有细微凹凸颗粒的材质，用于场景中的墙面模型。在"材质"面板新建一个材质球，然后打开"材质编辑器"，在"颜色"通道中设置颜色为（H:27°,S:20%,V:92%），如图11-89所示。

02 勾选"凹凸"通道，然后设置"纹理"为"噪波"，"强度"为3%，如图11-90所示。

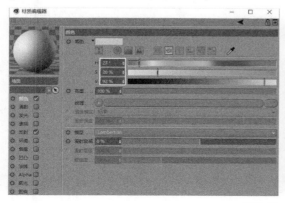

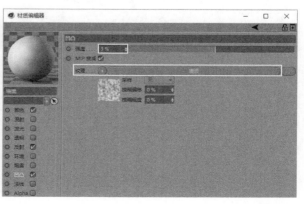

图11-89　　　　　　　　　　　　　　　　　　图11-90

03 进入"噪波"的"着色器"选项卡，设置"全局缩放"为0.1%，"低端修剪"为49%，"高端修剪"为52%，如图11-91所示。材质效果如图11-92所示。

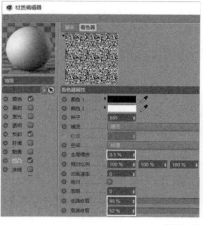 

> **技巧与提示**
>
> "低端修剪"参数控制的是黑白图片的黑场，默认为0%，增加该参数的数值后，黑白图片的黑色区域会增多；"高端修剪"参数控制的是黑白图片的白场，默认为100%，降低该参数的数值后，黑白图片的白色区域会增多。这一概念类似Photoshop中的"色阶"工具。

图11-91　　　　　　　　图11-92

⊙ 丝绒材质

01 创建黄色丝绒材质球，用于枕头模型。在"材质"面板新建一个材质球，然后打开"材质编辑器"，在"颜色"通道中设置颜色为（H:27°,S:71%,V:94%），如图11-93所示。

02 在"反射"通道中添加GGX反射层，设置"粗糙度"为67%，"纹理"为"菲涅耳（Fresnel）"，"数量"为50%，如图11-94所示。制作的材质效果如图11-95所示。

 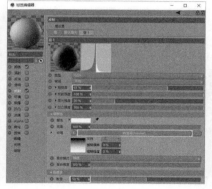 

图11-93　　　　　　　　图11-94　　　　　　　　图11-95

⊙ 地毯材质

01 创建地毯材质，用于场景中的地毯模型。在"材质"面板中新建一个材质球，然后打开"材质编辑器"，在"颜色"通道的"纹理"中载入"场景文件>CH11>实战72>地毯.jpg"文件，如图11-96所示。

02 在"反射"通道中添加GGX反射层，在"层1"中设置"粗糙度"为62%，然后选择"纹理"为"菲涅耳（Fresnel）"，并设置"菲涅耳"为"绝缘体"，如图11-97所示。

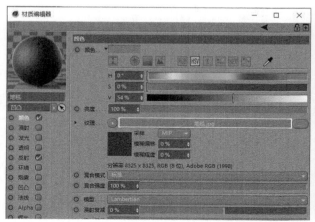

图11-96　　　　　　　　　　　　　　　　　　　　图11-97

中文版CINEMA 4D R20实战基础教程（全彩版）

03 勾选"法线"通道，打开"场景文件>CH11>实战72>地毯法线.jpg"文件，将准备好的法线贴图载入通道"纹理"中，如图11-98所示。

04 勾选"置换"通道，打开"场景文件>CH11>实战72>地毯置换.jpg"文件，将准备好的置换贴图载入通道"纹理"中，如图11-99所示。材质效果如图11-100所示。

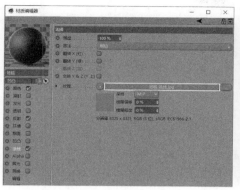
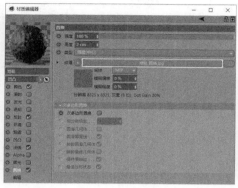

图11-98　　　　　　　　　　　　　图11-99　　　　图11-100

⊙ 木地板材质

01 创建木地板材质，用于场景中的地板模型。在"材质"面板新建一个材质球，然后打开"材质编辑器"面板，进入"颜色"通道，打开"场景文件>CH11>实战72>木质地板.jpg"文件，将准备好的贴图载入通道"纹理"中，如图11-101所示。

02 在"反射"通道中添加GGX反射层，然后在"层1"选项卡中设置"粗糙度"为30%，"菲涅耳"为"绝缘体"，如图11-102所示。

图11-101　　　　　　　图11-102

03 勾选"法线"通道，打开"场景文件>CH11>实战72>木质地板法线.jpg"文件，将准备好的法线贴图载入通道"纹理"中，设置"强度"为40%，如图11-103所示。材质效果如图11-104所示。

⊙ 自发光材质

01 创建白色塑料材质球，为场景中的灯具模型提供照明。在"材质"面板新建一个材质球，然后打开"材质编辑器"面板，仅勾选"发光"通道，如图11-105所示。材质效果如图11-106所示。

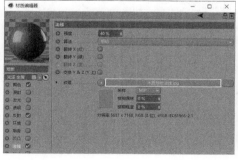

图11-103　　　　　　　图11-104

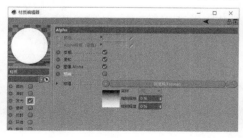

图11-105　　　　　　图11-106

----- 技巧与提示 -----
　　自发光材质可以赋予物体作为光源使用，也可以赋予天空作为天光或反射。

02 将材质赋予相应的模型，如图11-107所示。

渲染输出

01 本例使用"物理"渲染器进行渲染。"输出"
选项组中的参数保持默认，然后添加"全局光照"
和"环境吸收"两个效果，如图11-108所示。

02 在"物理"选项组中，设置"采样值"为"自适
应"，"采样品质"为"中"，"模糊细分（最大）"为4，
"阴影细分（最大）"为4，"环境吸收细分（最大）"
为4，如图11-109所示。

图11-107

图11-108

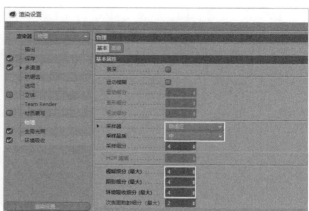

图11-109

03 在"全局光照"选项组中，设置"首次反弹算法"为"准蒙特卡洛（QMC）"，"二次反弹算法"为"准蒙特卡
洛（QMC）"，如图11-110所示。

04 渲染场景，效果如图11-111所示。

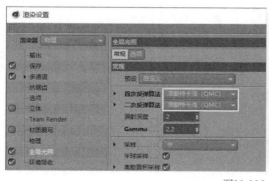

图11-110

图11-111

Photoshop后期调节

01 打开Photoshop，然后打开渲染好的图片，如
图11-112所示。

图11-112

02 将渲染的图片制作出梦幻效果。执行"滤镜>Camera Raw滤镜"菜单命令，打开"Camera Raw滤镜"对话框，在"基本"选项卡中，设置"色温"为-4，"色调"为+13，"纹理"为-45，"清晰度"为-38，"去除薄雾"为-15，设置的参数及效果分别如图11-113和图11-114所示。

03 让整个画面的对比更强烈。在"色调曲线"选项卡中，设置"高光"为+28，"亮调"为+16，"暗调"为-43，"阴影"为-26，单击"确定"按钮完成修图，参数设置及效果如图11-115和图11-116所示。

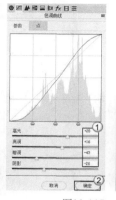

图11-113 　　　　　　　　　　图11-114 　　　　　　　图11-115 　　　　　　　　　图11-116

课外练习：室内书桌一角

场景位置	场景文件>CH11>62.c4d
实例位置	实例文件>CH11>课外练习72：室内书桌一角.c4d
教学视频	课外练习72：室内书桌一角.mp4
学习目标	熟练掌握室内艺术效果图的制作方法

⊙ 效果展示

本练习是制作室内书桌一角，效果如图11-117所示。

⊙ 制作提示

本练习灯光布局如图11-118所示，材质效果如图11-119所示。

图11-117 　　　　　　　　　　　　　　　　　　　　　　图11-118

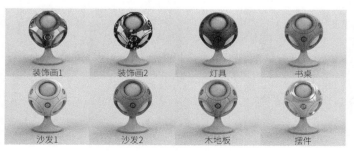

图11-119

实战 73
装置艺术效果

场景位置	无
实例位置	实例文件>CH11>实战73 装置艺术效果.c4d
教学视频	实战73 装置艺术效果.mp4
学习目标	掌握装置艺术效果的制作方法

🔲 案例分析

三维艺术设计是一个新兴的设计领域，它利用新的技术制作抽象的效果（可以认为是比较美观的艺术装置）。除了工作与项目之外，设计师必须保持经常创作的好习惯，在制作的过程中，可以随意进行尝试，创作的过程本身就是一个创造奇迹的过程。图11-120所示为本例的效果图。

图11-120

制作抽象的装置艺术效果不需要模拟物理世界中真实的材质，对于窗帘、植物、机械、地面和主体物等材质的制作可以大胆地发挥想象，本例仅提供制作思路，并没有固定的标准，只要最终的效果美观即可。图11-121所示为材质的效果。

| 窗帘 | 植物 | 机械 | 地面 | 主体物 |

图11-121

🔲 模型制作

01 使用"立方体"工具 🔲 立方体 创建一个立方体，然后将其向y轴移动100cm，接着在"对象"选项卡中设置"尺寸.X"为400cm，"尺寸.Y"为200cm，"尺寸.Z"为200cm，勾选"圆角"选项，并设置"圆角半径"为2cm，"细分圆角"为10，如图11-122所示。

02 在场景中新建一个立方体，然后设置"尺寸.X"为38cm，"尺寸.Y"为40cm，"尺寸.Z"为97cm，勾选"圆角"选项，并设置"圆角半径"为1cm，接着将其移动到步骤01创建的模型的左上角，如图11-123所示。

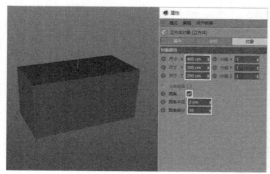

图11-122

图11-123

03 在场景中新建一个立方体，然后设置"尺寸.X"为255cm，"尺寸.Y"为30cm，"尺寸.Z"为97cm，勾选"圆角"选项，并设置"圆角半径"为1cm，接着将其移动到步骤02创建的模型的右边，与模型紧密相贴，如图11-124所示。

04 在场景中新建一个立方体，然后设置"尺寸.X"为106cm，"尺寸.Y"为40cm，"尺寸.Z"为145cm，勾选"圆角"选项，并设置"圆角半径"为1cm，接着将其移动到步骤03创建的模型的右边，如图11-125所示。这时会发现创建的3个立方体的长度之和与步骤01创建的立方体的长度基本是一致的。

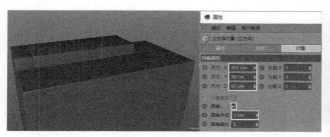

图11-124   图11-125

05 在场景中新建一个立方体，然后设置"尺寸.X"为54cm，"尺寸.Y"为40cm，"尺寸.Z"为97cm，勾选"圆角"选项，并设置"圆角半径"为1cm，接着将其移动到步骤04创建的模型的右下角，如图11-126所示。

06 在场景中复制步骤05创建的立方体，然后设置"尺寸.X"为54cm，"尺寸.Y"为40cm，"尺寸.Z"为97cm，勾选"圆角"选项，并设置"圆角半径"为1cm，接着将其移动到步骤05创建的模型的左边，如图11-127所示。

图11-126   图11-127

技巧与提示

为了保证创建模型的美观性，应该对模型进行一定尺寸的倒角，这样在视觉上不会显得生硬。

---

07 单击"球体"按钮 在场景中创建一个半径为64cm的球体，设置P.X为-157cm，P.Y为289cm，P.Z为57cm，如图11-128所示。

08 在场景中新建一个立方体，然后设置"尺寸.X"为254cm，"尺寸.Y"为82cm，"尺寸.Z"为28cm，接着将其移动到球体的后面，并与球体相切，如图11-129所示。

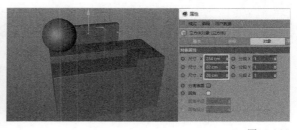

图11-128   图11-129

09 选中步骤08创建的模型，按C键将其转化为可编辑多边形，然后在"边"模式 下单击鼠标右键选择"循环/路径切割"工具 ，接着选择立方体右侧的垂直边缘线，再设置"偏移"为20%，"距离"为16.4cm，"切割数量"为4，如图11-130所示。单击横向边缘线，设置"偏移"为9.091%，"距离"为23.091cm，"切割数量"为10，如图11-131所示。

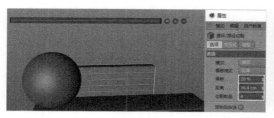

图11-130

图11-131

10 在"对象"面板中选中刚刚切割的立方体，然后切换到"多边形"模式■，接着使用"实时选择"工具■选择需要挤压的面，如图11-132所示。

11 选中要挤压的面后，单击鼠标右键选择"内部挤压"工具█ 内部挤压，然后在内部挤压的属性面板中，取消勾选"保持群组"选项，设置"偏移"为2.6cm，如图11-133所示。

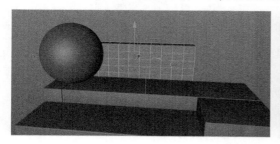

图11-132

图11-133

> ----- 技巧与提示 --------
> 在选择数量较多的物体或曲面时，可以使用"实时选择"工具■，便于快速选中。

12 使用"圆柱"工具█ ■创建一个圆柱，在"对象"选项卡中设置"半径"为14cm，"高度"为179cm，勾选"圆角"，并设置"半径"为0.6cm，将其放置在图11-134所示的位置。

13 在视图中选中圆柱，按C键将其转化为可编辑多边形，然后在"点"模式█ 下按快捷键Ctrl+A选中圆柱模型中所有的点，接着单击鼠标右键选择"优化"工具█ 优化。通过"优化"工具█ 优化将点合并后，在"边"模式█ 下单击鼠标右键选择"循环/路径切割"工具█ 循环/路径切割，接着在距顶部1/4的位置处单击任意一条垂直线进行横向切割，如图11-135所示。

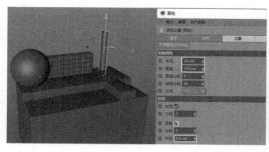

图11-134

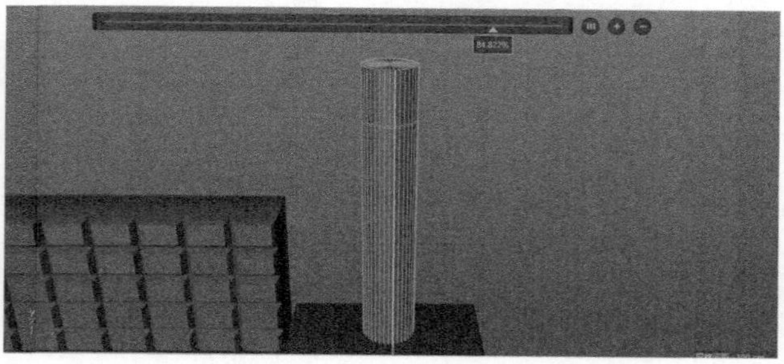

图11-135

14 选择步骤13被切割的面，在"多边形"模式█ 下使用"实时选择"工具█，选择需要挤压的面，效果如图11-136所示。

图11-136

15 选中要挤压的面后，单击鼠标右键选择"内部挤压"工具 内部挤压 ，然后在内部挤压的属性面板中，取消勾选"保持群组"选项，设置"偏移"为1.8cm，接着按住Ctrl键向内进行挤压，挤压成图11-137所示的效果。

16 在"边"模式 下右击场景并选择"循环/路径切割"工具 循环/路径切割 ，单击垂直边缘线，然后在离步骤13切割的线的一段距离进行横向切割。这里仅切割一条线，效果如图11-138所示。

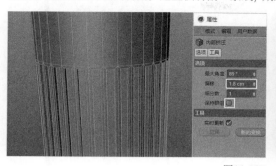

图11-137　　　　　　　　　　　　　　　　　　　　图11-138

17 使用"细分曲面"生成器 细分曲面 为"圆柱"创建一个"细分曲面"对象，如图11-139所示。

18 在场景中新建一个圆柱，设置"半径"为14cm，"高度"为10cm，接着切换到"封顶"选项卡，勾选"圆角"选项，并设置"半径"为0.5cm，将其放置到上一个圆柱的顶部，参数设置及效果如图11-140所示。

第11章　商业综合实战

图11-139　　　　　　　　　　　　　　　　　　　　图11-140

19 在场景中创建一个圆柱，然后切换到"坐标"选项卡，设置P.X为148cm，P.Y为419cm，P.Z为118cm；切换到"对象"选项卡，设置"半径"为14cm，"高度"为58cm；切换到"封顶"选项卡，勾选"圆角"选项，并设置"分段"为2，"半径"为0.6cm，将其放置到步骤18创建的圆柱的顶部，参数设置及效果如图11-141所示。

20 选中步骤19创建的圆柱，按C键将其转化为可编辑多边形，然后在"点"模式 下，按快捷键Ctrl+A选中模型中所有的点，接着单击鼠标右键选择"优化"工具 优化 。通过"优化"工具 优化 将点合并后选中，在"边"模式 下单击鼠标右键选择"循环/路径切割"工具 循环/路径切割 ，接着从模型底部开始单击任意一条垂直线横向切割3次，如图11-142所示。

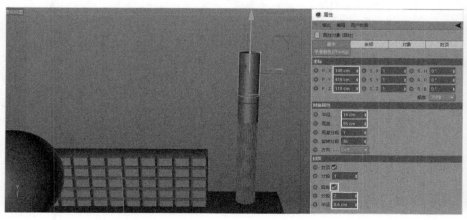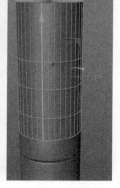

图11-141　　　　　　　　　　　　　图11-142

287

21 切割后形成4个曲面，选择要缩放的面进行缩放，位置如图11-143所示，缩放后生成图11-144所示的面。

22 选中多边形，在"边"模式 下单击鼠标右键选择"循环/路径切割"工具 ，在生成的面的每个转角处都切割两次，切割位置如图11-145所示。

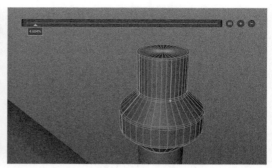

图11-143   图11-144   图11-145

23 使用"细分曲面"生成器 为"圆柱"创建一个"细分曲面"对象，如图11-146所示。

24 图11-147所示的模型的制作方法与步骤12~步骤17的制作方法相同，圆柱的大小和细节可以根据读者的喜好设置。

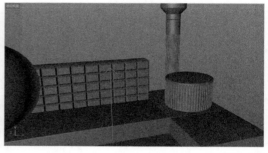

图11-146   图11-147

25 使用"圆锥"工具 创建一个圆锥，设置"底部半径"为40cm，"高度"为82cm，然后将其放在步骤24创建的模型的顶部，可以看到两个模型的截面尺寸刚好吻合，如图11-148所示。

26 在场景中新建一个立方体，然后设置"尺寸.X"为1cm，"尺寸.Y"为10cm，"尺寸.Z"为60cm，接着移动复制一个立方体，将两个模型旋转成一定夹角，注意两个模型距离台面有一定高度，参数设置及效果如图11-149所示。

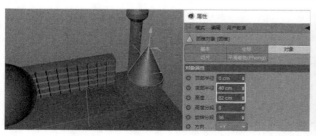

图11-148   图11-149

27 在场景中新建一个圆柱，然后设置"半径"为1cm，"高度"为76cm，再移动复制3个圆柱，放置在步骤26创建的模型的4条边上，并置于台面，如图11-150所示。

图11-150

中文版CINEMA 4D R20实战基础教程（全彩版）

28 在场景中新建一个圆柱，然后设置"半径"为30cm，"高度"为154cm，"高度分段"为1，"旋转分段"为200；切换到"封顶"选项卡，勾选"封顶"选项，然后设置"分段"为1，勾选"圆角"选项，接着设置"分段"为5，"半径"为4cm，如图11-151所示。

图11-151

29 在场景中新建一个立方体，然后设置"尺寸.X"为19cm，"尺寸.Y"为2cm，"尺寸.Z"为126cm，勾选"圆角"选项，并设置"圆角半径"为1cm，"圆角细分"为5，放置在图11-152所示的位置。

30 在场景中新建两个立方体，设置第1个立方体的"尺寸.X"为250cm，"尺寸.Y"为40cm，"尺寸.Z"为26cm；设置第2个立方体的"尺寸.X"为246cm，"尺寸.Y"为35cm，"尺寸.Z"为50cm，如图11-153所示。最后按照图11-154所示的位置将立方体叠放在一起。

图11-152

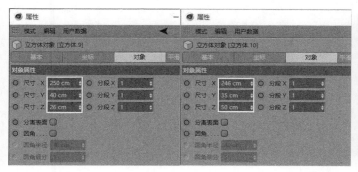

图11-153

图11-154

31 创建"布尔"生成器，然后在"对象"面板中将步骤30创建的两个立方体按照从上到下的顺序依次放置在"布尔"的子级，如图11-155所示。将通过布尔计算后的模型移动到桌面的后半部分，如图11-156所示。

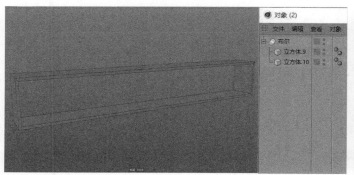

图11-155

图11-156

32 打开"场景文件>CH11>实战73>窗帘、墙面和绿植.c4d"文件,将窗帘、背景墙和植物放到场景中,效果如图11-157所示。

33 在场景中新建一个立方体,设置"尺寸.X"为120cm,"尺寸.Y"为120cm,"尺寸.Z"为32cm,然后按C键将其转化为可编辑多边形,选中立方体,在"边"模式 下单击鼠标右键选择"线性切割"工具 线性切割,在立方体的表面切割两条对角线,如图11-158所示。

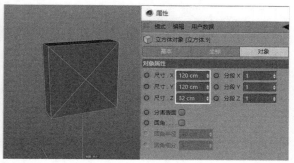

图11-157　　　　　　　　　　　　　　　　　　　　　　　　　图11-158

34 单击"晶格"按钮 晶格 为步骤33创建的模型添加"晶格"生成器,然后在"对象"面板中将立方体放置在"晶格"对象层的子级中,接着在晶格的属性面板中设置"圆柱半径"为1cm,"球体半径"为1cm,如图11-159所示。

35 按照相同的方法制作一个类似的装饰物。使用"平面"工具 平面 创建一个平面,然后设置"宽度"为135cm,"高度"为314cm,"宽度分段"为1,"高度分段"为15,如图11-160所示。

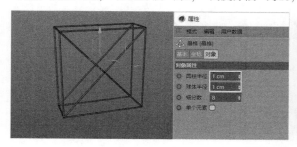

图11-159　　　　　　　　　　　　　　　　　　　　　　　　　图11-160

------ 技巧与提示 ------
　　使用"晶格"工具 晶格 可以把模型上的线转换为圆柱,点转换为球体。

36 使用"晶格"工具 晶格 为步骤35创建的模型添加"晶格"生成器,然后在"对象"面板中将立方体放置在"晶格"对象层的子级,接着在晶格的属性面板中设置"圆柱半径"为1cm,"球体半径"为1cm,"细分数"为8,参数设置及效果如图11-161所示。

37 将创建的装饰放在场景中,最终效果如图11-162所示。

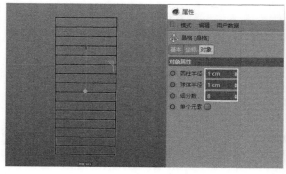

图11-161　　　　　　　　　　　　　　　　　　　　　　　　　图11-162

确定构图

01 在"渲染设置"面板中，切换至"输出"选项组设置"宽度"为1300，"高度"为1500，以确定画幅比例，如图11-163所示。

02 在"对象"面板中找到"摄像机"对象层并选中，单击鼠标右键选择"CINEMA 4D标签>保护"选项，给摄像机添加一个"保护"标签，这样参数就被锁定，即确定好了构图，如图11-164所示。

图11-163

图11-164

- **技巧与提示** -

　　在固定摄像机之前，需要确定渲染图片的长宽比，确定比例后，摄像机就不会发生比例上的变化。

- **技巧与提示** -

　　如果不制作动画，那么最好将摄像机固定，这样不会在后续的操作中影响摄像机的构图。

环境光创建

01 为了让金属、玻璃和高反光材料有丰富的高光，产生更真实的效果，需要在场景内部添加环境光，除了使用环境光照明，还需要添加主光源和辅光源，本例的主光源和辅光源都是用一张HDR贴图完成的，如图11-165所示。

- **技巧与提示** -

　　利用贴图照亮场景的方法是经常使用的，它有效果逼真、速度快的特点。

图11-165

02 制作用作光源的材质球。在"材质"面板中新建一个材质球，打开"材质编辑器"，仅保留"发光"通道，然后打开"场景文件>CH11>实战73>HDR.exr"文件，载入HDR贴图，如图11-166所示。材质效果如图11-167所示。

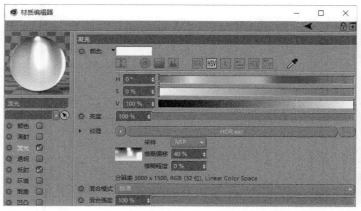

图11-166

图11-167

03 使用"天空"工具创建一个巨大的天空，将"发光"材质球赋予"天空"对象层，这样就完成了灯光的制作。单击"渲染活动视图"按钮██查看渲染结果，就可以看到场景中已经有了光源，效果如图11-168所示。

---- 技巧与提示 ----
    需要在"渲染设置"面板中添加"全局光照"效果才可以渲染出天空的光源。

04 给反射物体、金属提供更多的细节。按照同样的方法创建反射光，在"材质"面板中新建一个材质球，然后进入"材质编辑器"，仅保留"发光"通道，接着打开"场景文件>CH11>实战73>反射.jpg"文件，在"发光"通道加载纹理贴图，如图11-169所示。材质效果如图11-170所示。

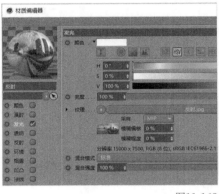

图11-169　　　　　图11-170

05 使用"天空"工具创建一个大的天空，并将"反射"材质球赋予"天空"对象层，此时并没有明显的效果，只能看见场景亮了一点，如图11-172所示。出现这样的现象是因为目前场景中并没有高反光物体。

---- 技巧与提示 ----
    使用HDR贴图布置灯光的方法更快速，但是这种布光法在大多数时候不一定能符合目前的场景，而且选择贴图的过程也需要花费时间。

图11-168

---- 技巧与提示 ----
    因为场景中有高反光物体，如玻璃、金属，为了提高渲染的真实程度，可以使用一张信息非常丰富的贴图作为环境，如图11-171所示。这样的贴图素材在网上有很多，也可以通过智能手机配合Photoshop制作。环境贴图带有环境灯光信息，可以模拟真实的环境光照。

图11-171

图11-172

材质添加

本例场景共添加了7种材质，发光和反射照明材质球已经制作完成，还需要再制作5种，材质球的作用就好比配色的过程。一张图的配色并不是固定的，通常因人而异，所以选择的材质球是什么颜色、什么种类取决于设计师对画面效果的追求。

---- 技巧与提示 ----
    本例中使用较多的通道就是"颜色"和"反射"通道，有些材质球会使用"凹凸"通道。

⊙ 丝绒材质

01 创建一个丝绒材质球，用于场景中的窗帘模型。在"材质"面板新建一个材质球，然后打开"材质编辑器"，进入"颜色"通道，设置颜色为（H:0°,S:15%,V:13%），如图11-173所示。

02 在"反射"通道中添加GGX反射层，将其重命名为"丝绒"，然后设置"菲涅耳"为"绝缘体"，接着设置"纹理"为"菲涅耳（Fresnel）"，并设置"粗糙度"为67%，如图11-174所示。

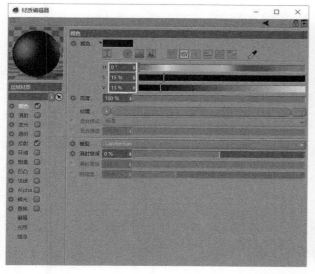

图11-173

图11-174

03 在"反射"通道中再添加一个GGX反射层，将其重命名为"高亮"，然后设置"菲涅耳"为"绝缘体"，并设置"粗糙度"为34%，如图11-175所示。材质效果如图11-176所示。

图11-175

图11-176

┄┄ 技巧与提示 ┄┄┄┄┄┄┄┄┄┄┄┄┄┄┄┄┄┄┄┄┄┄┄

丝绒材质具有两个特点，第1个特点是具有"菲涅耳"属性，第2个特点是具有高粗糙度。

⊙ 植物纹理材质

创建一个植物纹理材质球，用于场景中的植物模型。在"材质"面板新建一个材质球，然后打开"材质编辑器"，进入"颜色"通道，打开"场景文件>CH11>实战73>叶子.jpg"文件，将准备好的贴图载入"纹理"中，接着设置"混合强度"为92%，如图11-177所示。材质效果如图11-178所示。

┄┄ 技巧与提示 ┄┄┄┄┄┄┄┄┄┄┄┄┄┄┄┄┄┄┄┄┄┄┄

虽然加载一张制作好的贴图能使效果更加逼真、好看，但是制作贴图无疑是比较费劲的过程，因为不仅需要拆分模型的UV（将三维模型摊开成二维平面图），同时还要制作匹配贴图的图案。

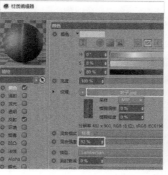

图11-177

图11-178

⊙ 科幻机械材质球

01 创建一个科幻机械材质球，用于背景墙壁模型。在"材质"面板新建一个材质球，然后打开"材质编辑器"，在"颜色"通道中设置颜色为（H:0°,S:6%,V:13%），如图11-179所示。

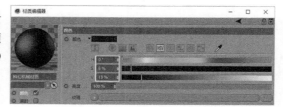

图11-179

02 勾选"凹凸"通道，然后打开"场景文件>CH11>实战73>背景墙.jpg"文件，将准备好的贴图载入"纹理"中，接着设置"强度"为300%，完成凹凸墙体材质球的制作，如图11-180所示。材质效果如图11-181所示。

图11-180　　图11-181

⊙ 地面纹理材质

01 创建一个地面纹理材质球，用于桌面的球体和一些装饰物体。在"材质"面板新建一个材质球，然后打开"材质编辑器"，在"颜色"通道中设置颜色为（H:23°,S:28%,V:91%），如图11-182所示。

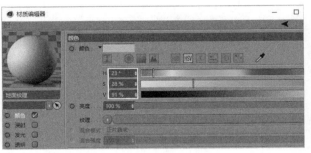

图11-182

02 在"反射"通道中添加GGX层，在"层1"中设置"粗糙度"为86%，打开"场景文件>CH11>实战73>凹凸球体.jpg"文件，将准备好的凹凸贴图载入"纹理"中，然后设置"菲涅耳"为"导体"，如图11-183所示。

03 勾选"凹凸"通道，然后打开"场景文件>CH11>实战73>球体黑白.jpg"文件，将准备好的黑白贴图载入"纹理"中，如图11-184所示。材质效果如图11-185所示。

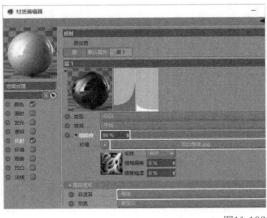
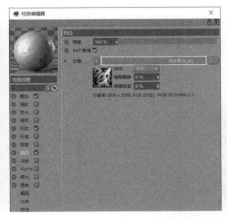

图11-183　　　　　　图11-184　　　　图11-185

⊙ 反光磨砂绝缘体材质

01 创建磨砂塑料材质球，用于场景中的主体物。在"材质"面板新建一个材质球，然后打开"材质编辑器"，在"颜色"通道中设置"颜色"为（H:19°,S:21%,V:91%），如图11-186所示。

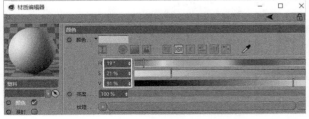

图11-186

02 在"反射"通道中添加GGX反射层,在"层1"中,设置"菲涅耳"为"绝缘体","粗糙度"为10%,如图11-187所示。材质效果如图11-188所示。

03 将材质赋予相应的模型,如图11-189所示。

图11-187 图11-188 图11-189

渲染输出

01 本例选择使用"物理"渲染器。添加"全局光照"和"环境吸收"效果,这样可以让场景效果更加真实,在"全局光照"面板中,设置"首次反弹算法"为"准蒙特卡洛(QMC)","二次反弹算法"为"准蒙特卡洛(QMC)",如图11-190所示。

02 进入"物理"选项组,设置"采样器"为"自适应","采样品质"为"高","模糊细分(最大)"为4,"阴影细分(最大)"为4,"环境吸收细分(最大)"为4,如图11-191所示。

03 渲染场景,效果如图11-192所示。

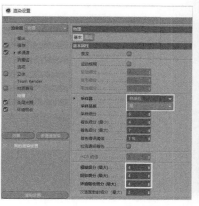

图11-190 图11-191 图11-192

课外练习:简约装饰摆件	

场景位置	无
实例位置	实例文件>CH11>课外练习73:简约装饰摆件.c4d
教学视频	课外练习73:简约装饰摆件.mp4
学习目标	熟练掌握装置艺术效果的制作方法

⊙ 效果展示

本练习是制作简约装饰摆件,效果如图11-193所示。

⊙ **制作提示**

本练习灯光布局如图11-194所示，材质效果如图11-195所示。

图11-193

图11-194

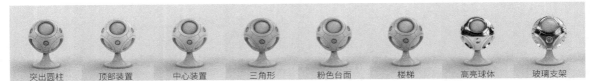

| 突出圆柱 | 顶部装置 | 中心装置 | 三角形 | 粉色台面 | 楼梯 | 高亮球体 | 玻璃支架 |

图11-195

实战 74 **场景展示动画**	场景位置	场景文件>CH11>实战74>63.c4d
	实例位置	实例文件>CH11>实战74 场景展示动画 .c4d
	教学视频	实战74 场景展示动画.mp4
	学习目标	掌握场景展示动画的制作方法

▤ **案例分析**

场景的动态展示与栏目包装和电商海报设计有着非常紧密的关系，栏目包装是动态版的电商广告，电商广告是静态版的栏目包装。它们都会使用立体字，也会使用很多动态元素，前文讲解过立体字的制作，因此本例用电商广告素材进行制作。本例需要重点学习如何搭建场景并选择产品、如何快速将静态的场景模型"动态化"。图11-196所示为本例的静帧图。

图11-196

动态场景的制作需要符合展示产品的特点，根据本例的风格特色，在材质方面会更加偏向重金属风格。图11-197所示为案例材质的效果。

| 箱体 | 手柄 | 台面 | 手柄按钮 | 背景墙 | 楼梯 | 圆管 |

图11-197

一 场景搭建

01 将视图切换至正视图，使用"画笔"工具 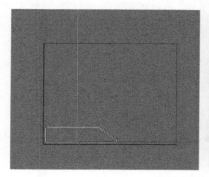 在场景中创建一个多重直线的样条，包括场景背景板和楼梯截面，如图11-198所示。

02 选择楼梯的截面，然后在它的属性面板中选择"坐标"选项卡，设置P.Z为-115cm，如图11-199所示。

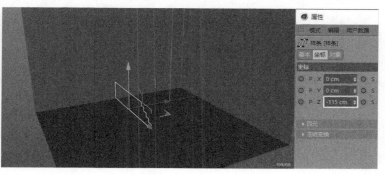

图11-198 图11-199

技巧与提示

由于大家绘制的尺寸各不相同，因此这里的位置仅供参考。

03 使用"挤压"生成器 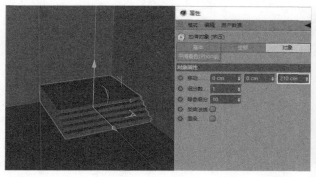 为楼梯的横截面创建一个挤压对象，然后设置"移动"的第3个参数为210cm，楼梯的宽面就被挤压出来了，如图11-200所示。

04 使用"立方体"工具 创建一个立方体，然后设置P.X为100cm，P.Y为42cm，P.Z为42cm，接着将立方体移动到墙角的位置，如图11-201所示。

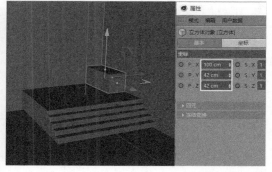

图11-200 图11-201

05 在场景中建立一个立方体，然后设置P.X为19cm，P.Y为21cm，P.Z为85cm，接着将该立方体移动到步骤04创建的立方体旁，并与墙体贴合，如图11-202所示。

06 选中创建的第2个立方体，按C键将其转换为可编辑多边形，然后在"边"模式 下单击鼠标右键选择"循环/路径切割"工具 ，接着在属性面板中设置"距离"为9cm，效果如图11-203所示。

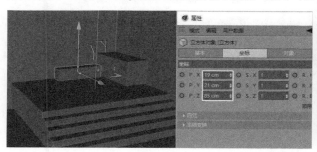

图11-202 图11-203

第11章 商业综合实战

297

07 在"多边形"模式 下选择要挤出的面，按住Ctrl键沿x轴拖曳，挤压的距离约90cm，得到图11-204所示的模型。

08 在"多边形"模式 下继续选择之前挤压的面，然后单击鼠标右键选择"内部挤压"工具 ，接着向内挤压，如果挤压的度掌握不好，那么可以在内部挤压的属性面板中设置"偏移"为3cm，如图11-205所示。

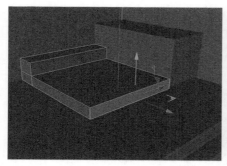
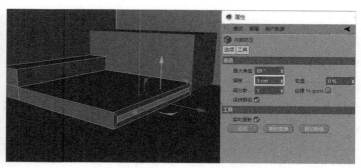

图11-204　　　　　　　　　　　　　　　　　　　　　　　　　　　　　图11-205

09 选择之前挤压的面，按住Ctrl键向-x轴拖曳，挤压约20cm，如图11-206所示。

10 使用"倒角"工具 对"立方体.2"进行倒角，然后设置"细分"为10，如图11-207所示。

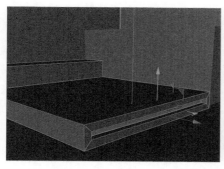
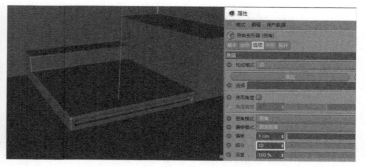

图11-206　　　　　　　　　　　　　　　　　　　　　　　　　　　　　图11-207

11 使用"圆环"工具 创建一个圆环样条，然后设置"半径"为30cm，"平面"为XZ，接着将其移动到台面的中心位置处，如图11-208所示。

12 再次新建一个圆环样条，然后设置"半径"为1cm，接着使用"扫描"工具 为"圆环.1"和"圆环"创建一个"扫描"生成器，如图11-209所示。

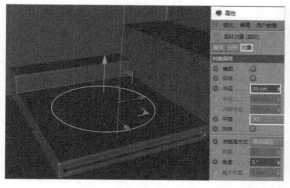
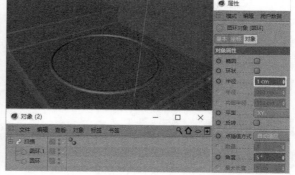

图11-208　　　　　　　　　　　　　　　　　　　　　　　　　　　　　图11-209

13 使用"圆柱"工具 创建一个圆柱，然后在"坐标"选项卡中设置P.X为-33cm，P.Y为53cm，P.Z为9cm，再在"对象"选项卡中设置"半径"为29cm，"高度"为6cm，接着在"封顶"选项卡中，勾选"圆角"选项，并设置"分段"为5，"半径"为0.5cm，参数及效果如图11-210和图11-211所示。

14 再次建立一个圆柱，然后设置"半径"为50cm，"高度"为69cm，"方向"为+Y，接着将其移动到图11-212所示的位置作为细节。

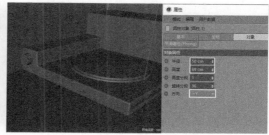

图11-210　　　　　　　　　　　　　图11-211　　　　　　　　　　　　　　　　　　　图11-212

15 使用"矩形"工具 创建一个矩形，然后设置"宽度"为72cm，"高度"为72cm，勾选"圆角"选项，并设置"半径"为9cm，"平面"为ZY，将其放置在步骤14创建的圆柱中心，作为管道装饰物，如图11-213所示。右视图如图11-214所示。

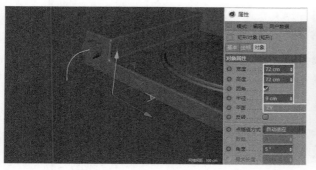

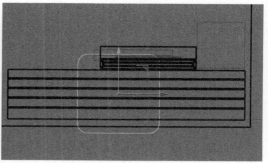

图11-213　　　　　　　　　　　　　　　　　　　　　　　　　　　　　图11-214

16 在场景中创建一个圆环，然后设置"半径"为1.5cm，接着使用"扫描"工具 为"圆环"和"矩形"创建一个"扫描"生成器，如图11-215所示。

17 使用"画笔"工具 在右视图中绘制一条曲线样条，然后在"坐标"选项卡中，设置P.X为-77，P.Y为70，P.Z为17，R.H为90°，效果如图11-216所示。

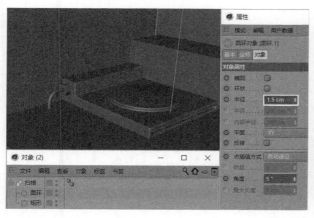

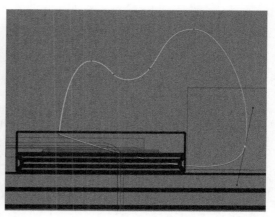

图11-215　　　　　　　　　　　　　　　　　　　　　　　　　　　　　图11-216

18 在场景中创建一个圆环，然后设置"半径"为1.5cm，接着使用"扫描"工具 为"圆环"和"样条"创建一个"扫描"生成器，如图11-217所示。

19 根据步骤18创建的模型，使用"画笔"工具 在右视图中绘制一条样条曲线，大致形状如图11-218所示，保证绘制的样条始终在中心部分。

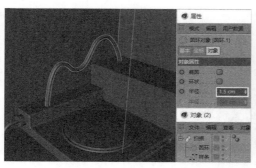

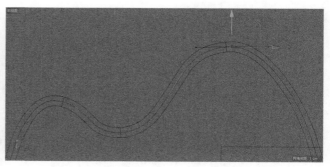

图11-217

图11-218

20 在场景中创建一个圆环，然后设置"半径"为2.5cm，接着使用"扫描"工具 为"圆环"和"样条"创建一个"扫描"生成器，如图11-219所示。

21 创建第4个扫描模型，制作方法与步骤17~步骤20相似，只是将扫描的样条换成了矩形，制作完成后调整位置，效果如图11-220所示。

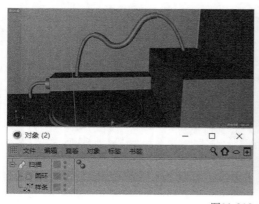

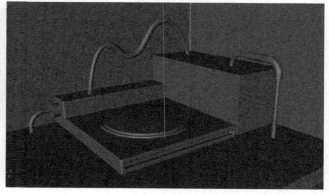

图11-219

图11-220

22 在场景中创建一个矩形，然后在"坐标"选项卡中设置P.X为-9cm，P.Y为24cm，P.Z为-12cm，在"对象"选项卡中设置"宽度"为50cm，"高度"为50cm，勾选"圆角"选项，并设置"半径"为5cm，"平面"为ZY，如图11-221所示。

23 选中步骤22创建的矩形样条，沿z轴复制3个矩形样条，然后在"对象"面板中，框选这4个矩形并单击鼠标右键选择"链接对象+删除"选项 ，将4个矩形合并为一个对象层。新建一个圆环，然后设置"半径"为1.5cm，接着使用"扫描"工具 为"圆环"和"矩形.4"创建一个"扫描"生成器，如图11-222所示。

图11-221

图11-222

24 另一侧的4个扫描模型与上一步的做法一样，也可以通过旋转复制得到，效果如图11-223所示。

25 使用"立方体"工具 █立方体 创建一个立方体，然后设置"尺寸.X"为99cm，"尺寸.Y"为3cm，"尺寸.Z"为2cm，将其移动到到右侧立方体的侧边位置，如图11-224所示。

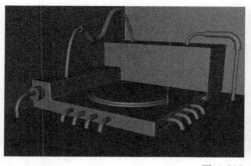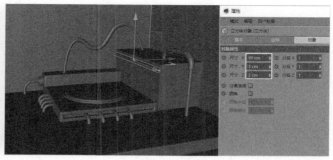

图11-223   图11-224

26 选中步骤25创建的矩形，然后向下移动复制3个，接着在"对象"面板中框选这4个立方体，并单击鼠标右键选择"链接对象+删除"工具 █连接对象-删除 将这4个立方体对象层合并为一个对象层，如图11-225所示，效果如图11-226所示。

27 打开"场景文件>CH11>实战74>手柄.c4d"文件，导入游戏手柄模型，然后移动游戏手柄模型，使其距台面有一定距离，具体位置参考坐标参数。为了使画面更加生动，还需要在"坐标"选项卡中，设置模型的旋转角度。设置R.H为-164°，R.P为-33°，R.B为-29°，参数设置及效果如图11-227所示。

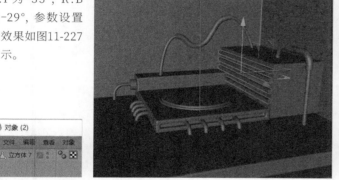

图11-225   图11-226   图11-227

第11章 商业综合实战

〔一〕 动画设置

01 本例中的展示动画使用的帧率是25F/s，执行"编辑>工程设置"菜单命令，设置"帧率（FPS）"为25，如图11-228所示。另外，还要在"渲染设置"画板中，将"帧频"设置为25，如图11-229所示。如果要渲染动画序列帧，那么还需要设置"帧范围"为"全部帧"（渲染一组图片序列，在After Effects中合成视频动画）。

图11-228   图11-229

---- 技巧与提示 ----

在制作动画前，需要了解帧率的概念，简单地说，动画由一张张图片组成，帧率指每秒启用多少张图片，理论上帧率越大，视频越流畅，但是渲染速度越慢。亚洲电视行业一般默认帧率为25F/s，欧洲为30F/s，为了更符合行业标准，一般情况下都会修改帧率。

更改工程设置中的帧率代表操作视图中预览的帧率，并不是渲染结果的帧率，所以还需要在渲染设置中更改帧率。另外，还需要将"帧范围"设置为"全部帧"。

02 本例场景的搭建根据之前所学的知识是可以独立完成的，如图11-230所示，而其中的游戏手柄模型目前并不要求读者能够制作，但是可以尝试建模。像游戏手柄这类复杂的工业产品，在CINEMA 4D R20中需要用到多边形建模原理，不能通过样条绘制等方式来制作，所以这类模型一般是由客户提供或自行在网络上下载。

03 场景制作完成后，最好在"对象"面板中将这些图层按照一定的规律进行分组，这样在后续赋予材质的时候会比较方便，如图11-231所示。

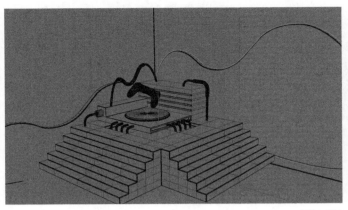

技巧与提示

多边形建模原理需要读者熟练掌握，但是在日常项目制作中，大多数复杂的模型需要在网络上下载。下载后，不符合多边形建模规律的或局部需要修改的模型，就可以使用多边形建模原理重新布线或添加细节。

图11-230 　　　　　　　　　　　　　　　　　　　　　　图11-231

〔一〕 确定构图

01 在确定摄像机机位之前，应当确定图片的尺寸和比例。进入"渲染设置"面板，设置"宽度"为1200，"高度"为1440，如图11-232所示。

02 单击"摄像机"按钮 ，在场景中创建一个摄像机，然后调节摄像机的位置。在"坐标"选项卡中，设置P.X为2496cm，P.Y为1019cm，P.Z为−1398cm，R.H为61°，R.P为−18°，"焦距"为300，设置后效果如图11-233所示。

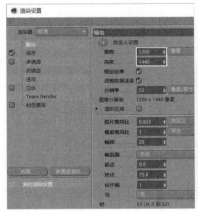

技巧与提示

由于相机绑定了目标标签，因此图中的相机位置参数会变，读者只需要按照给定的参数设置位置即可将摄像机摆放到正确的位置。

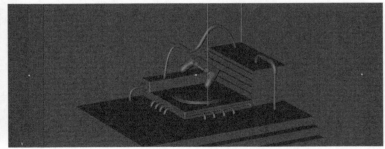

图11-232 　　　　　　　　　　　　　　　　　　　　　　图11-233

03 在"对象"面板中，找到并选中"摄像机"对象层，单击鼠标右键选择"CINEMA 4D标签>保护"选项，给摄像机添加一个"保护"标签，这样构图就固定好了，如图11-234所示。

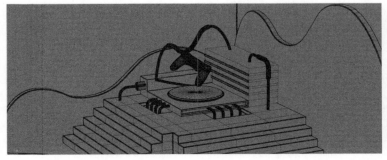

图11-234

一 关键帧与函数曲线

01 从场景的主体物手柄开始制作，需要制作手柄从上往下掉落的动画，并且是一个从快速下落到缓慢落地的过程，掉落的最后状态如图11-235所示。先将时间线上的滑块移动到第45F，然后单击"冻结全部"按钮冻结手柄的全部参数，接着设置P、R为关键帧，这样手柄的终点动画就设置完成了，如图11-236所示。

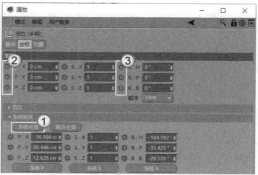

图11-235

图11-236

02 将时间线上的滑块移动到第0F，设置的参数如图11-237所示，并为P、R设置关键帧。这一步的目的是制作出刚开始手柄不在画面中，过一段时间手柄在空中旋转几圈后由快到慢下落的动画，如图11-238所示，手柄模型在视线以外的位置。

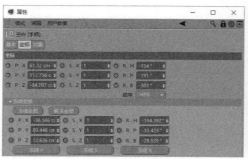

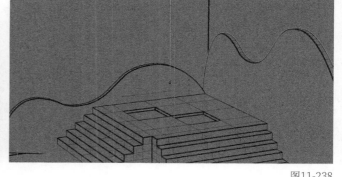

图11-237

图11-238

03 播放动画，可以看到手柄已经开始从上往下运动了，但是下落的速度还不够好看。因此将鼠标指针放在已被设为关键帧的参数上，然后单击鼠标右键选择"动画>显示函数曲线"选项，如图11-239所示。打开"时间线窗口"面板，注意看左侧的物体对象栏，此时需要框选所有的参数（否则窗口就只会出现一个参数的函数曲线），框选右侧的关键帧点后，在左侧出现一个控制杆，按住Ctrl键的同时拖曳左侧的控制杆，拖曳至图11-240所示的位置。这个曲线代表了开始时物体的速率变化较快，结尾时物体的速率变化较慢。

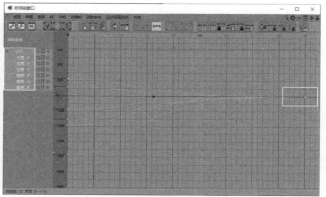

> **技巧与提示**
>
> 动画的速率非常重要，在默认状态下会有轻微的缓入缓出动画效果，但是该效果并不明显，在多数情况下需要调整动画的速率。

图11-239

图11-240

第11章 商业综合实战

303

04 手柄的动画基本完成了，接下来制作台面的缩放动画，仅使用"坐标"中的Scale参数（用于控制物体的大小比例），默认状态下参数都是1，代表"1×当前长尺寸"，0代表当前物体没有尺寸，所以本质上就是从0到1调节Scale参数的过程。先将时间线上的滑块移动到第24F，然后设置S.X、S.Y、S.Z为关键帧,如图11-241所示，再将时间线上的滑块移动到第0F，将Scale的所有参数设置为0，再将其设置为关键帧，如图11-242所示。这样就完成了台面物体从无到有的生长动画，该动画的静帧图如图11-243所示。

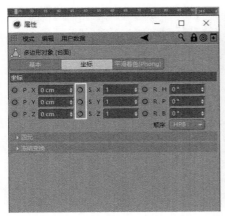

图11-241   图11-242   图11-243

技巧与提示

制作从无到有的生长动画，在大多数时候都可以通过"坐标"面板中的Scale参数进行控制。

---

05 默认状态的动画效果并不好看，所以此时需要调节动画速率，将鼠标指针放在Scale参数上，然后单击鼠标右键选择"动画>显示函数曲线"选项，打开"时间线窗口"面板。先框选左侧所有关于缩放的参数，这样便于统一进行控制，然后按快捷键Ctrl+A全选所有的关键帧锚点，接着单击"缓入"按钮（在这个模式下，控制一个锚点时，另一个锚点并不会跟着移动），再选择右侧的关键帧（锚点），在按住Ctrl键的同时将左侧的操作杆向左拖曳一定距离，最后选中左下方的锚点，将右边的操作杆向上拖曳。最终的曲线形状如图11-244所示，这条曲线代表速率一开始非常快，而后面很长一段时间，速率都会非常缓慢。

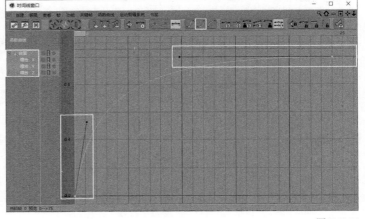

图11-244

技巧与提示

这种动画曲线的制作在实际生活中的广告中非常常见。

---

06 制作样条的生长动画。在"对象"面板中找到"样条4"对象层，然后在"对象"选项卡中有一对非常重要的参数——"开始生长""结束生长"，默认状态下"开始生长"是0%，"结束生长"是100%，这代表从样条的0%处开始到100%的位置结束，整体长度为100%的长度。在制作动画时，只需要找到一个参数，设置0%~100%的关键帧，本例选择"结束生长"参数作为关键帧设置的参数。将时间线上的滑块移动到第38F，为"结束生长"设置一个关键帧，如图11-245所示，然后将时间线上的滑块移动到第0F，设置"结束生长"为0%，并将它设置为关键帧，如图11-246所示。这代表从第0F开始，直到第38F结束，样条会从0%生长到100%，动画效果如图11-247所示。

图11-245

图11-246

技巧与提示

不仅坐标中的参数可以进行关键帧动画的设置，在CINEMA 4D R20中，几乎所有的参数都能设置为关键帧。

图11-247

07 仔细观察动画中的物体，静帧图如图11-248所示。不难发现动画的制作规律无外乎有两种，一种是坐标轴动画，另一种是样条生长动画。若要制作其他物体的动画，其制作方式也遵循类似的规律，通常只需要在复杂的场景中配合简单的动作就能制作非常有趣的动画效果。

图11-248

技巧与提示

先学会简单动画的制作方法，以后可以配合运动图形制作复杂的动画，如"克隆"生成器配合"随机"效果器、"简易"效果器等制作动画。

材质添加

本例场景共添加了8种材质。

⊙ 灯光场景材质

创建发光材质球，用于场景的照明及丰富反光效果。新建一个材质球，然后进入"材质编辑器"，勾选"发光"通道，打开"场景文件>CH11>实战74>HDR.hdr"文件，将预制好的HDR贴图载入"纹理"中，如图11-249所示。材质效果如图11-250所示。

技巧与提示

在制作高反射材质时，应该使用一张HDR贴图充当辅助光源，增加反射的信息，使场景中的金属等物体看起来更加真实。

图11-249

图11-250

⊙ **塑料材质**

`01` 创建磨砂塑料材质球，用于场景中的箱体模型。在"材质"面板新建一个材质球，然后打开"材质编辑器"，在"颜色"通道中设置"颜色"为（H:245°,S:63%,V:100%），如图11-251所示。

`02` 在反射通道中加入一个GGX反射层，在"层1"中，设置"菲涅耳"为"绝缘体"，"粗糙度"为30%，如图11-252所示。材质效果如图11-253所示。

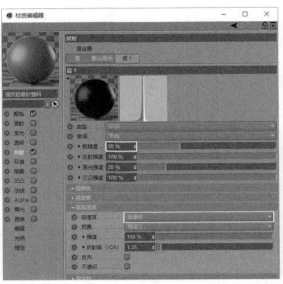

图11-251　　　　　　　　　　　　　　　　图11-252　　　　　　　图11-253

`03` 创建反光塑料材质球，用于场景中的手柄模型。在"材质"面板新建一个材质球，打开"材质编辑器"，在"反射"通道中添加GGX反射层，然后在"层1"中设置"菲涅耳"为"绝缘体"，如图11-254所示。材质效果如图11-255所示。

`04` 创建反光塑料材质球，用于场景中的台面模型。复制手柄模型的材质球，然后在"颜色"通道中设置颜色为（H:206°,S:39%,V:96%），如图11-256所示。材质效果如图11-257所示。

`05` 创建反光塑料材质球，用于场景中的手柄按钮模型。在"材质"面板新建一个材质球，然后打开"材质编辑器"，在"颜色"通道中设置"颜色"为（H:141°,S:31%,V:20%），如图11-258所示。材质效果如图11-259所示。

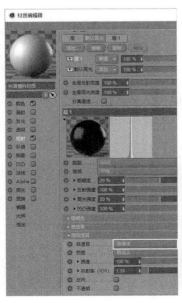

图11-256　　　　　　　　图11-258

图11-254　　　　　　　图11-255　　　　　　　图11-257　　　　　　　图11-259

中文版CINEMA 4D R20实战基础教程（全彩版）

⊙ 编织材质

01 创建编织材质球，用于场景中的背景墙面。在"材质"面板新建一个材质球，然后打开"材质编辑器"，在"颜色"通道中设置"颜色"为（H:223°,S:42%,V:26%），如图11-260所示。

02 进入"法线"通道，打开"场景文件>CH11>实战74>法线.png"文件，然后将准备好的文件载入"纹理"中，如图11-261所示。材质效果如图11-262所示。

 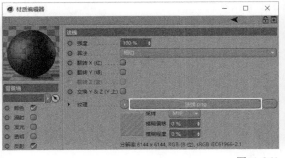 

图11-260   图11-261   图11-262

⊙ 大理石材质

01 创建大理石材质球，用于场景中的楼梯模型。在"材质"面板新建一个材质球，然后打开"材质编辑器"，在"颜色"通道中，打开"场景文件>CH11>实战74>大理石.jpg"文件，载入一张准备好的大理石贴图，如图11-263所示。

02 在"反射"通道中添加GGX反射层，然后设置"菲涅耳"为"绝缘体"，如图11-264所示。材质效果如图11-265所示。

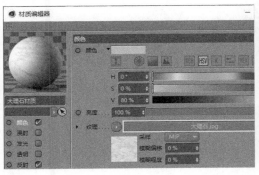  

图11-263   图11-264   图11-265

⊙ 磨砂金属材质

01 创建磨砂金属材质球，用于场景中的圆管模型。在"材质"面板新建一个材质球，然后打开"材质编辑器"，取消勾选"颜色"通道，在"反射"通道中添加GGX层，然后在"层1"中设置"粗糙度"为30%，"颜色"为（H:36°,S:37%,V:82%），"菲涅耳"为"导体"，如图11-266所示。材质效果如图11-267所示。

图11-266   图11-267

02 将材质赋予相应的模型，如图11-268所示。

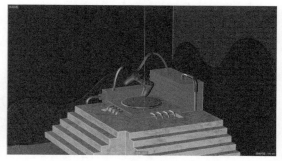

图11-268

渲染输出

01 在渲染出图之前，需要选择渲染器与合适的渲染设置，本例使用"标准"渲染器进行渲染。打开"渲染设置"面板，在"输出"选项组中，设置"宽度"为1200，"高度"为1440，并添加"全局光照"与"环境吸收"两个效果，如图11-269所示。

02 在"抗锯齿"选项组中，设置"抗锯齿"为"最佳"，如图11-270所示。

03 切换至"全局光照"选项组，设置"首次反弹算法"为"辐照缓存"，"二次反弹算法"为"辐照缓存"，如图11-271所示。

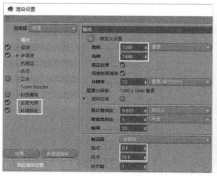

图11-269

图11-270

图11-271

04 渲染动画，静帧图如图11-272所示。

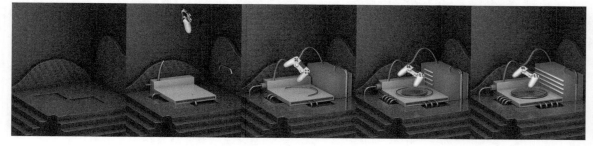

图11-272

课外练习：电商产品展示动画	场景位置	场景文件>CH11>实战74>64.c4d
	实例位置	实例文件>CH11>课外练习74：电商产品展示动画.c4d
	教学视频	课外练习74：电商产品展示动画.mp4
	学习目标	掌握电商产品动画的制作方法

⊙ 效果展示

本练习是制作电商产品展示动画，其静帧图如图11-273所示。

图11-273

⊙ 制作提示

本练习灯光布局如图11-274所示，材质效果如图11-275所示。

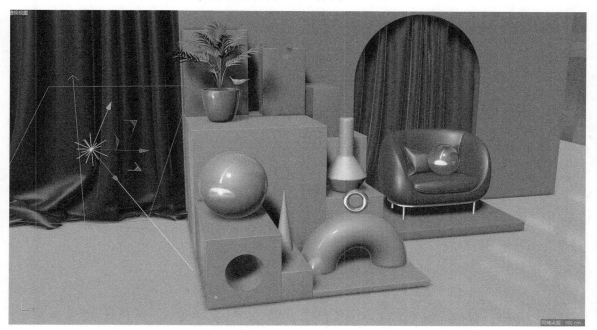

图11-274

图11-275

第11章 商业综合实战

309

附录

附录A 常用快捷键一览表

一、文件快捷键

操作	快捷键
新建	Ctrl+N
合并	Shift+Ctrl+O
打开	Ctrl+O
关闭全部	Shift+Ctrl+F4
另存为	Shift+Ctrl+S
保存	Ctrl+S
退出	Alt+F4

二、编辑快捷键

操作	快捷键
撤销	Ctrl+Z
重做	Ctrl+Y
剪切	Ctrl+X
复制	Ctrl+C
粘贴	Ctrl+V
删除	Delete
全部选择	Ctrl+A
取消选择	Ctrl+Shift+A
工程设置	Ctrl+D
设置	Ctrl+E

三、选择快捷键

操作	快捷键
框选	0
套索选择	8
循环选择	UL
环状选择	UB
轮廓选择	UQ
填充选择	UF
路径选择	UM
反选	UI
扩展选区	UY
收缩选区	UK

四、工具快捷键

操作	快捷键
转换为可编辑对象	C
启用轴心	L

续表

操作	快捷键
启用捕捉	Shift+S
x轴	X
y轴	Y
z轴	Z
坐标系统	W
移动	E
缩放	T
旋转	R
启用量化	Shift+Q
渲染活动视图	Ctrl+R
渲染到图片查看器	Shift+R
编辑渲染设置	Ctrl+B

五、窗口快捷键

操作	快捷键
控制台	Shift+F10
脚本管理器	Shift+F11
自定义命令	Shift+F12
全屏显示模式	Ctrl+Tab
全屏（组）模式	Shift+Ctrl+Tab
内容浏览器	Shift+F8
对象管理器	Shift+F1
材质管理器	Shift+F2
时间线（摄影表）	Shift+F3
时间线（函数曲线）	Shift+Alt+F3
属性管理器	Shift+F4
坐标管理器	Shift+F7
层管理器	Shift+F4
构造管理器	Shift+F9
图片查看器	Shift+F6

六、建模快捷键

操作	快捷键
建模设置	Shift+M
断开连接	UD
分裂	UP
坍塌	UC
连接点/边	MM
细分	US
优化	UO
创建点	MA

操作	快捷键
多边形画笔	ME
切割边	MF
线性切割	MK
平面切割	MJ
循环/路径切割	ML
倒角	MS
桥接	MB
焊接	MQ
缝合	MP
封闭多边形孔洞	MD
挤压	D
内部挤压	I
矩阵挤压	MX
偏移	MY

七、材质快捷键

操作	快捷键
新材质	Ctrl+N

操作	快捷键
加载材质	Ctrl+Shift+O

八、时间线快捷键

操作	快捷键
转到开始	Shift+F
转到上一关键帧	Ctrl+F
转到上一帧	F
向前播放	F8
转到下一帧	G
转到下一关键帧	Ctrl+G
转到结束	Shift+G
记录活动对象	F9
自动关键帧	Ctrl+F9
向后播放	F6
停止	F7

附录B 材质物理属性表

一、材质折射率

物体	折射率
空气	1.0003
水（20℃）	1.333
普通酒精	1.360
熔化的石英	1.460
玻璃	1.500
翡翠	1.570
二硫化碳	1.630
红宝石	1.770
钻石	2.417
非晶硒	2.920
冰	1.309
面粉	1.434
聚苯乙烯	1.550
二碘甲烷	1.740
液态二氧化碳	1.200
丙酮	1.360
酒精（医用）	1.329
氯化钠	1.530
天青石	1.610
石英	1.540

物体	折射率
蓝宝石	1.770
氧化铬	2.705
碘晶体	3.340
30%的糖溶液	1.380
80%的糖溶液	1.490
黄晶	1.610
水晶	2.000

二、晶体折射率

物体	最大折射率	最小折射率
冰	1.313	1.309
氟化镁	1.378	1.390
锆石	1.923	1.968
石英	1.544	1.553
硫化锌	2.356	2.378
方解石	1.658	1.486
菱镁矿	1.700	1.509
刚石	1.768	1.760
淡红银矿	2.979	2.711

附
录

三、液体折射率

物体	密度（g/ml）	温度（℃）	折射率
甲醇	0.794	20	1.3290
乙醇	0.800	20	1.3618
丙醇	0.791	20	1.3593
苯	1.880	20	1.5012
二硫化碳	1.263	20	1.6276
四氯化碳	1.591	20	1.4607
三氯化钾	1.489	20	1.4467
乙醚	0.715	20	1.3538
甘油	1.260	20	1.4730
松节油	0.87	20	1.4721
橄榄油	0.92	0	1.4763
水	1.00	20	1.3330

附录C CINEMA 4D R20使用技巧

一、快捷键失灵

（1）通常是因为开启了中文输入法。在使用快捷键的过程中需要关闭中文输入法或切换为英文输入法。

（2）快捷键需要在指定区域内发挥作用，如建模的快捷键，需要在操作视图中才能起作用，在其他面板中输入建模快捷键将不会有正确的结果。

二、复位默认参数

选中需要复位的参数属性框，然后单击鼠标右键即可复位参数。选中多个参数，并在一个参数框内单击鼠标右键，所有被选参数也会复位。另外，有一些第三方插件，在参数框内单击了鼠标右键后也有可能并不能还原参数，而是将该参数归零。

三、插件安装

大部分插件的安装方法是将插件文件夹复制到CINEMA 4D R20程序下的Plugins文件夹内，重启CINEMA 4D R20即可在"插件"中找到相应插件。